AF357156

HISTOIRE

NATURELLE

DES POISSONS.

STRASBOURG, IMPRIMERIE DE F. G. LEVRAULT.

HISTOIRE

NATURELLE

DES POISSONS,

PAR

M. LE B.ᵒⁿ CUVIER,

Pair de France, Grand-Officier de la Légion d'honneur, Conseiller d'État et au Conseil royal de
l'Instruction publique, l'un des quarante de l'Académie française, Associé libre de l'Académie
des Belles-Lettres, Secrétaire perpétuel de celle des Sciences, Membre des Sociétés et Académies
royales de Londres, de Berlin, de Pétersbourg, de Stockholm, de Turin, de Gœttingue, des
Pays-Bas, de Munich, de Modène, etc.;

ET PAR

M. A. VALENCIENNES,

Professeur de Zoologie au Muséum d'Histoire naturelle, Membre de l'Académie royale
des sciences de Berlin, de la Société zoologique de Londres, etc.

TOME TREIZIÈME.

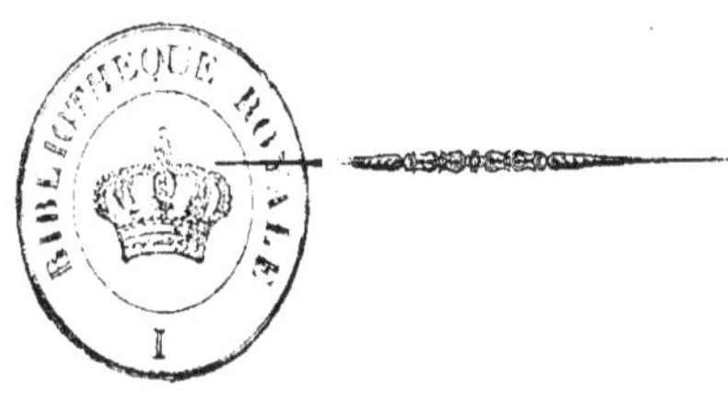

A PARIS,

Chez PITOIS-LEVRAULT et C.ᵉ, rue de la Harpe, n.º 81.

1839.

AVERTISSEMENT.

Le volume que je publie aujourd'hui contient l'histoire d'une famille qui m'a donné jusqu'à présent le plus de peines dans la rédaction de cet ouvrage. Ce livre comprend une partie de la grande famille des labroïdes; il a fallu le commencer par l'histoire du genre labre, et le terminer par celui des girelles. Or, tous les naturalistes savent que ces poissons n'ont jamais été bien reconnus et distingués par les auteurs qui pouvaient les voir sur le bord de la mer, au moment où ils sortaient de l'eau et où la constance de leur couleur peut être appréciée. Tous ces poissons, conservés dans nos cabinets, y perdent leurs couleurs et ne présentent plus, surtout dans les labres, que des caractères de formes si fugaces, qu'il devient presque impossible au naturaliste de cabinet de trouver des caractères qui répondent aux différentes espèces si peu caractérisées et si souvent mal dénommées par ceux qui m'ont précédé dans ce travail. Aussi suis-je loin de croire que l'histoire naturelle que je présente aujourd'hui, et qui a exigé de moi un travail si pénible, ne soit encore bien imparfaite. J'espère du moins avoir, dans un grand nombre de cas, fixé la synonymie existante, et les naturalistes auront bien la générosité de me savoir gré de ce premier résultat.

J'ai pendant ce travail perfectionné un peu les divisions que nous avions déjà établies dans un premier aperçu, et j'ai précisé les caractères des crénilabres, en établissant les genres des cossyphes, des cténolabres et des acantholabres. J'ai aussi débarrassé les chéilines, dont je traiterai dans le volume suivant et en retirant tous les labroïdes à préopercules peu écailleux, mais dont le reste de la tête est nu et la ligne latérale non interrompue. Ce genre des tautogues sera, je l'espère, considéré comme une bonne amélioration. J'ai aussi rétabli le genre cheilion, et marqué ses affinités avec les malacanthes.

Les naturalistes voyageurs ont continué à nous apporter le fruit de leurs recherches. Nous devons de nouveaux remercîmens à M. Gaudichaud et à MM. Eydoux et Souleyet, qui ont fait d'amples collections ichthyologiques pendant le voyage de la Bonite.

M. Gernaart, consul de France à Macao, nous a aussi donné de nombreux poissons de la mer de Chine, dont quelques-uns sont déjà cités dans ce volume.

Un des ouvrages les plus récens et les plus utiles pour l'ichthyologie des mers du Nord, est celui que MM. Fries et Eckström publient en ce moment sous le nom de *Skandinaviens fiskar,* dont les peintures, faites d'après nature, sont d'une grande exactitude. Je regrette de n'avoir pas reçu l'ouvrage, pour citer complétement à leur place la belle figure du *labrus berlgyta*, représenté planche 2, dans la première livraison, et celle du *ctenolabrus rupestris*, planche 9, figure 1, de la deuxième livraison, et de l'*acantholabrus exoletus*, planche 9, figure 2. La première est conforme à ce que nous avons nous-mêmes observé sur ce cténolabre, et la seconde me prouve que j'ai eu raison de séparer le poisson de Linné de celui de la Méditerranée.

Au Jardin des Plantes, Décembre 1838.

TABLE

DU TREIZIÈME VOLUME.

—

LIVRE SEIZIÈME.

CHAPITRE II.

CHAPITRE III.

CHAPITRE VI.

CHAPITRE VII.

CHAPITRE VIII.

HISTOIRE
NATURELLE
DES POISSONS.

LIVRE SEIZIÈME.

DES LABROÏDES.

Artedi avait emprunté aux Latins la dénomination de
Labrus, pour désigner un de ses genres d'acanthoptérygiens.
Ce nom est en effet cité par Pline[1] comme celui d'un poisson
dont aurait parlé Ovide dans un passage de ses Œuvres qui
ne nous est pas parvenu.

Nous retrouvons cette même expression dans un autre
endroit d'Ovide, où il s'en sert pour nommer un des chiens
de la meute d'Actéon[2]; mais il paraît que dans ce passage
le chantre de Sulmone a voulu indiquer par ce mot la
voracité et l'impétuosité du chien.

Nous ne savons pas si dans les vers dont Pline nous a
laissé le souvenir, le poète l'employait encore dans le même
sens, ou si, comme l'a cru Artedi, cette expression était
appliquée à un poisson remarquable par des lèvres grosses

---

1. *Et placentem cauda labrum,* l. XXXII, c. 11.
2. *Et patre Dictæo, sed matre Laconide nati,*
   Labros, et Agriodos, et acutæ vocis Hylactor.
   (Mét., l. III, v. 224.)

13.

et proéminentes. L'épithète que Pline ajoute au mot *labrus* ne confirme pas cette conjecture, qui d'ailleurs est contraire au sens attaché à ce mot par tous les grammairiens.

Ce nom ne se retrouve dans aucun auteur ancien, ce qui porte à croire qu'il était peu usité, et que, peut-être même imaginé par un poète, il n'a jamais désigné une espèce particulière.

Quoi qu'il en soit, l'emploi qu'en a fait Artedi, l'a consacré aujourd'hui en ichthyologie : il s'applique à des poissons à lèvres grosses, charnues, proéminentes, plissées, qui ont tous des rapports marqués entre eux, et qui composent dans notre système une famille à laquelle M. Cuvier a imposé le nom de *Labroïdes*. Le genre, tel qu'Artedi l'avait entendu[1], comprenait des poissons pour la plupart de la Méditerranée, qui avaient la membrane branchiostège soutenue par six rayons; des dents fortes aux mâchoires; des plaques osseuses et dentées, au nombre de deux aux pharyngiens supérieurs, et d'une seule aux inférieurs; la langue et le palais lisses; les lèvres épaisses et charnues, recouvrant les dents; les rayons de la dorsale de nature épineuse et molle, et la membrane qui réunit les premiers, prolongée en filet charnu près de la pointe de chaque épine; enfin il ajoutait à ces caractères l'absence d'appendices pyloriques, et il faisait remarquer que le corps était couvert de grandes écailles lisses et molles.

Ce genre comprenait neuf espèces, qui toutes, sauf la huitième, étaient assez bien rapprochées l'une de l'autre pour composer un groupe naturel. La huitième, à la vérité, n'a aucun des caractères cités plus haut, et Artedi ne l'y

-----

1. Artedi, *Gen.* XXVII, p. 33.

a introduite que par une confusion, dont nous avons déjà parlé à l'article du *serranus hepatus*.[1]

Ce nombre des espèces semble augmenter dans la synonymie[2]; mais déjà l'auteur s'écarte des caractères qu'il a posés pour le genre *labrus;* ainsi son Labrus *totus rubescens, cauda bifurca,* est encore un de nos serrans[3]; le Labrus *pulchrè varius, pinnis pectoralibus in extremo rotundis,* est reproduit une seconde fois dans son Labrus *rostro sursùm reflexo, cauda in extremo circulari;* et le Labrus *ex purpureo, viridi cœruleo et nigro varius,* n'en est peut-être encore qu'une troisième répétition. Quant à l'espèce n.° 9, qui est devenue le *labrus cynœdus* de Linné, il est fort difficile de la reconnaître, et elle nous paraît être, par l'entassement des synonymes qui y sont réunis, un être imaginaire, qui par sa caractéristique seule pourrait être rapproché du *labrus* n.° 10, devenu le *labrus mixtus* du *Systema naturæ.*

Linné, dès sa dixième édition, augmente beaucoup la confusion commencée par Artedi, aussi nous retranchons déjà un plus grand nombre d'espèces des labres de Linné. Il en mentionne quarante, parmi lesquelles nous avons déjà signalé plusieurs percoïdes[4] plus ou moins incertains; un sciénoïde voisin des pristipomes et des hémulons[5]; un autre, qui appartient probablement à la famille des poissons à pharyngiens labyrinthiformes[6], mais sur lequel nous n'avons encore que des idées fort incertaines.

---

1. Cuv. Val., Hist. nat. des poissons, t. II, p. 173. — 2. Artedi, *Syn.*, p. 53. — 3. *Serranus anthias*, Cuv. Val., t. II, p. 186. — 4. *Labrus anthias; Labrus hepatus; Labrus auritus; Labrus Guaza; Labrus fulvus.* — 5. *Labrus striatus.* — 6. *Labrus opercularis.*

Nous éloignerons encore de notre genre labre les *labrus marginalis* et *labrus ferrugineus*, qui n'ont chacun que deux rayons épineux à la dorsale, et qui doivent appartenir à un même genre, voisin peut-être de nos malacanthes, et dont les caractères seront établis quand nous aurons pu retrouver ces espèces. J'en dirai autant du *labrus linearis*, qui a un caractère tout opposé et fort extraordinaire dans le grand groupe des acanthoptérygiens : sur les vingt et un rayons de sa dorsale le dernier seul est mou, tous les autres sont épineux. Ce poisson pourrait bien appartenir à notre famille de ceux à pharyngiens labyrinthiformes.

Linné n'avait fait que deux additions à cette liste dans sa douzième édition; mais elles n'étaient pas très-heureuses, car des deux poissons que Garden lui avait fait connaître, l'un, le *labrus chromis*, est de la famille des *sciénoïdes* et du genre *pogonias;* et l'autre, son *labrus hiatula*, est tout-à-fait indéterminable. Le *labrus griseus*, pris dans Catesby, est encore dans le même cas, car il est impossible que le manque des pectorales ne soit pas le fait d'une mutilation.

Si nous retranchons encore quelques doubles emplois, dont nous établirons les preuves dans la suite de cette histoire, le nombre des labroïdes connus de Linné se réduirait tout au plus à vingt espèces de labres, tels qu'Artedi les caractérisait; mais ce nombre s'augmenterait de quelques autres, éparses dans des genres différens. C'est ainsi que nous ramenons à la famille dont nous parlons, le *sparus saxatilis*, qui est de nos cichla; le *sparus galilœus*, un de nos chromis.

Cette confusion s'accroît de manière à devenir presque inextricable par les additions des auteurs postérieurs à Linné. Il nous a fallu un travail opiniâtre pour parvenir à reconnaître leurs doubles emplois et leurs rapprochemens contraires à toutes les affinités naturelles.

Ainsi Gmelin, qui a porté à soixante-onze le nombre de ses labres, y range deux serrans faciles à reconnaître, l'un, d'après Forskal, le *labrus chanus*[1], et le second, d'après Brünnich, le *labrus adriaticus*[2]; un gerres, le *labrus oyena*[3], et un des genres de nos poissons à pharyngiens labyrinthiformes, le *labrus trichopterus* de Pallas[4], et enfin, d'après Houttuyn, deux percoïdes, difficiles d'ailleurs à caractériser d'une manière précise, le *labrus japonicus* et le *labrus Boops*. Parmi les espèces restantes, nous y reconnaissons cinq à six doubles emplois, ce qui porterait à vingt et un le nombre des additions faites par Gmelin, et prises en grande partie à Forskal, à Brünnich et même à Pennant.

Notre tâche est devenue très-difficile, quand nous avons voulu faire ces mêmes recherches critiques sur l'ouvrage de M. de Lacépède. Son genre labre comprend cent trente espèces; mais comme il a copié sans aucune critique Gmelin et le travail de Bonnaterre de l'Encyclopédie méthodique, et qu'il y a ajouté plus d'erreurs peut-être que dans aucun autre genre, on est tout étonné du résultat auquel notre travail nous conduit.

Outre les labroïdes que nous y laisserons, M. de Lacépède y a classé des poissons de presque toutes les autres familles d'acanthoptérygiens. En effet, nous y voyons parmi les

---

1. C'est notre *serranus cabrilla*, Cuv. Val., Hist. nat. des poiss., t. II, p. 171.
2. *Serranus hepatus*, Cuv. Val., His. nat. des poiss., t. II, p. 174.
3. *Gerres oyena*, Cuv. Val., Hist. nat. des poiss., t. VI, p. 355.
4. *Trichopodus trichopterus*, Lac., Cuv. Val., Hist. nat. des poiss., t. VII, p. 290.

percoïdes quatre serrans [1], six diacopes [2], un cirrhite [3], deux centrarchus sous trois espèces nominales [4], un pomotis [5], un priacanthe [6], un holocentrum [7], un percis [8] et deux autres percoïdes douteux [9]; nous avons également reconnu comme sciénoïdes une sciène proprement dite [10], deux johnius [11], un hémulon [12], un pristipome [13] et deux glyphisodons. [14] Il a reproduit sous le nom de *labrus opercularis,* ce poisson que nous croyons être de la famille de ceux à pharyngiens labyrinthiformes. Nous avons placé dans les sparoïdes un chrysophrys [15], un pagel [16], deux dentés [17] et un lethrinus. [18]

Aux ménides appartiennent un smaris [19], un gerres re-

---

1. *Labrus hepatus; Labrus punctulatus; Labrus lœvis,* le même que son Bodian cyclostome; *Labrus leopardus.*

2. *Labrus Bohar; Labrus gibbus; Labrus niger; Labrus argentatus; Labrus octovittatus; Labrus Kasmira.*

3. *Labrus marmoratus.*

4. *Labrus sparoïdes; Labrus iris,* le même que le *Labrus macropterus.*

5. *Labrus auritus.*

6. *Labrus cruentatus.*

7. *Labrus angulosus.*

8. *Labrus tetracanthus.*

9. *Labrus Guaza; Labrus fulvus.*

10. *Labrus hololepidotus.*

11. *Labrus carutta; Labrus œneus.*

12. *Labrus Plumieri* (*Hœmulon formosum,* Cuv. Val., t. V, p. 172).

13. *Labrus Commersonii* (*Pristipoma kaakan,* Cuv. Val., t. V, p. 182; *Lutjan microstome,* Lacép.).

14. *Labrus sexfasciatus* (*Glyphisodon cœlestinus,* Cuv. Val.); *Labrus macrogaster* (*Glyphisodon bengalensis,* Cuv. Val.).

15. *Labrus catenula* (*Chrysophrys bifasciata,* Cuv. Val., t. VI, p. 87).

16. *Labrus calops* (*Pagellus centrodontus,* Cuv. Val.). Espèce établie d'après une note envoyée par feu M. Noël à M. de Lacépède. Nous n'avions pas reconnu cette synonymie quand nous avons rédigé l'article de notre sixième volume.

17. *Labrus macrocephalus; Labrus Thunbergii.*

18. *Labrus nebulosus* (*Lethrynus nebulosus,* Cuv. Val., t. VI, p. 211).

19. *Labrus unimaculatus.*

produit sans dénomination spécifique[1]; enfin, nous avons aussi notre *aphareus cærulescens* dans un des labres de Lacépède[2]. Des poissons de la famille des *squammipennes* ont été aussi rangés dans ce genre : l'un est selon M. Ruppel un pimeleptère[3], et l'autre est le toxotes[4]; enfin, il nous paraît très-probable que l'on doit aussi y retrouver un scombéroïde du genre des *liches*[5], quoique la description du *sciæna armata,* telle que Forskal nous l'a laissée, rende cette détermination peu sûre; et il restera encore à retirer des labres ces espèces établies sur l'autorité de Linné, et que nous avons signalées comme impossibles à déterminer aujourd'hui. Et à celles-ci nous ajouterons le *labrus aristatus,* que Lacépède a pris de l'Encyclopédie sans recourir au mémoire de Sparmann, inséré dans le tome VII des Aménités académiques. Or, Bonnaterre, ne lisant apparemment que le titre du mémoire, a cru que tous les animaux mentionnés par le voyageur en Chine, venaient de ce pays; ce qui est bien contraire au rapport de l'auteur, qui a eu le soin de citer jour par jour les lieux où il s'était procuré les différens êtres dont il a laissé des descriptions malheureusement trop peu détaillées. Quant au poisson dont il s'agit ici, c'est au retour en Europe, entre Sainte-Hélène et l'Ascension, qu'il fut pris. Le rédacteur de l'Encyclopédie a dit que Sparmann *a trouvé ce poisson dans*

---

1. *Labrus oyena,* Forsk.; le *Labrus longirostris,* et probablement aussi le *Labrus lepisma.* Notez bien que ce poisson existe encore une quatrième fois, sous le nom de *Sparus britannus.*

2. *Labrus furca.*

3. *Labrus cinerascens.*

4. *Labrus jaculator.*

5. *Labrus armatus.*

la Chine; Lacépède, pour arrondir sa phrase, a changé ces mots en ceux-ci : *et Sparmann a dit que le labre aristé a pour patrie les eaux de la Chine.* Shaw venant à son tour paraphraser sur ces erreurs, change d'abord, sans que l'on puisse trop savoir pourquoi, le nom de Linné en celui de *carinatus,* et en fait alors un poisson des eaux douces de la Chine (*native of the fresh waters of China*).

Voici encore un nouvel exemple de la manière légère avec laquelle on écrit en histoire naturelle, quand on ne se résigne pas au travail pénible de tout revoir par soi-même. Le degré de certitude que l'on donne à ses ouvrages, est cependant une douce satisfaction pour l'auteur.

Quand les navigateurs qui traversent cette région de l'Atlantique nous rapporteront ce poisson, je crois bien que nous le reconnaîtrons dans la courte notice de Sparmann; mais on ne peut, d'après elle, dire à quelle famille il appartient : ce qui paraît certain, c'est que ce ne sera pas dans les labroïdes qu'il viendra prendre place.

Il nous restait encore un second genre de corrections à faire, et qui consistait à reconnaître les doubles emplois. Ils y sont en si grand nombre, que nous démontrerons qu'une des espèces les plus communes de nos côtes existe dans ce catalogue sous sept noms spécifiques distincts. Aussi les labroïdes placés par Lacépède dans son genre *labre,* après toutes ces rectifications, se réduisent à cinquante et une espèces : c'est-à-dire à moins de moitié de celles comptées par l'auteur. Nous devons cependant dire que Lacépède a connu un plus grand nombre de poissons de cette famille, car nous y rapprochons, mais avec la même espèce de critique, les genres *cheilines, scares, chelion,* et même d'autres poissons que nous y avons ramenés des genres différens dans lesquels il les avait placés. Ainsi nous avons compté vingt-deux labroïdes parmi ses spares[1] et quinze parmi ses lutjans.

Shaw, après avoir copié arbitrairement toute cette liste d'espèces disparates, y ajoute encore des poissons fort étrangers, car il y fait figurer l'ombrine vulgaire sous le nom de *labre cyanoptère,* et il fait de nouveaux doubles emplois des figures d'Ascanius.

Bloch a dans son Système posthume un genre un peu moins nombreux que Lacépède, mais encore il a huit ou dix espèces qui doivent en être retirées, et qui n'auraient pas même dû y entrer, s'il leur avait appliqué le caractère de son genre, tout large qu'il était.

Après avoir écarté toutes ces espèces hétérogènes à celles qu'Artedi avait primitivement réunies dans son genre *la-brus,* nous formerons une famille d'acanthoptérygiens, que nous caractérisons par la forme oblongue d'un corps écailleux; une seule dorsale, soutenue en avant par des rayons épineux, garnie le plus souvent d'un lambeau membraneux; les mâchoires recouvertes par des lèvres charnues; le palais lisse et sans aucunes dents; les pharyngiens au nombre de trois, deux supérieurs et un inférieur : tous trois armés de dents tantôt en pavé, tantôt en lames, en pointes; un canal intestinal sans cœcums, et une vessie natatoire.

Cette famille, réduite à ne renfermer que les poissons qui présentent ces caractères, comprend encore un assez grand nombre d'espèces, qui sont réparties en plusieurs genres.

Celui des *labres* réunit les espèces à lèvres grandes,

---

1. Voyez Cuv. Val., t. VI, p. 2 , note.

13.

charnues et comme doubles; la membrane branchiostège n'a que cinq rayons, les dents maxillaires simples et coniques sur un ou plusieurs rangs; les pharyngiennes cylindriques et mousses; les pièces operculaires sans épines; la joue et l'opercule couverts d'écailles; la ligne latérale presque droite.

Les *crénilabres* diffèrent de ceux-ci par leur préopercule profondément dentelé, et parce que leur museau n'est pas protractile. Cette protractilité a fait distinguer par M. Cuvier les *sublets* (*coricus*) de ses crénilabres.

Les *chéilines* sont semblables aux labres par l'intégrité de leur préopercule; mais leur ligne latérale se dirige parallèlement au dos jusqu'à la fin de la dorsale, où elle s'interrompt pour recommencer par une ligne plus basse, tracée par le milieu de la queue.

L'extrême protractilité du museau des *epipulus,* a engagé M. Cuvier à séparer comme genre ce poisson, semblable, du reste, aux chéilines, et qu'avant lui Pallas avait rangé parmi les spares.

Nos *tautogas* sont distingués des labres par la peau nue et épaisse de l'opercule: celle du préopercule étant couverte de petites écailles.

M. Cuvier a nommé *lachnolaimus* les espèces à rayons de la dorsale et de l'anale prolongés en longs filamens, et qui offrent encore un caractère d'une valeur plus élevée dans les villosités épaisses qui sont au-devant des dents pharyngiennes supérieures.

Les *girelles* ont la tête toute nue, la bouche petite et des dents coniques et droites sur les mâchoires; on a pu distinguer de ceux-ci les anampsès, qui n'ont à chaque mâchoire que deux dents comprimées, tranchantes, recourbées et saillantes hors de la bouche.

Les *razons*, que l'on avait classés parmi les coryphènes avant M. Cuvier, sont des poissons très-semblables aux labres ou aux girelles, et que la hauteur de leur profil vertical en distingue aisément.

Les *chromis* et les *cichlas* ont les dents en carde aux deux mâchoires, et les premiers ont sur la rangée externe des dents plus fortes, ce qui les distingue des seconds.

Tous ces poissons ont une dorsale soutenue en avant par de nombreux rayons épineux; ceux qui n'ont que deux rayons au plus, simples, mais souvent flexibles sur la partie antérieure de la dorsale, constituent les genres *chelion* ou *malacanthe;* les uns ont l'opercule des labres, les autres y ont une petite épine.

Après toutes ces divisions génériques, il faut encore rapporter aux labroïdes un groupe ou une tribu particulière : celle des *scares,* remarquables par leurs intermaxillaires convexes, arrondis et garnis de dents disposées comme des écailles sur la partie externe et convexe de la mâchoire. Il a fallu distinguer dans cette tribu les *calliodons,* où les dents latérales de la mâchoire supérieure sont écartées et pointues, avec une rangée interne de petites dents; et les *odax,* qui ont les lèvres renflées, recouvrant des mâchoires osseuses et dentées comme celles des scares, mais plates et non bombées : leurs dents pharyngiennes sont semblables à celles des labres.

CHAPITRE PREMIER.

Des Labres.

Les poissons que nous réunissons dans le genre des *labres* se reconnaissent à la forme ovale, élégante et régulière; à leurs lèvres épaisses et charnues. Elles sont comme doubles à la mâchoire supérieure, parce que la peau des sous-orbitaires et des os du nez dépasse les bords de ces pièces osseuses, et se prolonge en un lambeau cutané, qui recouvre souvent la lèvre, et va au-delà du bout du museau quand la bouche est fermée.

L'opercule, le préopercule, le sous-opercule, sont écailleux; le limbe du préopercule et l'interopercule sont généralement nus dans les espèces de nos côtes, ainsi que les sous-orbitaires et le devant du front. Il n'y a aucune épine ni dentelure aux bords des pièces operculaires; les dents sont fortes, coniques, plus alongées auprès de la symphyse: dans quelques espèces étrangères, on en voit saillir une plus grande de l'angle de la mâchoire supérieure, et dont la pointe est dirigée en avant.

Les rayons épineux de la dorsale sont généralement plus nombreux que les mous; les épines anales sont courtes et grosses; un lambeau charnu dépasse le plus souvent la pointe de chaque rayon, et c'est ce caractère que Linné exprimait par ces mots : *pinna dorsalis ramentacea;* mais lui, et surtout ses élèves, avaient donné beaucoup trop d'extension et d'importance à ce caractère.

Les côtes de la Méditerranée en nourrissent un assez bon nombre d'espèces, dont quelques-unes sont propres à cette mer, et dont un petit nombre lui sont communes avec l'Océan. Une seule espèce jusqu'à présent n'a été vue que sur nos côtes septentrionales de l'Europe; elle y est abondante, et y présente beaucoup de variétés, dont plusieurs brillent des couleurs les plus vives : nous la voyons remonter vers le Nord jusque sur les côtes de Norwége; mais elle ne paraîtrait pas atteindre la hauteur de l'Islande : car je ne trouve pas que Mohr, ni Faber, auteur plus moderne, en fassent mention.

Tous ces poissons se nourrissent de petits coquillages, d'oursins, de crustacés, dont ils peuvent facilement briser l'enveloppe dure et solide, par l'action de leurs pharyngiens fortement dentés. Ils vivent réunis, sans former des troupes nombreuses, sur les côtes rocheuses, à l'abri des mouvemens violens des vagues. Ils fraient au printemps parmi les fucus et les autres algues marines, au milieu desquels leurs petits trouvent un abri pendant le premier temps de leur développement.

Nous ne voyons jamais ces animaux atteindre à de grandes dimensions; leur chair, blanche et ferme, est partout estimée comme une nourriture aussi saine qu'agréable.

Tous ces poissons brillent des couleurs les plus vives; on les voit ainsi parés de ces belles robes jusque dans nos contrées septentrionales, et leur fond vert, varié de rouge ou de jaune, leur a fait donner le nom de *perroquet de mer*. Sur nos côtes on les connaît aussi sous celui de *vieille de mer*. Tous les pêcheurs du littoral de la Méditerranée les désignent sous le nom de *rouquié*, ce qui doit avoir rapport à leur séjour sur les plages rocheuses; et aussi sous celui de *tourd*, de *tordou* ou *tordu*, nom qui est générique dans le langage des pêcheurs, car ils ajoutent à cette dénomination différentes épithètes : c'est ainsi qu'ils disent *tordu sera*, *tordou blu*, etc.

Ce nom vient très-certainement de celui de *turdus*, que nous trouvons souvent cité pour le poisson de la Méditerranée, connu des anciens, qui était probablement de nos espèces de labres; mais dont la détermination spécifique est aujourd'hui impossible. Nous voyons d'ailleurs que c'est par ce mot ou par celui de *merula*, qu'ont été traduits les noms des poissons que les Grecs désignaient par κιχλη, κύττυφος, ou κόσσυφος et qu'Aristote cite comme des poissons saxatiles, se tenant sur les rochers et changeant de couleur selon les saisons : étant noirs en hiver et blancs en été. Ælien reproduit cette même assertion en nommant le κόσσυφος et le κιχλα. On retrouve encore la confirmation de cette assertion dans Numénius, cité par Athénée, qui donne au κόσσυφος l'épithète de μελαγχρως, de couleur noire; et au κιχλη celle de αλιειδέας, c'est-à-dire de tacheté ou varié en couleur.

Nos labres abondent dans la Méditerranée et dans l'Océan; mais peu d'espèces se trouvent parmi les poissons intertropicaux, région où les girelles sont répandues avec profusion.

Nous allons commencer l'énumération de nos espèces par celle de l'Océan. Quoiqu'il ne paraisse pas qu'elle ait été connue de Linné, elle y est commune, et elle vient assez fréquemment sur nos marchés, pour qu'il soit facile de se la procurer et de bien l'étudier. Après l'avoir décrite, nous parlerons des espèces communes aux deux mers; nous donnerons ensuite les espèces méditerranéennes, et enfin nous traiterons des exotiques.

La Vieille commune ou Perroquet de mer.

(*Labrus Bergylta*, Asc. et mieux Friers et Eckstr.)

Nos pêcheurs des côtes de Normandie ou de Bretagne connaissent plusieurs variétés de couleur de cette espèce, et les désignent sous le nom de *vieille rouge*, quand sur le fond vert le rouge est dominant; ils appellent *vieille verte*, celles d'une teinte plus uniforme; *vieille jaune*, celles qui ont peu de vert et beaucoup de jaune. Ils en ont d'autres, tout-à-fait olive, auxquelles ils donnent le nom de *vieille*, sans épithète, et ils réservent le nom de *perroquet de mer* à la variété qui a sur le fond vert un réseau de couleur rouge ou de brique, étendu sur tout le corps. Tels sont les renseignemens que nous ont fournis sur ces poissons M. Garnot, médecin de la marine à Brest, et, plus récemment, Madame Ducrest de Villeneuve, qui a bien voulu, sur ma demande, en faire rechercher sur les côtes de Lorient. Ayant examiné un grand nombre de ces différentes variétés de poissons, nous ne pouvons les regarder comme des espèces distinctes, tant leurs caractères essentiels sont constans et semblables; et nous choisissons, pour faire notre description, la variété verte ou bleue d'aiguemarine, à réseau rouge, parce que c'est une de celles où les couleurs se reproduisent le plus constamment, et que l'excellente figure, que M. Friers en a publiée dans son Histoire des poissons de la Norwége, va maintenant fixer les caractères de cette espèce.

Le corps de la vieille, comme celui des labres en général, a une forme régulière, en ovale alongé, rétréci du côté de la tête. Le milieu des côtés est plus épais que le dos ou le ventre. La plus grande hauteur du corps se mesure à l'aplomb des ventrales, et varie de grandeur. Nous avons des individus où elle n'est contenue que trois fois et demie dans la longueur totale. Chez d'autres, cette même hauteur y est comprise quatre fois. Ces variations dépendent probablement de l'état de plénitude des laitances ou des ovaires. L'épaisseur, prise aux pectorales, ne fait guère que la moitié de la hauteur du corps. La hauteur de la queue n'a que les deux cinquièmes de celle du tronc, mesurée aux pectorales.

La tête est assez longue et contenue trois fois et deux tiers dans la longueur totale; son profil monte vers le dos par une courbe peu arquée et peu oblique; le museau est gros, arrondi, et un peu élargi sur les côtés, à cause de l'épaisseur des lèvres. L'œil est de grandeur médiocre, parfaitement rond, placé sur le haut de la joue, sans que l'orbite échancre le profil du front; il est éloigné du bout du museau de deux fois la longueur du diamètre, qui lui-même est contenu cinq fois et demie dans celle de la tête. Le premier sous-orbitaire est quadrilatère, irrégulier, sans écailles, caché sous une peau épaisse. Les autres pièces de cet os sont petites et en partie recouvertes par les écailles de la joue, sur laquelle on en compte dix rangées au-dessous de l'orbite, et quatre ou cinq derrière. Le préopercule, assez grand, a le bord montant le plus souvent droit, mais quelquefois légèrement sinueux et tout-à-fait lisse, sans aucunes dentelures; il fait un angle arrondi, un peu obtus, avec le bord horizontal. L'opercule est une grande pièce trapézoïde, sans aucune épine ni arête. Le bord membraneux est très-large. Le sous-opercule lui est très-intimement réuni; il est impossible de le distinguer à l'extérieur sous les écailles qui couvrent les deux pièces; car elles n'ont entre elles aucun mouvement. Ces écailles sont presque quadruples de celles du préopercule; elles sont irrégulièrement disposées, de manière qu'on ne peut porter le nombre des rangées qu'à cinq ou six. L'interopercule est élargi, recouvert d'une peau épaisse, dans laquelle on ne voit que quelques écailles éparses. Quand la bouche et les ouïes sont fermées, les deux interopercules ne se touchent pas sous l'isthme de la gorge. L'ouverture des ouïes est grande. La membrane branchiostège et ses rayons, au nombre de cinq, sont presque tout-à-fait cachés, dans l'état de repos, sous les pièces operculaires.

Les deux ouvertures de la narine sont rondes; petites, percées au-devant et au-dessus de l'œil. L'antérieure a un rebord membraneux, saillant, qui l'entoure et forme une espèce d'entonnoir, au fond duquel est l'orifice de la narine.

Les deux mâchoires sont d'égale longueur : la supérieure est assez protractile. Les branches montantes de l'intermaxillaire remontent sur le front jusqu'au-delà des orbites. Les maxillaires sont courts, presque entièrement engagés sous le sous-orbitaire. Cette disposition fait que la protractilité de la bouche n'est pas aussi grande que la longueur des branches de l'intermaxillaire pourrait le permettre. Les lèvres sont très-épaisses, charnues et étalées sur les côtés de la bouche; elles sont lisses en dessus. La supérieure, en dessous, a huit plicatures, qui augmentent beaucoup l'étendue de sa surface. Il n'y en a que deux sur la lèvre inférieure.

Les dents sont coniques, régulières, et décroissent à mesure qu'elles s'enfoncent dans la bouche. L'intermaxillaire en porte sept, et la demi-mâchoire inférieure dix; en d'autres termes, il y a quatorze dents à la mâchoire supérieure, et vingt à l'inférieure. Derrière ces dents coniques on en voit une seconde rangée, composée de six ou huit très-petites et de même forme. Le palais est parfaitement lisse. Le voile membraneux de la mâchoire supérieure est large et très-mobile; l'inférieure l'est un peu moins. La langue n'avance pas beaucoup dans la bouche; elle est libre, arrondie, mais étroite à l'extrémité.

Les râtelures des branchies sont courtes, lisses et sans aucunes aspérités. Les deux premiers arceaux portent en avant des pharyngiens deux pelotes, recouvertes de papilles fines et serrées, comme du velours, et derrière elles on voit alors les pharyngiens supérieurs, pièces osseuses, triangulaires, armées de dents fortes, dont les internes sont globuleuses et obtuses, et les externes sont coniques et pointues. Derrière la langue, une pièce unique, triangulaire, pourvue de dents semblables aux pharyngiennes, correspond aux pharyngiens supérieurs.

13. 3

Le surscapulaire est petit, couché obliquement le long du bord
supérieur de l'opercule, et qui lui est réuni par une peau épaisse,
sorte de continuation du bord membraneux de l'opercule. Au-dessus
du surscapulaire on compte dix écailles obliques, dont la rangée
remonte jusque sur le front, et sépare, au-dessus de la tempe, une
plaque écailleuse, oblique, composée de deux rangées d'écailles.
L'ossature de l'épaule est entièrement cachée sous le bord membraneux de l'opercule. En le soulevant, on voit que les différentes
pièces qui la composent n'ont point d'écailles. L'huméral est étroit
et alongé. Sous l'angle arrondi de l'opercule est l'attache des rayons
supérieurs de la pectorale. Les autres rayons sont fixés obliquement
en arrière du premier, de sorte que le dernier rayon répond à la
seconde rangée d'écailles derrière l'ouïe. La longueur de la pectorale
fait à peu de chose près le sixième de la longueur totale du poisson.
Quand elle est étalée, la hauteur de son éventail est plus grande que
le plus long de ses rayons. Ils sont gros, bien séparés, au nombre
de quatorze : le premier est simple et presque aussi long que le
second; les cinquième, sixième et septième sont les plus longs, et
surpassent de très-peu les premiers; les autres diminuent insensiblement jusqu'au dernier, qui est de moitié plus court que le
sixième. Le bord libre de la nageoire est arrondi.

Les ventrales sont insérées en arrière des pectorales. Leur attache
répond à la pointe du dernier rayon de ces nageoires thoraciques.
La longueur de leur premier rayon mou est des quatre cinquièmes
du plus long rayon de la pectorale. Le rayon épineux a les deux
tiers de celui qui le suit. Quand la nageoire est reployée le long
du corps, elle atteint aux deux tiers de la distance entre leur base
et l'ouverture de l'anus. La dorsale s'élève un peu en arrière de
l'insertion de la pectorale. Le premier rayon épineux n'a que la
moitié de la hauteur du vingtième, lequel a le tiers de la hauteur
du corps, mesurée sous lui. Les autres rayons épineux augmentent
insensiblement; ils ont tous à leur pointe un petit lambeau charnu
libre. La portion molle de la nageoire est courte; car elle n'occupe
que le dernier quart de la longueur de la dorsale, qui mesure la
moitié de la longueur du corps, la caudale non comprise. Cette

dernière portion de la dorsale est arrondie, et d'un tiers plus haute que le dernier rayon épineux. La première épine de l'anale répond à la dernière de la dorsale. La hauteur de la portion molle est un peu moindre que celle de la nageoire du dos. La caudale est large, coupée carrément. Sa longueur mesure le sixième de celle du corps entier; sa hauteur, quand la nageoire est étalée, surpasse d'un tiers la longueur. Quelques écailles s'avancent sur la membrane entre les rayons, et y forment ainsi des petites bandelettes écailleuses qui n'atteignent pas à la moitié de la hauteur de la caudale. Il n'y en a pas sur les autres nageoires.

B. 5; D. 20/11; A. 3/9; C. 16; P. 14; V. 1/5.

Les écailles de l'occiput, et surtout celles de la poitrine, sont très-petites; elles commencent à devenir grandes et larges aux pectorales; encore celles au-dessus de la ligne latérale sont-elles toujours plus petites que celles des flancs; elles sont d'ailleurs placées d'une manière fort régulière sur les côtés par bandes légèrement obliques, au nombre de trente-six, entre l'ouïe et la caudale. Chaque zone est composée d'une vingtaine d'écailles; elles sont très-fortement adhérentes; leur bord est mince et lisse. On ne voit pas d'aspérités ou de granulations à leur surface. Une écaille séparée est oblongue; le bord libre est arrondi en arc de cercle, mince et membraneux. La hauteur de l'écaille égale la longueur de la portion recouverte, qui mesure les deux tiers de l'écaille. Le bord radical est vertical et très-peu festonné par l'extrémité des vingt-cinq rayons de l'éventail de la racine.

La ligne latérale part du surscapulaire et marche à peu près parallèlement au dos par le quart de la hauteur jusqu'à la fin de la dorsale, où elle s'infléchit sans s'interrompre, et va se terminer à la caudale par le milieu de la hauteur de la queue; elle est composée d'une série de traits obliques et relevés sur une suite d'écailles pointues et de moitié plus petites que les autres. Cette disposition est très-remarquable, et rend la ligne latérale très-facile à apercevoir.

Nous avons fait cette description sur un individu frais,

long de quatorze pouces, bien conservé, acheté à la Halle
de Paris, sous le nom de *perroquet de mer*.

Sa couleur était fort agréablement variée; il avait le dos d'un
beau bleu, à reflets verdâtres, qui lui donnaient une teinte d'aiguemarine brillante, s'affaiblissant sur les côtés et passant au blanc
nacré sous le ventre. Tout le corps est couvert d'un réseau de mailles,
de couleur orangée ou aurore, rembruni sur le dos, rougeâtre sur
la tête, vive sur le ventre et sur les nageoires, qui sont bleues. Les
pectorales seules avaient les rayons orangés. Les lèvres supérieures
et l'intérieur de la bouche étaient d'un beau vert; les inférieures et
la membrane branchiostège d'un beau blanc.

Nous avons trouvé dans les papiers de M. le comte de
Lacépède le dessin d'une *vieille* de Fécamp, peint de couleurs entièrement semblables.

Nous avons reçu la même variété de Brest, par les soins
de M. Garnot, sous le nom de *vieille rouge*.

Le fond de la couleur du dos et des nageoires était vert; les
flancs et le ventre argentés, et les mailles plus brillantes étaient
d'une belle couleur de minium. Sur la caudale, les ocelles étaient
violets.

Ce poisson a plus d'un pied de long.

Nous venons de recevoir un grand nombre de ces vieilles,
pêchées au Croisic, et que M. Baillon s'y est procurées pour
nous les communiquer. Elles sont aussi fraîches qu'au sortir
de l'eau, et n'ont toutes que six à sept pouces. La couleur
de ces poissons varie presque autant que celle des poissons
rouges que nous conservons dans nos bassins.

Le fond est verdâtre, et la tête conserve toujours uniformément
cette teinte; mais le rouge, qui y est mêlé en plus ou moins grande
abondance, varie depuis la teinte la plus vive de vermillon jusqu'à
l'orangé pâle, et même au jaune verdâtre. Quelques individus ont
des mailles irrégulières sur tout le corps; d'autres n'ont que des

taches; plusieurs autres sont peints de grandes marbrures; quelques-unes de ces vieilles ont la caudale sans taches; d'autres l'ont tachetée.

Nous trouvons aussi de ces variétés, ayant toujours les nombres de rayons comme nous les donnons, à la dorsale et à l'anale, qui sont distinguées des pêcheurs sous le nom de *vieille jaune.* Nous en devons de pareilles à M. Garnot, qui les a envoyées sous ce nom avec des vieilles rouges.

Il paraît que sur d'autres individus le vert domine, et est étendu d'une manière plus uniforme; car les pêcheurs de Brest ont donné de ces vieilles avec l'épithète de *vertes,* qui ont encore les mêmes nombres de rayons.

D. 20/11 ; A. 3/9, etc.

Nous observons aussi avec abondance une variété de ces labres, qui non-seulement varie par les couleurs, mais par le nombre de rayons; ainsi nous en achetons sur nos mar-chés de Paris, dont le fond de la couleur, plutôt bleue que verte, est maillé de rouge brique.

De celles-là nous en avons un individu qui a les nombres suivans :

D. 21/10 ; A. 3/9, etc.

Nous le devons à M. Baillon.

D'autres, qui étaient maillées de couleur semblable, ont:

D. 20/10 ; A. 3/9, etc.

Nous en avons observé de couleur olivâtre sans aucune trace de réseau rougeâtre, ou même de couleur brune assez foncée, ayant

D. 21/10 ; A. 3/9, etc.

M. Kiener a rencontré cette même variété à Saint-Malo.

Nous en avons reçu une de Fécamp ayant encore plus de rayons.

D. 21/11 ; A. 3/9, etc.

Mais il y en a d'autres qui offrent de nouvelles variations, car elles ne se bornent plus à des différences dans les nombres de la dorsale, mais l'anale a un rayon de moins. Elles présentent des nuances de couleur tout aussi distinctes que les variations numériques des rayons de la dorsale; ainsi M. Baillon vient de nous envoyer d'Abbeville un très-grand labre, long de seize pouces et demi, varié de rouge, de jaune et de verdâtre, ayant

D. 20/11; A. 3/8, etc.

Le même naturaliste a pris dans le même endroit une autre variété, verte, à **D. 20/10; A. 3/8**, etc., et nous avons observé les mêmes nombres sur des variétés brunes, achetées chez nos marchands de Paris.

La vieille a, comme tous les labres, un canal intestinal très-simple; il commence par un large pharynx à plis longitudinaux, qui permettent la dilatation nécessaire pour la déglutition. Le canal se continue pour former un sac oblong, qui descend dans la cavité abdominale jusque vers la moitié de sa longueur. Ce sac, formé de la réunion de l'œsophage et de l'estomac, se contourne pour remonter vers le diaphragme, et se rétrécit beaucoup en cet endroit. Une valvule masque le pylore. Le duodénum, qui le suit, longe la face inférieure de l'estomac, et, arrivé entre les deux lobes du foie, se plie de nouveau, pour se rendre droit à l'anus. Aux deux tiers de sa longueur, une seconde valvule, forte et épaisse, montre la terminaison de l'intestin grêle et le commencement du rectum, dont le diamètre est plus du double de celui de l'intestin qui précède. De grosses rides longitudinales sillonnent sa membrane muqueuse. Sa tunique musculaire est très-épaisse. Les fibres charnues ont une direction longitudinale. Le velouté du reste de l'intestin est couvert de mailles hexagonales, et vers l'origine du canal les papilles sont tellement grandes qu'elles flottent sur la surface interne de l'intestin, ou qu'elles semblent s'imbriquer les unes sur les autres, quand elles sont couchées dans le sens de la marche des alimens dans le canal alimentaire du poisson.

Le foie est assez gros et composé de trois lobes assez distincts, de sorte qu'on commence à voir ici la disposition que ce viscère a dans les cyprins, d'être très-divisé, et en quelque sorte traversé par le canal intestinal, qui y adhère fortement.

Le lobe gauche est subdivisé en deux lobules plus gros chacun que le lobe droit. De ces deux lobules l'un est adhérent à la face gauche de l'estomac par un tissu cellulaire assez dense, et dépasse de beaucoup la crosse de ce viscère. L'autre lobule, plus court, mais plus épais, est trièdre et reporté sur la face supérieure de l'estomac, entre lui et la vessie aérienne. Le lobe droit, mince et pointu, a à peu près la même apparence que le lobule gauche et inférieur, mais il n'atteint pas même la pointe de l'estomac.

La vésicule du fiel est petite, oblongue; elle donne un canal assez long, qui reçoit un très-grand nombre de vaisseaux hépato - cystiques, versant eux-mêmes la bile dans un très-long canal cystique. Le canal cholédoque est récurrent, et porte la bile dans l'intestin, peu en arrière du pylore. La rate est très-grosse, trièdre, située sur la région supérieure de l'intestin.

Les ovaires de cette femelle sont gros, remplis d'œufs d'une petitesse excessive, réunis en très - jolies houppes formant des arbuscules dans les sacs qui contiennent ces innombrables grappes. Les deux sacs sont réunis à leur partie inférieure, de manière à ce qu'il n'y a qu'une seule ouverture pour la sortie des œufs; il n'y a aucune papille externe.

Les laitances, sauf leur nature, ressemblent par leur forme aux ovaires. Le péritoine, qui enveloppe ces organes, est fin et argenté. Le repli qu'il fait pour former la première enveloppe de la vessie aérienne, devient une membrane fibreuse très-épaisse, très-adhérente aux parois abdominales, et contient une vessie aérienne très-grande, ovale, convexe en dessous, pointue en arrière, et profondément échancrée en avant, sans avoir aucune espèce de cornes ni de prolongemens tubuliformes. Sa membrane propre est très-mince.

Au-dessus d'elle sont les reins, constitués en deux rubans grêles, situés de chaque côté de la colonne vertébrale et débouchant presque directement en arrière de la vessie aérienne dans la vessie urinaire, qui est oblongue et à parois très-minces, mais résistantes.

La nourriture consiste en petits crustacés, en petits oursins, que le poisson avale sans les triturer sous ses pharyngiens, en partie arrondis. J'ai aussi trouvé des débris de flustres foliacés, et de fucus dans l'estomac.

Sur le squelette nous voyons le crâne avoir une crête interpariétale, élevée, triangulaire, pointue en arrière, deux autres crêtes latérales et antérieures peu saillantes. L'occiput prolongé en arrière est comme tronqué obliquement. La crête moyenne, continuation de la première, est peu élevée, et, au contraire, les latérales le sont davantage. La région du front est bombée; une crête transverse, aplatie, large, peu élevée, passe d'un frontal sur son congénère, de l'autre côté, et termine ainsi la gouttière, dans laquelle glissent les branches montantes de l'intermaxillaire, qui sont grosses et fortes. Les os du nez sont minces, étroits et alongés.

Je compte dix vertèbres abdominales et un pareil nombre de caudales. Les apophyses épineuses de la dernière et de l'avant-dernière s'élargissent pour former ensemble l'éventail osseux qui soutient les rayons de la caudale. Les apophyses transverses des vertèbres de l'abdomen sont peu longues, assez grosses, comprimées, aplaties d'avant en arrière. Sur leur face postérieure s'articulent les côtes, qui sont longues, assez fortes, et dont les douze premières portent des apophyses horizontales, longues et grêles. Les interépineux de la dorsale et de l'anale sont hauts et diminuent de largeur, à mesure qu'ils sont plus près de la fin de la nageoire. Les crêtes latérales sont assez élevées et diminuent de la même manière.

L'huméral et le cubital sont deux très-forts os; qui laissent entre eux une échancrure peu ouverte. Quant au radial, il est petit; son trou rond est assez grand; les osselets du carpe sont assez larges. Les os pelviens sont longs et forts.

Telle est la vieille rouge la plus commune, et qui offre toujours cette disposition de couleur et vingt à vingt et un

rayons épineux à la dorsale. Il est assez étonnant que ce
poisson ait été inconnu d'Artedi et de Linné. Dans la
douzième édition du *Systema naturæ*, qui est de 1766,
on ne trouve aucun labre à qui ce grand naturaliste ait
compté ces vingt et une épines à la dorsale. L'année suivante, Ascanius publia le premier cahier de ses *Icones
rerum naturalium;* la première planche représente d'une
manière reconnaissable notre poisson. La description ajoute
encore à ce que cette figure laisse à désirer. Les nombres
des rayons de la dorsale se rapportent parfaitement à ceux
de nos vieilles. Ascanius donna à ce labre l'épithète de
bergylta, tirée de son nom norwégien; cependant Gmelin
ne profita pas du travail du zoologiste danois, et notre
poisson ne prit point de place dans cette édition du *Systema naturæ.*

Il négligea également la description et la figure du *labrus
Ballan,* de Pennant, qui appartient très-probablement à
la variété jaune de notre poisson[1]; sur la planche on voit
les os pharyngiens parfaitement bien représentés. Cette
figure a été copiée plusieurs fois. Il est d'ailleurs assez
curieux de remarquer que Gmelin, ayant négligé de se
servir d'une description assez bien faite, accompagnée
d'une figure passable, ait placé dans la liste des labres le
L. comber et le *L. coquus,* tous deux plus difficiles à
déterminer, et connus par une phrase très-courte et peu
caractéristique de Rai, et par une figure tout aussi peu
reconnaissable. Pennant a ajouté au L. comber de Rai des
nombres de rayons qui peuvent faire présumer qu'on doit
le rapprocher de notre vieille rouge.

---

1. Notez bien que le *labrus Ballan* de Risso est tout différent de celui de Pennant.

13.   4

Turton donne à ce labre comber, dans sa Faune de la Grande-Bretagne, trente et un rayons à la dorsale; mais comme il n'indique pas s'il y a une épine de plus à cette nageoire pour former ce nombre, on ne sait pas si l'on doit rapprocher son labre comber de la vieille rouge ou de la vieille brune.

Quant au cook (*labrus coquus*), il me paraît être différent, et nous démontrerons plus bas que c'est au labre mêlé qu'il ressemble le plus.

Ce fut Bonnaterre qui plaça le premier notre vieille dans le catalogue de ses labres, pour l'Encyclopédie méthodique, sous le nom de *labre Bergylte,* sans remarquer que sur la même page il venait d'indiquer déjà la même espèce d'après Pennant, sous le nom de *labre Ballan.*

Bloch s'étant procuré de la mer du Nord une de ces vieilles, la fit représenter sur la planche 294 de sa grande Ichthyologie. Il l'appela *labre tacheté* (*labrus maculatus*), tout en reconnaissant que c'était le *bergylta* d'Ascanius; mais il ne parle pas de Pennant.

Bien que la figure de Bloch soit très-défectueuse, nous sommes sûrs de cette identité spécifique, attendu que nous avons étudié le poisson même de ce naturaliste, que M. Lichtenstein a bien voulu nous prêter.

M. de Lacépède copia Bonnaterre et Gmelin, de sorte qu'on retrouve parmi ses labres un L. Ballan, un L. Bergylte; mais il donne un nouveau nom à notre labre, en employant la note et le dessin qui lui avaient été communiqués par M. Noël, de Rouen. Nous avons retrouvé ce dessin parmi ses papiers; de façon que nous sommes assurés que le *labre neustrien,* décrit d'après ce dessin, n'est autre que la vieille commune.

Enfin, nous trouvons une figure encore reconnaissable de notre vieille dans le *Zoological miscellany* de Shaw (pl. 426); mais il le croit, très-faussement, une variété du *labrus tinca* de Linné, qui n'a que quinze rayons épineux à la dorsale, et qui est un de nos crénilabres. La figure citée plus haut, a été reproduite dans la Zoologie générale du même auteur (t. IV, part. 2, pl. 72, p. 499).

Donovan en donne aussi une assez bonne figure[1] sous le faux nom de *labrus tinca*.

Tous les naturalistes que nous venons de citer ont cependant oublié la meilleure figure de la vieille qui se trouvait dans Duhamel. Sous le nom de vieille ou carpe de mer, cet auteur représente fort exactement notre poisson. L'anatomie qu'il ajoute à cette planche[2], a été copiée des manuscrits de Duverney. Les dents pharyngiennes sont fort exactement dessinées, comme dans la figure de Pennant.

Duhamel avait reçu ce poisson de Granville.

Plus tard Bloch fit attention à cette figure de Duhamel, et il l'a citée dans son Système posthume; mais à faux, car il l'a rapportée à son *labrus vetula*, tandis qu'il aurait dû la citer sous le *labrus maculatus*.

Son *labrus vetula*, comme nous le dirons plus tard, est une figure dénaturée du labre mêlé (*labrus mixtus* Gmelin).

Fleming[3], négligeant tous les noms de ses prédécesseurs, établit l'espèce sous le nom de *labrus ballanus;* mais il confond avec elle le *striped wrasse* de Pennant et de Donovan, qui est devenu le *labrus lineatus* (notre *labrus mixtus*), et il cite sous ce même nom, comme une espèce

---

1. *Brit. fish.*, pl. 83. — 2. Traité des pêches, sect. 4, pl. 6. — 3. Règ. anim., p. 209.

distincte, une variété de notre vieille, dont nous allons parler tout à l'heure.

M. Jenyns reprend le nom de Bloch et donne une fort bonne notice sur cette espèce, dont une partie me paraît prise de l'excellent ouvrage que j'ai tant de plaisir à consulter, celui de M. Yarell, qui veut bien m'honorer de son amitié. La figure de cet ouvrage[1] me paraît avoir la dorsale et l'anale un peu trop pointues; elles sont toujours plus arrondies dans les poissons de ce genre. L'espèce y conserve le nom anglais *ballan wrasse*, et la synonymie est conforme à ce que nous venons nous-mêmes de consigner.

La vieille fraie en Avril, se nourrit principalement de crustacés, se tient sur les côtes rocheuses; quand elle a atteint son entière croissance, elle pèse jusqu'à cinq livres.

Elle s'avance vers le Nord; nous la trouvons citée dans la Faune danoise de Müller[2], sous le nom de *labrus berggalt*.

Quoique Linné n'en fasse pas mention dans son *Fauna suecica*, nous la trouvons dans l'édition de Retzius[3]. Ce zoologiste lui donne le nom de *labrus aper;* mais il le reconnaît pour le poisson décrit par Ascanius et Müller, et même pour le ballan de Pennant.

On en trouve aussi aux Orkney, où elle prend le nom de *bergill.* Partout elle est désignée comme une nourriture agréable.

La Vieille verte.

(*Labrus Donovani*, nob.; ou *Labrus suillus*, Linn.?)

Nous avons reçu des mêmes ports de la Bretagne d'autres

---

1. *Brit. fish.*, p. 275. — 2. *Zool. dan.*, *Prod.*, p. 46, n.º 387. — 3. *Faun. suec.*, p. 335.

vieilles, sous le nom de *vieille verte,* dépassant aussi la longueur d'un pied, ayant les mêmes formes et les mêmes nombres de rayons à la dorsale, et que les pêcheurs désignent par des noms particuliers, tirés de la couleur des individus.

Leur vieille verte a la tête, le dos et les nageoires verts, le dessous de la gorge jaunâtre, le ventre olivâtre. Le pâle des côtés était séparé du foncé du dos par une bandelette longitudinale argentée; quelques rivulations blanches couraient sur la tête et sur le ventre. Les couleurs sembleraient rapprocher cette variété du tourd de la Méditerranée : mais les nombres des rayons distingueront facilement ces deux poissons.

Nous trouverons cette vieille bien représentée par Donovan [1], sous le nom de *labrus lineatus :* il la peint en vert, pâlissant vers le bas des côtés; le ventre est teint de jaunâtre, et les flancs portent dix-huit lignes longitudinales jaunes; toutes les nageoires sont vertes. Ce poisson est rare sur la côte de Cornouailles, où les pêcheurs le nomment *greenfish* (poisson vert). Les nombres des rayons cités par Donovan, sont les mêmes que ceux comptés sur nos individus.

Turton, dans sa Faune de la Grande-Bretagne, a cité ce *labrus lineatus* d'après Donovan. Nous n'en trouvons pas d'autres indications dans les auteurs de cette époque.

C'est probablement à cette variété qu'il faut rapporter le *labrus cornubiensis,* décrit par Couch [2] dans son mémoire sur les poissons de Cornouailles. Il lui donne vingt épines à la dorsale, et le colore en brun foncé sur le dos, plus clair sur les côtés, et en jaune safrané sur le ventre.

Mais dans aucun cas ce *labrus cornubiensis* ne peut

---

1. *Hist. nat. of brit. fish.*, t. IV, pl. 74. — 2. *Trans. of the Linn. soc.*, t. XIV, 1.ᵉ part., p. 8o.

être, comme le croit M. Couch, une variété de la girelle ordinaire (*labrus julis*).

MM. Fleming et Jenyns ont introduit ce poisson dans leurs ouvrages sous ce même nom de *labrus lineatus;* et M. Yarell[1] qui ne me paraît pas avoir copié, du moins fidèlement, la figure de Donovan, a, comme il le déclare lui-même, donné cette espèce sur l'autorité de ce naturaliste.

Nous ferons observer que ce ne peut être, comme M. Yarell l'a cru, le *labrus psittacus* de Risso, lequel est pris de Lacépède, et n'est autre que le *labrus viridis* de la Méditerranée, et tout-à-fait distinct par ses formes plus alongées. Ils ont tous copié les nombres de Donovan, qui sont ceux de nos différentes variétés de vieilles, sans faire attention qu'il y a eu certainement erreur de sa part en attribuant huit rayons à la ventrale de ce labre, car tous n'ont que cinq rayons mous avec le premier épineux.

Nous avons reçu de Saint-Malo des vieilles qui se rapportent parfaitement au poisson de Donovan, s'ils ne sont pas des variétés de notre *labrus bergylta.*

Quant au *labrus comber* de Pennant[2], nous devons ici faire remarquer que cette espèce est encore trop douteuse pour être introduite dans un ouvrage de la nature de celui que nous écrivons. Il n'est pas d'abord certain que le poisson de Pennant soit le *comber* de Iago[3], qui était un petit poisson rouge, à corps à peu près semblable à nos *labrus*

---

1. *Brit. fish.*, p. 279. — 2. Pennant, *Brit. zool.*, III, p. 342, pl. 58.
3. Rai, p. 163.

mixtus ou *labrus trimaculatus*, et dont il n'a pas donné les nombres des rayons.

Pennant a cru le reconnaître dans un poisson rouge, à ventre jaunâtre, avec une bande blanchâtre ou argentée le long des flancs. Il compte les rayons ainsi qu'il suit :

D. 20/11; A. 3/7; C. ? P. 14; V. 5;

nombres qui le rapprochent de nos vieilles.

La figure de Pennant a été copiée dans l'Encyclopédie; Gmelin, Lacépède ont adopté le *labrus comber*, et, ce qui est plus fâcheux, les auteurs des Faunes anglaises, qui, sans l'avoir retrouvé, l'ont signalé comme une espèce des côtes de ce pays. Ainsi Turton, Fleming, Jenyns l'ont nommé dans leurs ouvrages. M. Yarell a même reproduit une nouvelle copie de la figure de Pennant; mais ce savant s'est appuyé d'une nouvelle autorité, puisée dans les manuscrits de Couch.

Quoi qu'il en soit, c'est toujours un poisson peu connu, et qui, lorsqu'il le sera mieux, rentrera aussi dans nos variétés des vieilles communes, ainsi que M. Cuvier l'a déjà dit dans une note du Règne animal.

Le Labre varié.

(*Labrus mixtus*, Art., Linn.)

Je passe maintenant aux espèces communes à l'Océan et à la Méditerranée, et je vais commencer par une des plus abondantes sur nos côtes, qui a été cependant mal connue et mal caractérisée jusqu'à ce jour, quoique les différens ichthyologistes, postérieurs à Willughby, lui aient chacun assigné un nom spécifique, chaque fois qu'il la reconnaissaient; aussi sa synonymie est-elle très-confuse et très-longue.

On a lieu de s'étonner qu'un poisson aussi commun, et paré de couleurs aussi brillantes, ait échappé à Rondelet et à ses contemporains. Bélon, Salviani n'en font pas mention; il est de même impossible de le reconnaître dans les différens tourds décrits par Aldrovande.

Willughby[1] en a décrit deux variétés qu'il avait observées à Livourne; car on ne peut douter que son *turdus perbelle pictus* ne soit le poisson dont nous parlons dans notre article, mais paré des belles couleurs qu'il prend pendant le temps du frai. Il crut, mais avec doute, y reconnaître le *pavo* de Salviani; cette erreur, qu'il aurait pu éviter, puisqu'il avait décrit le *pavo* au commencement de son chapitre[2], a été cause des erreurs d'Artedi, qui ont été copiées et augmentées par ses successeurs.

En effet, celui-ci tire de Willughby, dans ses *genera,* son troisième *labrus;* et ici, copiste fidèle, il cite encore avec le point d'interrogation le *pavo* de Salviani; puis, la seconde variété de Willughby devient le quatrième labre d'Artedi. Mais dans sa synonymie, tout en conservant le texte de Willughby pour son caractère spécifique, il ajoute et sans conserver de doute, le *pavo* de Salviani, qui est un crénilabre, et la copie qu'Aldrovande en avait faite[3], celle donnée par Gesner[4] du second tourd de Rondelet, sans cependant citer Rondelet lui-même. Il ne change rien d'ailleurs à la phrase et à la synonymie de la variété.

Linné, dès sa dixième édition, est venu embrouiller

---

1. Willughy, *Ichth.*, p. 322, §. 2, n.° 1-2. — 2. *Ibid.*, p. 319, §. 1, n.° 2. — 3. *Lib.*, c. 4, p. 29. — 4. Gesner, p. 1016, n.° 11.

encore plus ce qu'Artedi avait déjà mal commencé; car il prend son *labrus pavo* dans Hasselquist, qui a décrit sous ce nom une fort belle girelle de la Méditerranée, et point du tout le crénilabre de Salviani; puis il ajoute comme synonyme la phrase du troisième labre d'Artedi.

Cette confusion explique comment Linné a placé son *labrus pavo* dans la division de ceux à queue fourchue, caractère qui convient en effet à la girelle, mais point au poisson de Willughby et d'Artedi. Le *labrus pavo* de Linné est donc un être complexe, tout-à-fait imaginaire, qu'il faut rayer de nos catalogues systématiques. Eh bien, qu'on lise maintenant la description poétique que Lacépède a faite de son labre paon, amplification faite sur le texte d'Hasselquist, et où il a entassé sans aucune critique toutes ces citations si éloignées l'une de l'autre, d'Artedi, de Linné et d'Hasselquist; ne sera-t-on pas étonné de nouveau de la légèreté avec laquelle l'histoire naturelle a été jusqu'à présent écrite?

Bloch avait bien reconnu cette erreur de Linné, mais il n'est pas venu en aide pour la rectifier; il s'est contenté d'inscrire le poisson d'Hasselquist sous le nom de *labrus syriacus.*

Quant à la seconde variété que Willughby avait vue et décrite à Livourne, nous venons de dire que, sur l'indication de cet auteur, l'espèce a été nommée par Artedi[1], et qu'elle a pris rang dans la dixième édition du *Systema naturæ,* sous le nom de *labrus mixtus;* où Linné l'a placée parmi celles dont les nombres des rayons épineux de la dorsale lui sont inconnus. Mais il est possible que dans ce

1. *Gen.* 34, n.° 4; et *Syn.*, p. 57, n.° 10.

13. 5

même travail Linné eût déjà inscrit l'espèce dont il s'agit ici, sous le nom de *labrus ossifagus* : car les nombres des épines dorsales indiquées pour cette espèce, conviennent à notre poisson. A la vérité, ils sont les mêmes dans l'espèce suivante, le *labrus trimaculatus,* dont Linné n'a pas parlé. Or, je crois que ce grand naturaliste a plutôt eu sous les yeux un poisson de l'espèce dont il s'agit dans ce chapitre, que de la seconde, parce que les individus de cette dernière, quelque décolorés qu'ils soient par l'action de l'alcool, montrent toujours des traces des trois taches, caractère qui certes n'eût pas échappé à Linné.

Si, comme je le crois, il a introduit son *labrus ossifagus* d'après l'examen de la nature, je ne doute presque pas que déjà dans le tome II du Musée du prince Adolphe, Linné n'ait encore mentionné notre poisson sous le nom de *labrus onitis,* qui se trouve sur la même page au n.° 27. Nous devons cependant avouer que les nombres des rayons ne se rapportent pas aussi bien.

Si ces conjectures sont vraies, notre poisson aurait donc reçu de Linné lui-même trois noms, ou tout au moins deux, qui sont reproduits dans la douzième édition sans aucuns changemens.

A peu près dans le même temps Pennant publia la Zoologie britannique, où se trouve notre poisson une première fois, sous la dénomination de *striped wrasse* (*labrus lineatus*), avec une excellente figure; et une seconde, sous celle de *cook,* empruntée par Pennant à Rai, qui l'avait reçue de Iago, dans son petit Catalogue des poissons de Cornouailles, imprimé à la suite du *Synopsis.*

Celle-ci devient dans Gmelin *labrus coquus,* et la première *labrus variegatus,* en même temps que dans l'Encyclopédie Bonnaterre conserve le *labrus lineatus,* et qu'il ajoute le *labrus mixtus* de Linné. Mais ce même Bonnaterre prend encore notre espèce dans Ascanius, et en fait un *labrus cæruleus.*

Cette même figure d'Ascanius a été copiée par Shaw, d'abord dans le *Naturalists Miscellany,* et donnée comme *sparus formosus,* et il place ensuite cette espèce, dans le *General Zoology,* dans le genre des labres; mais en lui conservant l'épithète qu'il lui avait donnée, comme une espèce nouvelle et distincte de spare.

Bloch a, comme nous l'avons dit, reconnu l'erreur de Linné, relative au *labrus pavo;* mais il en commet une de son côté, en reproduisant notre poisson par une figure inexacte, et dont nous n'eussions jamais reconnu l'identité, si nous n'eussions vu l'original, qui est encore conservé dans le Cabinet de l'université de Berlin, et que nous devons encore à la libéralité de M. Lichtenstein : c'est le *labrus vetula* de la grande Ichthyologie, pl. 284.

M. de Lacépède venant copier, comme à son ordinaire, toutes ces erreurs, reproduit ces espèces nominales, d'où il résulte que notre poisson se trouve répété huit fois, sous autant de noms différens, dans le genre *labre* de Lacépède. Heureux encore qu'il n'ait pas travaillé sur l'ouvrage de Shaw, car il y aurait pris un neuvième nom.

Donovan[1] aurait pu cependant éclairer Shaw; car il avait publié, une année avant lui, une nouvelle figure très-bonne de ce labre, sous le nom que Gmelin lui avait imposé, et en cela il est suivi par Turton[2], qui cependant ne reconnaît pas l'identité du *labrus coquus* de Rai, et

---

1. Donovan, tab. 21. — 2. *Brit. faun.,* p. 99, n.° 65.

qui, d'après Pennant, le cite un peu plus bas comme une
espèce distincte. Mais ce que nous venons de rapporter
fait voir que Donovan se trompe, quand il croit que Gmelin
est le seul auteur du continent qui ait fait connaître cette
espèce.

Couch l'a donnée dans son Catalogue des poissons de
Cornouailles, sous le nom de *labrus coquus,* et c'est ainsi
qu'il reparaît dans l'ouvrage de Fleming [1]. M. Yarell en
donne une jolie figure, en lui restituant son nom Linnéen,
et en y ajoutant une synonymie presque complète. Il y
manque le *labrus vetula* de Bloch, nom qu'il a appliqué
à un poisson tout différent; et M. Jenyns l'a fidèlement suivi.

M. Risso, parmi les ichthyologistes qui ont écrit sur les
poissons de la Méditerranée, a inscrit ce poisson dans son
ouvrage; mais il en a embrouillé également la synonymie.
En effet, c'est, avec des citations fausses, le *labrus pavo*
de la seconde édition, mais non de la première, celui-ci
étant un crénilabre. Et puis, dans cette première édition,
et comme si l'auteur, au lieu d'observer la nature, eût
compilé dans quelques livres, on retrouve notre espèce
sous les dénominations de *labrus lineatus,* pris dans
Pennant; de *labrus variegatus,* tiré de Gmelin, et de
labrus mixtus, copié d'Artedi et de Willughby. De ces
trois espèces nominales, la dernière seule reparaît dans la
seconde édition, sans que l'auteur dise pourquoi il a
supprimé les deux autres. Et enfin l'on trouve encore
dans cet ouvrage les noms de *labrus cæruleus,* avec des
citations d'Ascanius, qui n'ont jamais été vérifiées, et de
labrus ossifagus, appliqués à d'autres espèces.

---

1. Fleming, *Reg. an.,* p. 209, n.° 133.

On doit s'étonner qu'on ait si mal déterminé un poisson aussi commun dans la Méditerranée et dans l'Océan, bien plus facile à reconnaître et à caractériser que la vieille ordinaire; car la distribution de ses couleurs ne change point.

Nous en avons examiné une vingtaine d'individus, dont nous avons acheté nous-mêmes quelques-uns sur nos marchés de Paris; les autres ont été apportés au Cabinet du Roi, de Brest, par M. Garnot; de Lorient, par Mad.ᵉ Ducrest de Villeneuve; de Norwége, par M. Baillon; de Marseille, par M. Cuvier; de Nice, par MM. Risso et Laurillard; de Gênes, de Naples, par M. Savigny; de Messine, par M. Bibron; de Corse, par M. Payraudeau, et d'Iviça, par feu de Laroche.

Ce labre a le corps plus alongé que la vieille; sa hauteur n'est contenue que quatre fois et deux tiers dans la longueur totale. La tête est plus longue; elle fait le tiers de la longueur du corps, la caudale non comprise. Le museau est plus aigu; l'œil est un peu plus grand; son diamètre fait le cinquième de la largeur de la tête; la distance du bout du museau au bord antérieur de l'orbite est double de la longueur du diamètre. Le premier sous-orbitaire est petit, triangulaire et enveloppé par une peau épaisse, dont le bord se prolonge en avant et augmente l'étendue de la surface non écailleuse, comprise entre l'œil et la lèvre supérieure. La joue est beaucoup moins haute que dans la vieille. Le bord montant du préopercule est lisse et vertical; le bord inférieur est légèrement oblique et descend de l'angle vers le bas de la branche horizontale de la mâchoire inférieure. Le limbe est étroit; il n'y a sur la joue, au-dessous ou derrière l'œil, que sept à huit rangées d'écailles, beaucoup plus petites que celles de la vieille. L'opercule et le sous-opercule sont intimement réunis et couverts de petites écailles, un peu plus larges que celles du préopercule; il y en a sur l'inter-opercule un plus grand nombre que dans la vieille : toutes sont

placées vers l'angle supérieur et postérieur, de sorte que la partie
antérieure de cet os, le limbe du préopercule et la mâchoire inférieure, forment sous la tête une longue bande sans écailles, recouverte par une peau épaisse. Les deux ouvertures de la narine sont
petites, un peu plus éloignées l'une de l'autre; la postérieure est
percée tout près du bord supérieur de l'orbite; le maxillaire est
entièrement caché sous le bord membraneux du sous-orbitaire; il
est plus court que celui de la vieille. Les dents sont beaucoup plus
petites, plus fines, plus pointues et plus nombreuses. Les lèvres sont
larges, mais peu épaisses, et n'ont en dessous que cinq à six replis
membraneux; sous la symphyse de la mâchoire inférieure, elles
sont épaissies. La langue est plus longue et plus libre; les dents
pharyngiennes sont coniques, et il y en a moins que chez la vieille.
Le surscapulaire est plus long et plus étroit; les autres parties
de l'épaule sont de même cachées sous le bord membraneux de
l'opercule. La pectorale est beaucoup plus courte; elle ne fait pas le
huitième de la longueur totale. La ventrale n'est pas attachée autant
en arrière des pectorales, et l'anus est moins éloigné de la base de
cette nageoire. La dorsale commence à l'aplomb de l'insertion de la
pectorale; elle est moins haute, mais à proportion aussi longue que
celle de la vieille. Sa portion épineuse est plus courte, à peine plus
basse que la partie molle, qui n'est point arrondie. Le premier
rayon de l'anale répond au dernier épineux de la dorsale; elle est
plus haute. La caudale est un peu arrondie, et du huitième de la
longueur totale.

Voici les nombres que nous observons le plus commu-
nément, et qui nous paraissent être en particulier ceux de
la variété qui vit dans la Méditerranée.

B. 5; D. 17/13; A. 3/11; C. 15; P. 16; V. 1/5.

Les écailles sont petites, au nombre de cinquante-cinq entre
l'ouïe et la caudale, sur vingt-quatre dans la hauteur. Chaque écaille
est un rectangle oblong, dont le bord antérieur est mince, arrondi
et lisse. Le bord radical est crénelé par les neuf rayons de l'éventail.

La ligne latérale va de l'ouïe à la caudale par le quart de la hauteur
du corps, parallèlement au dos, et s'abaissant insensiblement, de
manière à traverser la queue par le milieu de sa hauteur. Les écailles
sur lesquelles elle est tracée, ne sont pas différentes des autres,
dans leur partie visible. Leur bord radical est anguleux. Cette ligne
est composée d'une série de petits tubes relevés en saillie arrondie
sur chaque écaille.

Les couleurs de ce labre sont vives et brillantes ; elles sont toujours distribuées de même. Nous avons seulement observé quelques
variations dans les teintes.

La tête et la moitié antérieure du dos sont verdâtre plus ou
moins foncé et lavé de brun. Cette teinte se prolonge, par le milieu
des flancs jusqu'à la caudale, en une bande étroite, de manière à
laisser au-dessus la portion postérieure du dos le plus souvent jaune
orangé ou lilas. Cinq raies longitudinales, plus ou moins larges,
bleues, quelquefois plus ou moins violettes, traversent le corps sur
sa partie colorée en verdâtre ; les trois supérieures ne s'avancent
pas sur l'orangé du dos ; les inférieures vont jusqu'à la caudale. Ces
raies bleues s'avancent sur la tête, s'anastomosent irrégulièrement
entre elles et font sur les joues un réseau bleu ou violet, à maille
plus ou moins large.

La dorsale est orangée, bordée d'un fin liséré bleu. Sur la partie
antérieure il y a une large tache bleue, qui n'atteint quelquefois
qu'au huitième rayon épineux, mais qui aussi s'étend jusqu'au
treizième. L'anale est orangée et bordée d'un large ruban bleu. La
caudale est entièrement bleue. Les pectorales sont orangées, et les
ventrales ont à leur bord interne une tache bleue, qui quelquefois
s'étend sur toute leur surface : telles sont les couleurs prises sur
le frais à Brest, par M. Garnot, ou par nous-mêmes sur des individus du marché de Paris. D'autres avaient le dos plus foncé et
presque entièrement violet noirâtre. M. Noël en a dessiné à Fécamp,
chez qui la partie postérieure du dos était d'un beau rouge, et les
teintes des nageoires ou des bandes étaient plus verdâtres. Le dessin
fait à Nice par M. Laurillard, représente le dos et les nageoires du
plus beau jaune citron.

Les viscères de ce poisson n'offrent rien de bien différent de ceux des autres labres.

Le squelette a une colonne épinière, composée de dix-huit vertèbres abdominales et de vingt et une caudales. Les trois et même les quatre dernières concourent à former l'éventail osseux, sur lequel s'insèrent les rayons de la caudale. Les interépineux de la dorsale sont plus courts et plus faibles que ceux du *labrus bergylta.*

Les crêtes du crâne sont plus basses; la gouttière qui réunit les branches montantes des intermaxillaires, moins profonde. Les os du bras sont plus faibles.

Nous avons dit que l'on doit distinguer des variétés dans cette espèce; celles que nous offrent les couleurs ne consistent que dans des teintes plus ou moins étendues; mais nous en trouvons de plus sensibles en comptant les nombres sur différens individus.

Ainsi nous trouvons sur un individu venu de Brest:

D. 18/12; A. 3/11, etc.

Sur un autre, envoyé de Nice, par M. Risso :

D. 18/11; A. 3/11, etc.

M. Baillon nous en a donné un qu'il avait reçu de Norwége, et qui a

D. 17/12; A. 3/11, etc.;

et nous trouvons les mêmes nombres sur un autre, acheté à Paris et venu de Brest.

Deux autres, de même taille, achetés à Paris avec le précédent, et venus, comme lui et dans le même temps, de Brest, n'ont que

D. 16/12; A. 3/11.

Enfin, un dernier individu plus grand, car il a quatorze pouces et demi, a des nombres encore plus différens; car nous comptons :

D. 16/14; A. 3/11, etc.

Nous devons faire remarquer que toutes ces différences sont observées sur des poissons parfaitement bien conservés, et qu'on ne peut pas les attribuer à des observations mal faites, parce qu'elles reposeraient sur des poissons en mauvais état.

Nous en avons des individus qui ont treize pouces de longueur.

Ce labre, comme ses congénères, vit sur les côtes rocheuses, et se nourrit de petits crustacés; il apparaît quelquefois en troupes nombreuses. M. Risso cependant l'indique comme se tenant sur les côtes sablonneuses.

L'espèce s'avance au Nord jusque sur les côtes de Norwége et de Suède, car on la trouve mentionnée dans l'ouvrage de M. Nilsson, quoique Müller n'en ait pas fait mention dans son *Prodromus faunæ danicæ.* Ce qui me ferait croire que ce poisson est rare dans ces contrées septentrionales, c'est que je ne le vois pas cité dans le Catalogue des poissons du Danemarck envoyés à G. Cuvier par S. A. R. le prince Christian de Danemarck; et probablement il ne se trouve pas dans des latitudes plus élevées : car Faber ne le cite pas parmi ses Poissons d'Islande; il n'est mentionné dans la *Fauna grœnlandica;* il ne l'est pas même dans la Faune des Orcades.

Dans le Nord, ce labre, quelquefois confondu avec le suivant et avec le *labrus exoletus,* a une synonymie vulgaire peu certaine.

M. Nilsson, qui le distingue bien, le donne comme le *blaastaal* ou *blaastack* des pêcheurs de Suède et de Norwége, dénomination que Müller indique avec celles de *blaagomme* ou de *seigumme,* au *labrus exoletus,* si distinct par les cinq épines de son anale.

13. 6

Ce transport de nom ayant été suivi par M. Retzius, qui a même ajouté foi à une autre erreur des pêcheurs, a donné naissance à une confusion sur laquelle nous serons obligés de revenir à l'article du *crénilabre* à cinq épines ou *labrus exoletus*.

M. Risso indique comme noms vulgaires à Nice, ceux de *sero,* de *tenco* et de *verdon,* qui sont collectifs à plusieurs autres espèces.

Le LABRE A TROIS TACHES.

(*Labrus trimaculatus,* Gmel.)

Un autre labre, également commun dans l'Océan et dans la Méditerranée, ne diffère guère du précédent que par les couleurs, les différences dans les formes étant très-légères.

Le corps est aussi alongé; la tête est comprise le même nombre de fois dans la longueur du corps. Il a le museau aussi pointu, les dents aussi fines et aussi nombreuses, les lèvres aussi minces; les écailles de la joue sont un peu plus petites et en moindre nombre; celles de l'angle supérieur et postérieur de l'interopercule sont moins nombreuses.

Ce labre a les pectorales et les ventrales plus courtes; la dorsale, et surtout l'anale, plus basses. D'ailleurs, les nombres des rayons sont les mêmes.

D. 17/13 ; A. 3/11, etc.

Ces nombres nous paraissent être plus constans, car les nombreux individus examinés par nous sur les différens points de nos côtes, nous ont montré la même régularité.

Ce poisson est d'une belle couleur rouge, s'affaiblissant sur les côtés et devenant rose sur les flancs. On voit sur l'arrière du dos trois taches noires, dont les deux antérieures occupent la base de la dorsale, l'une sur les cinq premiers rayons, l'autre sur les six derniers; de sorte qu'il n'y a que l'espace de deux rayons qui les sépare. La troisième est étendue sur la croupe de la queue.

Il y a des individus qui ont une première petite tache sur les derniers rayons épineux de la dorsale. Une tache noirâtre est sur le commencement de cette nageoire, entre le premier et le troisième rayon épineux. Les trois nageoires verticales sont bordées d'un fin liséré bleu pâle ou lilas. Il y a un trait bleuâtre le long du bord inférieur du sous-orbitaire. L'iris de l'œil est rouge, entouré d'un cercle bleu.

Nous trouvons quelquefois des individus de cette espèce sur le marché de Paris. Le Cabinet du Roi en a reçu d'autres de Brest, par M. Duméril, et de presque tous les ports de la Méditerranée, par les différens collecteurs que nous nous sommes fait un devoir de citer déjà tant de fois. Le docteur Leach l'a envoyée de Malte; M. Virlet l'a prise au Bosphore, où elle porte le nom de *kans-balok;* et M. de Laroche l'a trouvée à Iviça, où elle est commune et de haute mer.

Cette espèce ne paraît pas dépasser un pied de longueur.

Ce labre n'a pas été connu d'Artedi ni de Linné, quoiqu'ils auraient pu en trouver une notice dans le cinquième tourd d'Aldrovande.

Ascanius[1] le publia sous le nom de *labrus carneus,* qui fut adopté par Bloch.

Mais Pennant le fit connaître sous la dénomination de *labrus trimaculatus,* qui est plus caractéristique, en effet, et qui a été adoptée par tous les autres ichthyologistes. La figure a été copiée par Bonnaterre dans l'Encyclopédie, et Gmelin et Lacépède reconnurent la synonymie d'Ascanius et de Bloch.

---

1. Ascanius, tab. XII, pl. 289.

Donovan[1] en a donné aussi une figure élégante, où le dos nous paraît seulement un peu trop jaune; elle a été copiée par M. Yarell[2]. Turton[3] et Jenyns[4] le comptent également dans leurs Faunes; mais Fleming n'en a pas fait mention dans son Règne animal.

L'espèce s'avance aussi sur les côtes septentrionales de l'Europe; car, outre le témoignage d'Ascanius, nous la voyons mentionnée par Müller[5], sous le nom que lui avait donné son prédécesseur. Linné l'a notée dans le *Fauna suecica;* et Retzius, dans sa nouvelle édition, la cite comme femelle du *labrus exoletus,* poisson du Nord, à préopercule dentelé et à cinq épines anales.

C'est d'après l'assertion des pêcheurs que cette opinion a prévalu chez plusieurs savans de Suède ou de Norwége; mais je crois que la similitude des noms vulgaires a donné lieu à quelque confusion : car nous avons observé que les deux sexes de notre espèce, qui tous deux sont identiques et se rapportent parfaitement à notre *labrus trimaculatus,* n'ont jamais que trois épines à l'anale. Je vois d'ailleurs que mon opinion est d'accord avec celle de M. Nilsson, de Stockholm, qui a dans ses labres de Scandinavie un labre à trois taches, et dans ses crénilabres un *labrus exoletus.*

Notre poisson ne paraît pas se trouver sur les côtes d'Islande, car nous ne l'avons pas reçu de ces mers, et Faber n'en fait pas mention.

M. Rìsso a, dans sa première édition, décrit le labre à trois taches; et depuis, observant que quelques individus

---

1. Donovan, *Brit. fish.*, pl. 49. — 2. *Brit. fish.*, p. 286. — 3. *Brit. faun.*, p. 99, n.° 67. — 4. *Man. of vert. an.*, p. 396. — 5. *Faun. dan.*, *Prod.*, p. 46, n.° 385.

ont une tache sur le devant de la dorsale, il a fait de ceux-ci, dans sa seconde édition, un *labrus quadrimaculatus,* ne parlant plus du *labrus trimaculatus* que comme d'un synonyme douteux de sa nouvelle espèce, et se demandant si le poisson de la Méditerranée est bien le même que celui de l'Océan septentrional.

Rafinesque ne l'a pas reconnu dans son Ichthyologie de la Sicile, et il l'a donné[1] comme une nouvelle espèce, nommée *labrus luvarus,* ce poisson se nommant en sicilien *luppanu luvaru* ou *rossignu,* le premier de ces noms étant générique pour les labres.

Selon M. Risso, le nom nicéen de cette espèce est *tinco* ou *tinca.* Du temps de Müller, les pêcheurs norwégiens lui donnaient le nom de *Suder-Naal,* qui n'est plus cité par M. Nilsson, mais qui indique les suivans, *Rödsnäcka* ou *Sypiga.* Sur nos côtes de Bretagne on le nomme ordinairement *coquette,* et ceux qui nous venaient du Croisic avaient particulièrement le nom de *couniet.*

Le LABRE TOURD.

(*Labrus turdus,* Linn.)

Il nous reste à parler maintenant des espèces que nous croyons appartenir à la Méditerranée seule; car nous ne les avons jamais vues venir de nos côtes de l'Océan.

Nous allons commencer par celle dont nous possédons un plus grand nombre de variétés, et nous regardons le poisson que nous allons décrire, comme étant le *labrus turdus* de Linné, c'est du moins celui qui se rapproche le plus de la description de Willughby.

---

1. *Ind. d'itt. Sic.,* p. 23, n.° 144; et *Caratt. Sp.,* p. 38, n.° 101.

Comparé à notre vieille de l'Océan, il a le corps étroit, plus
svelte; mais sa forme se rapproche davantage de celle de notre labre
à trois taches.

Le museau est plus aigu, ce qui contribue à rendre la tête plus
longue; elle est contenue trois fois dans la longueur du corps, sans
comprendre la caudale, qui n'est que du sixième ou du septième de
la longueur totale. La hauteur du corps fait le quart de la longueur,
mesurée depuis le bout du museau jusqu'à l'extrémité de la nageoire
de la queue. L'œil est petit, rond, placé à peu près au milieu de la
longueur de la tête, mais au haut de la joue, sans que cependant
le cercle de l'orbite échancre la ligne du profil. Son diamètre n'est
que du septième de la longueur de la tète. Le sous-orbitaire, étroit
et alongé, est caché sous une peau épaisse. Le préopercule est large;
son angle est très-ouvert, parce que le bord vertical monte obliquement et en arrière sur la joue, et que le bord horizontal descend
obliquement en avant. L'opercule est lui-même assez large, et
confondu avec le sous-opercule sous les écailles qui recouvrent ces
deux os. L'interopercule est élargi et touche sous la gorge celui du
côté opposé. Il n'y a qu'une ou deux écailles sur la partie postérieure de cet os. Celles du préopercule sont plus petites que celles
de l'opercule. Le front, le sous-orbitaire et les branches de la mâchoire inférieure en sont dépourvus. Les deux ouvertures de la
narine sont rapprochées l'une de l'autre et de l'œil; l'antérieure est
petite et rendue tubuleuse par la papille relevée et attachée sur le
bord de l'ouverture.

Quand la bouche est fermée, le maxillaire est presque en entier
caché sous le bord membraneux du sous-orbitaire. Ce rebord est
très-élargi à l'extrémité, et s'étend sur le bout du museau comme
une sorte de lèvre. Les deux mâchoires sont d'égale longueur. La
fente de la bouche fait, à peu de chose près, le quart de la longueur
de la tête. La longueur des branches des intermaxillaires rend la
bouche protractile; mais l'élargissement et le peu de mobilité des
branches de la mâchoire inférieure ne permet pas que l'ouverture
en soit très-grande. La lèvre supérieure est relevée en un bourrelet
épais, qui a sept plis obliques; l'inférieure est élargie en une mem-

brane épaisse sans plis et légèrement renflée le long du bord de la
mâchoire. Les dents sont pointues, coniques, un peu courbées en
crochets, espacées au nombre de sept à la mâchoire supérieure, plus
rapprochées à l'inférieure et au nombre de dix à douze.

La langue est libre dans une grande portion de sa longueur, mais
très-reculée vers le fond de la gorge. Le palais est lisse; le voile
membraneux supérieur et inférieur, large et distendu. La membrane
branchiostège est épaisse et avance beaucoup sous l'isthme le long
des rayons qui soutiennent cette membrane : disposition qui rétrécit
l'ouverture des ouïes. Il n'y a que cinq rayons branchiostèges. Les
peignes des branchies sont courts, et les râtelures antérieures de la
première branchie fortes, courtes, et un peu courbées en crochets,
dont la pointe est tournée vers le fond du gosier.

L'ossature de l'épaule est cachée par le bord membraneux de
l'opercule. Quand on le soulève, on aperçoit l'huméral comme une
bande osseuse fort étroite, un peu élargie vers le bas, près de la
pectorale. Cette nageoire est courte, à peine du septième de la
longueur totale. S'arrondissant en éventail, chaque rayon se divise
en deux branches, qui n'ont elles-mêmes qu'une seule division.
Il faut y regarder avec quelque attention pour apercevoir les articulations des rayons, tant elles sont petites.

La dorsale s'élève en arrière de l'aplomb de l'insertion des pectorales; ses épines sont médiocres, à peu près d'égale grosseur; elles
s'élèvent successivement, et la dernière ne surpasse la première que
d'un quart; les rayons mous sont plus hauts; cette portion est
arrondie. Le premier rayon épineux de l'anale répond à la dernière
épine de la dorsale. Les rayons articulés de l'anale sont plus longs
que ceux de la nageoire du dos. La caudale a les angles légèrement
arrondis. Les ventrales sont petites, reculées en arrière des pectorales, au-delà de la moitié de la longueur de celles-ci; elles ont dans
leur aisselle une ou deux écailles, un peu plus longues que celles du
corps et détachées. Entre la base des deux ventrales il y a aussi une
ou deux grandes écailles arrondies.

B. 5; D. 18/14; A. 3/12; C. 13; P. 14; V. 1/5.

Les écailles sont minces, comme membraneuses à leur bord. On ne voit à la loupe que des stries très-fines, un peu onduleuses et parallèles au bord. La portion radicale est un carré long, sillonné par vingt à vingt-deux stries rayonnantes, qui composent l'éventail, dont les extrémités entaillent et festonnent le bord radical. On compte quarante-cinq rangées entre l'ouïe et la caudale.

La ligne latérale, tirée parallèlement au dos par le quart de la hauteur, est composée d'une série de petits tubes obliques de bas en haut, et séparés les uns des autres. Les écailles sur lesquelles on peut suivre le tracé de cette ligne, sont un peu plus petites que celles qui couvrent le tronc.

Quant aux couleurs, nous regardons comme caractéristique de cette première espèce la teinte uniforme des nageoires, qui, d'après le dessin que M. Laurillard a fait à Nice, et qu'il a eu la bonté de nous donner, sont d'un vert clair plus pâle que le dos et sans aucunes taches ni ocelles. L'anale est moins foncée que la dorsale; la caudale a une teinte plus jaune, la pectorale est bordée de rougeâtre, et les ventrales tirent tout-à-fait au jaunâtre. Ces nageoires deviennent blanchâtres, plus ou moins pâles sur nos individus conservés dans l'alcool.

La couleur du corps paraît très-sujette à varier; mais nous la trouvons toujours verdâtre sur le dos, plus ou moins lavée de jaune, et tirant plus au jaune sur l'abdomen; la gorge et les parties antérieures étant argentées et tachetées de blanc nacré. Une large bandelette va de l'œil à la caudale par le travers des flancs : elle est le plus souvent argentée. Nous voyons que dans la liqueur les teintes vertes se changent en brun rougeâtre, et que les taches se relèvent par leur brillant argenté.

Nous en avons de tels, qui offrent d'ailleurs des variations dans les nombres de leurs rayons, que nous ne devons pas négliger de citer.

Ainsi il en est venu de Marseille, de Nice, de Naples, qui ont à la dorsale

D. 18/13, etc.

Nous nous sommes procuré sur les marchés de Marseille et de Toulon des individus qui ont

D. 18/12, etc.

Ceux rapportés de Palerme par M. Constant Prévost, donnent

D. 18/11.

Et enfin, un de Nice, que l'on doit à M. Laurillard, a

D. 17/14.

Sur d'autres individus non-seulement les taches, mais la bandelette, ont pris un brillant nacré, qui leur donne un aspect si différent que l'on serait tenté de les regarder comme d'une autre espèce, si l'on ne voyait des nuances bien établies entre la plus ou moins parfaite conservation de la bande. Ils varient de même par les nombres de leurs rayons.

Nous conservons de ces individus à bande argentée des localités suivantes : Marseille, Toulon, Naples, Messine et Malaga.

Il nous paraît que nous devons rapporter à cette variété le *turdus viridis major* de Willughby (p. 322, n.° 3); car il dit positivement que les nageoires du ventre seules avaient des taches, et que les autres étaient verdâtres : c'est donc le onzième labre d'Artedi [1], et par conséquent le *labrus turdus* de Linné. C'est avec plus de doute que nous y rapportons les variétés de tourd de Rondelet. Nous croyons cependant que celui qu'il a donné sous le nom de *exocœtus* (l. VI, p. 193, chap. 15) le représente assez bien. Nous y adjoindrons, mais avec plus d'hésitation, son cinquième tourd (p. 176), puis son neuvième (p. 178), et enfin son

---

1. Artedi, *Syn.*, p. 57.

13.   7

huitième, quoique ce dernier soit encore moins reconnaissable que les autres.

Il nous paraît être le labre tourd de Risso de la première édition, p. 278, et de la seconde, bien que dans cette nouvelle description M. Risso me semble avoir confondu d'autres variétés sous cette espèce.

Selon M. Risso, l'espèce se nomme à Nice *sero*. On la trouve sur les côtes rocheuses et peu profondes pendant toute l'année.

La splanchnologie de cette espèce ne diffère pas d'une manière notable de celle des autres labres.

Quant à son squelette, comparé à celui de notre vieille de l'Océan, nous voyons les crêtes antérieures du crâne plus élevées : les postérieures le sont moins. La gouttière antérieure, destinée à laisser glisser les branches montantes de l'intermaxillaire, est plus longue.

Il y a vingt vertèbres abdominales et vingt et une caudales. Les apophyses épineuses des trois dernières supportent les rayons de la nageoire de la queue; mais la dernière vertèbre a seule ses apophyses élargies en éventail; les côtes et leurs apophyses sont longues et grêles.

Le LABRE LOUCHE.

(*Labrus luscus*, Linn.)

La Méditerranée nourrit, en assez grande abondance, un labre

qui ressemble au précédent par ses formes, par le nombre de ses rayons; qui a les mêmes habitudes, et que nous avons été longtemps tentés de regarder comme une variété de ce premier.

Tous nos individus offrent autour de l'œil des points bruns très-foncés; sur le sourcil il y a un et souvent deux traits bruns. Le rouge du dos est chargé de marbrures brunes plus ou moins étendues, et souvent, dans ce cas, il n'y a plus de trace de bandelette sur les flancs.

Les nageoires ne sont pas tachetées. Nous pensons que le rouge était plus abondant sur quelques individus, car nous voyons le bord rougeâtre de la portion temporale de la bandelette, telle que la représente M. Laurillard, se changer en brun de la même teinte que les autres points ou traits.

Les mêmes localités nous ont fourni cette seconde espèce.

Nous en avons reçu de Naples par M. Savigny, qui nous a fait connaître les couleurs de ce poisson. Il l'a trouvé aussi à Gênes, à Nice, et MM. Kiener et Delalande en ont rapporté de Martigues et de Toulon.

C'est évidemment le *labrus luscus* de Linné, qu'il a d'abord décrit dans le tome II du Musée du prince Adolphe-Fréderic, page 80, et qu'il avait cru alors originaire d'Amérique; mais sur la patrie duquel il est resté douteux dans les éditions subséquentes du *Systema naturæ*.

Nous sommes d'autant plus fondés à regarder notre conjecture comme vraie, que M. de Jussieu possède dans sa bibliothèque un dessin de tourd, fait par Aubriet pendant son voyage avec Tournefort, et qui représente le dos du poisson bleu verdâtre, les flancs vert jaunâtre, le ventre blanc, avec des marbrures rougeâtres et jaunâtres.

Nous y retrouvons encore le *labrus turdus* de Brünnich[1], et surtout sa variété *b*, qui alors serait différente du labre décrit par Linné sous le même nom.

M. Risso a donné dans sa première édition, page 217, un labre louche qui convient assez bien à celui de Linné; mais je ne devine pas pourquoi il a supprimé cette espèce dans sa seconde édition. L'a-t-il confondue avec le *labrus turdus* ?

---

1. *Pisc. Massil.*, p. 52.

M. Risso disait de cette espèce qu'elle paraît de Juin à Décembre sur les côtes de Nice et principalement à Villefranche ; il l'indiquait alors sous le nom de *sera*, qu'il donne comme nom vulgaire de son *labrus turdus* et de son *labrus festivus*.

Le Labre paré.

(*Labrus festivus*, Risso.)

La Méditerranée nourrit en aussi grande abondance un labre qui nous offre autant de variétés que les précédens, mais qui paraît devoir en être distingué spécifiquement.

. Ses formes, ses dents, la grandeur des écailles, les nombres, sont semblables et varient dans les mêmes limites que ceux du labre tourd ; mais les couleurs l'en distinguent aisément.

La première différence que nous regardons comme caractéristique, consiste en ce que les trois nageoires verticales sont couvertes de taches rondes, lilas ou bleues, dont le bord, étant plus foncé, en fait des ocelles, qui restent toujours visibles sur les nageoires décolorées par l'action de l'alcool.

M. Laurillard nous a rapporté de Nice un bel individu, long d'un pied sept pouces.

Nous en avons d'autres, venus de Martigues par M. Delalande ; de Toulon, par M. Kiener ; de Sicile, par MM. Bénoit et Bibron ; des Dardanelles, par M. Virlet, et d'Alexandrie d'Égypte, par M. Geoffroy Saint-Hilaire.

Nous trouvons parmi tous ces individus deux variétés très-distinctes, qui offrent elles-mêmes des sous-variétés.

Une première est verte, plus ou moins mêlée d'orangé sur le dos et sur les flancs ; le dessous du corps est blanchâtre, à reflets nacrés. La dorsale a une teinte plus jaunâtre, et les autres nageoires, plus verdâtre ; l'anale a souvent un liséré violet ; une bande verdâtre ou bleuâtre est étendue depuis l'œil jusqu'à la caudale. Sur le poisson desséché le vert se conserve; le bleu de la bande s'efface ou devient verdâtre; le rouge ou l'orangé des flancs forme des marbrures noirâtres : il en est de même des traits qui sont autour de l'œil. Les taches du ventre deviennent nacrées et donnent au poisson un aspect brillant, qui augmente encore d'éclat quand le poisson est conservé dans l'eau-de-vie. Les autres teintes deviennent alors brunes ou roussâtres, et la bandelette se change aussi en une bande nacrée assez brillante.

M. de Laroche l'avait prise à Iviça.

Nous reconnaissons parfaitement dans cette espèce ou variété le *turdus oblongus, fuscus, maculosus* de Willughby (p. 323, n.° 4), et qu'Artedi a mentionné comme la variété *α* du labre devenu le *labrus turdus* de Linné; car l'ichthyologiste anglais le distingue de l'espèce dont il parle précédemment (notre *labrus turdus*) parce que les nageoires sont tachetées.

Le sixième tourd de Rondelet (p. 177) pourrait bien être rapproché de notre espèce, car la figure représente des taches sur la dorsale, l'anale et la ventrale.

C'est avec plus de doute que j'y joindrais le poisson gravé dans le même auteur comme sa troisième espèce d'Anthias. J'y vois encore les taches de l'anale, cependant la couleur violette ne répond pas à celle des individus frais qu'a dû voir Rondelet.

La bibliothèque de M. de Jussieu possède un dessin de notre espèce fait par Aubriet, dans le même voyage que celui dont nous avons parlé plus haut. Nous sommes d'autant plus redevables de la libéralité que M. de Jussieu a mise à nous communiquer ce dessin, qu'il nous a servi à reconnaître la copie assez médiocre que Duhamel[1] en a

---

1. Traité des pêches, sect. 4, pl. 4, fig. 6.

publiée sans en faire connaître la source, et qu'il a intitulé *scare rouge.*

Nous avons encore à signaler la seconde variété notable de ce poisson, étiquetée par M. Risso lui-même, et que M. Laurillard nous a fait connaître en nous en donnant un dessin fait sur le vivant, et en en rapportant des individus au Cabinet.

Elle a le dos bleu foncé, la bandelette rouge, les côtés brun verdâtre et tout couverts de points bleu de ciel; le ventre blanc argenté, marbré de petites taches rouges, vives et serrées. Les nageoires sont orangées et chargées de points semblables à ceux du dos et des côtés.

Je ne vois pas sur le dessin d'indication de taches noirâtres sur le sourcil ni autour de l'œil, et elles n'ont laissé aucune trace sur nos individus conservés dans l'eau-de-vie. Ceux-ci sont devenus brun rougeâtre sur le dos, blancs sur le ventre, semés partout de taches nacrées. Les ocelles des nageoires sont demeurées bien visibles.

M. Risso considérait ce poisson comme une variété de son *labrus festivus,* sans doute parce que la bandelette latérale est rouge au lieu d'être argentée, comme il le dit dans sa description; dans ce cas, les taches sur les nageoires distingueraient le labre paré du labre tourd. La femelle est, dit-on, plus grosse que le mâle.

On les voit pendant toute l'année sur les rivages de Nice, peu profonds, et sur fonds de roche.

Il nous paraît très-probable que M. Risso avait sous les yeux un individu de cette espèce, qu'il a pris dans sa première édition pour le labre Ballan de Pennant. Les lignes dorées de la gorge et les taches obscures du pourtour des yeux, ne peuvent convenir à notre vieille de l'Océan. Nous nous empressons de faire cette remarque, parce que l'on pourrait, d'après une détermination aussi fautive, croire que le labre de nos côtes de l'Océan habite également la Méditerranée, ce qui ne s'est pas encore vérifié jusqu'à présent.

Le LABRE VERT.

(*Labrus viridis*, Linn.)

M. Laurillard a pris et dessiné à Nice un grand labre, dont les proportions et les nombres des rayons sont les mêmes que dans notre premier tourd;

mais qui a des dents plus fortes, plus serrées et plus nombreuses, car je lui en compte douze à chaque mâchoire.

Le dessin colorié, fait sur le vivant, nous montre que la couleur générale est verte, un peu rembrunie sur le dos, un peu moins foncée sur les flancs, et que ces deux teintes sont séparées par une bandelette d'un beau vert clair et brillant, tracée le long de la ligne latérale. La gorge et la poitrine sont parsemées d'un grand nombre de taches brunes et nacrées; celles-ci paraissent aussi sur le bas de la joue. Les nageoires sont couvertes de taches ou d'ocelles lilas sur un fond verdâtre.

L'individu est long de dix-sept pouces.

Nous en avons d'autres individus qui nous sont venus de Martigues, par M. Delalande; de Marseille, par M. Cuvier, et qui paraissent tout-à-fait de la même espèce que celui décrit plus haut.

Nous ne saurions douter que ce ne soit le LABRUS *viridis, linea utrinque cærulea* d'Artedi[1], de son *Genera*, et dont il n'a pas fait mention dans sa Synonymie. C'est donc par conséquent le *labrus viridis* de Linné.

Mais ce ne peut être, comme l'a cru Artedi, le dixième

----

1. Artedi, *Gen.*, 34, n.° 2.

tourd de Rondelet, lequel a le corps trop court, trop haut,
et a la forme de nos crénilabres.

Nous doutons beaucoup du rapprochement de la figure
de Salviani (pl. 88), sous le nom de *verdone;* car elle peut
tout aussi bien être rapportée aux labres dénommés plus
haut, qu'à celui-ci, puisqu'elle n'offre aucun caractère précis,
et que la description ne vient apporter aucun renseignement
positif.

Il n'en est pas de même de la description de Willughby[1],
pour son Turdus *viridis minor,* qui convient parfaitement
à notre poisson. Mais cet auteur s'était trompé quant aux
ressemblances qu'il avait cru trouver entre l'espèce de Rondelet et celle de Salviani, et on voit que c'est lui qui a
induit Artedi en erreur.

Bonnaterre, tout en admettant le nom de Linné, avait
désigné l'espèce sous la dénomination française de *labre
perroquet.* M. de Lacépède, trouvant que Bloch avait donné
sous le nom de *labrus viridis* un poisson différent de celui
de Linné, a adopté le nom de Bloch pour cette espèce
différente et du genre des *girelles,* et a changé le nom
linnéen de notre poisson en celui de *labrus psittacus,*
traduisant ainsi l'idée de Bonnaterre; et il a été suivi en
cela par M. Risso[2], dans sa première édition, qui a cité
cependant et avec raison le *labrus viridis* de Linné; mais
dans la seconde (p. 300) il a supprimé le *labrus viridis,* a
décrit notre espèce sous le nom de *labrus saxatilis,* et nous
sommes d'autant plus certains de reconnaître sa description,
qui est du reste fort exacte, qu'il a nommé ainsi à M. Laurillard l'espèce dont nous parlons; et le *labrus psittacus*

---

1. *De pisc.*, p. 320, n.° 2. — 2. Ichth. de Nice, p. 221.

de cette seconde édition devient une variété du *labrus merula* de Linné.

Nous croyons bien reconnaître notre espèce dans la troisième variété *c* du labre tourd de Brünnich.

Cette espèce est tout aussi abondante dans la Méditerranée que les précédentes.

Selon M. Risso, elle apparaît sur les rochers de Nice en Mars et en Décembre, et ses noms nicéens seraient *rouchié* ou *sera*.

Le Labre nérée.

(*Labrus nereus*, Risso.)

Devra-t-on regarder comme une espèce ou comme une simple variété du précédent, le poisson que les pêcheurs ont encore donné à M. Laurillard sous le nom de *rouchié*, et dans lequel M. Risso a reconnu son *labre nérée?* car il l'a ainsi nommé.

Cet auteur dit que ce labre est

vert un peu étiolé sur le dos, et bleuâtre ou verdâtre à reflets argentés sous la gorge et le ventre, avec quelques lignes jaunâtres. La dorsale est verte, mêlée de jaunâtre et bordée de jaune rougeâtre ; les pectorales sont olivâtres ; l'anale et la caudale, verdâtres.

L'absence de bande verte et les nombres semblent le caractériser, car il a

D. 19/11 ; A. 3/10, etc.

Les couleurs de la femelle ne sont presque pas différentes de celles du mâle.

Il approche des côtes pendant les mois de Novembre et de Décembre et se tient parmi les rochers peu recouverts par les eaux. Nos individus ont un pied de long.

Nous rapportons à cette espèce un petit labre long de

13. 8

quatre pouces, pris à Naples par M. Savigny, à qui nous trouvons également

dix-neuf rayons épineux à la dorsale; mais qui en a un mou de plus, c'est-à-dire douze.

M. Savigny nous l'a donné comme d'une couleur vert de mer, uniforme, avec un fin liséré bleuâtre sur le bord des nageoires verticales, ce dont on voit encore la trace.

Le LABRE MERLE.

(*Labrus merula,* Linn.)

On trouve dans la Méditerranée un labre dont les formes épaisses rappellent davantage celles de notre vieille de l'Océan (*labrus bergylta*).

Son corps, en ovale alongé, est cependant moins étroit et moins long que celui des tourds dont nous venons de parler. Sa hauteur est trois fois et trois quarts dans la longueur totale. La longueur de la tête égale la hauteur du tronc. L'œil, placé sur le haut de la joue sans entamer la ligne du profil, est parfaitement rond, et son diamètre est du sixième de la longueur de la tête; il est éloigné du bout du museau de deux fois et demie ce diamètre, et la fente de la bouche égale une fois et demie ce diamètre. Les lèvres sont très-épaisses; je compte six ou sept plis à la supérieure, mais je n'en vois pas à l'inférieure. La mâchoire d'en haut a seize dents, huit de chaque côté, coniques, droites, diminuant graduellement à partir des mitoyennes; il y en a dix à douze à la mâchoire inférieure; elles sont semblables aux supérieures, et derrière celles-ci on en voit une rangée de plus petites, qui sont coniques, pointues et semblables, à la grandeur près, à celles de la rangée externe. Quand la bouche est fermée, on aperçoit encore l'extrémité postérieure du maxillaire, laquelle est recouverte d'une peau épaisse. Le voile sur-maxillaire s'avance vers l'extrémité du museau, sans recouvrir la lèvre supérieure. Cette peau, abondante en cryptes muqueux, recouvre le sous-orbitaire, le dessus de la tête, et n'a aucunes écailles.

Dix à douze pores sont disposés en cercle autour de l'œil; d'autres percés, le long de la tempe au-dessus de l'articulation du préopercule, sur le surscapulaire, y forment deux séries, réunies en chevron sur le vertex; on en voit le long du bord du préopercule, et enfin, au-devant de l'œil d'autres suivent une direction parallèle au bord inférieur du sous-orbitaire. Au-dessus de ces os on distingue les deux ouvertures de la narine, dont l'antérieure est un simple petit trou, qu'on prendrait facilement pour un pore.

Le bord inférieur du préopercule descend obliquement vers le dessous de la mâchoire inférieure, et fait ainsi un angle très-ouvert et arrondi avec le bord vertical; le limbe en est assez étroit. La joue est couverte d'une dizaine de rangées de petites écailles. L'opercule, de forme triangulaire, est assez distinct du sous-opercule, qui a très-peu d'écailles sur sa surface; celles de l'opercule sont grandes; je n'en vois que deux ou trois sur l'interopercule, qui est assez élargi en arrière.

Les deux membranes branchiostèges sont réunies sous un isthme assez large, sans écailles; les ouvertures des ouïes ne sont pas très-bâillantes, on ne compte que cinq rayons à la membrane des branchies. Le bord membraneux de l'opercule, qui semble se continuer avec la membrane branchiostège, recouvre la plus grande partie de l'huméral et du scapulaire.

La pectorale est large, arrondie, du sixième de la longueur totale; ses rayons sont branchus, à quatre divisions.

La dorsale est insérée un peu en arrière de la base de la nageoire de la poitrine. Les rayons épineux, à partir du premier, qui n'a guère que le huitième de la hauteur du corps, augmentent progressivement jusqu'au dix-huitième, qui mesure à peine le quart de cette même hauteur.

La portion molle est arrondie, et sa plus grande hauteur n'est pas tout-à-fait double de celle de la dernière épine de la dorsale. La première de l'anale répond à la dernière de la dorsale, et la forme de la nageoire est assez semblable à celle de la portion molle de la nageoire du dos; mais elle n'atteint pas aussi loin sous la queue. Ce tronçon de la queue, mesuré du pied du dernier rayon à la caudale, n'est guère que du huitième de la longueur totale. La caudale est arrondie vers les angles, et le bord est presque droit. Les ventrales, insérées à peu près sous le milieu des pectorales, sont triangulaires; mais leurs angles sont arrondis.

B. 5; D. 17 - 18 - 19/12; A. 3/9; C. 13; P. 15; V. 1/5.

Les écailles sont médiocres, régulières, minces, à bord lisse et comme membraneux : j'en compte quarante entre l'ouïe et la caudale. Sur une, détachée, on voit que la portion nue de l'écaille est triangulaire, et que sa surface est finement striée et plus finement grenue; la portion radicale, quadrilatère, plus que double de la portion libre; le centre en est très-finement granuleux, et le pourtour est fortement strié par les rayons de l'éventail. Mais nous voyons quelquefois ces rayons former un éventail ordinaire, et partir d'un point comme centre; et sur d'autres individus, ou mieux, sur d'autres écailles prises sur le même individu, mais à une place non déterminée, on trouve un carré central très-petit, et ces écailles paraissent alors être intermédiaires entre les deux formes que nous venons de citer.

La ligne latérale est composée d'une série de tubulures; elle commence par être tracée, près du dos, au quart de la hauteur, se courbe brusquement sous la fin de la dorsale, et se rend à la caudale par le milieu du tronçon de la queue.

La couleur de ce labre, conservé dans l'eau-de-vie, est un brun tirant plus ou moins au chocolat, et on voit des taches bleues éparses sur des écailles, de sorte que le poisson devait être en grande partie bleu quand il était vivant. La dorsale est brune, plus claire que le corps. La pectorale et la caudale sont au contraire plus foncées, presque noirâtres, et sur le bord de celle-ci on aperçoit des traces de taches violettes. Cette teinte est très-prononcée sur le bord de l'anale et des ventrales, et forme un liséré violet ou lilas foncé très-caractéristique de cette espèce.

Je retrouve, en effet, ce caractère sur des individus de couleur fauve plus égale, dont les taches bleues ne sont plus visibles, et qui ont la pectorale très-pâle. Mais comme M. Domnando nous a envoyé d'Athènes un individu à pectorale fauve clair, dont les taches bleues sont bien conservées, je regarde ces différences comme accidentelles, et ne s'appliquant qu'à des variétés probablement peu constantes.

Un autre labre de cette espèce, venu de l'expédition de Morée, a même sur la tête des points noirs qui rappellent ceux de nos tourds; mais j'y retrouve la forme elliptique du corps de notre labre merle, et l'anale et les ventrales ont leur liséré caractéristique.

Nous avons d'ailleurs reçu ce labre des différens ports de la Méditerranée avec lesquels les correspondans ou les voyageurs nous ont mis en relation. La collection en a reçu de très-beaux échantillons, pris à Toulon, par M. Kiener; à Martigues, par M. Delalande; à Marseille et à Gênes, par M. Cuvier; à Nice, par M. Laurillard, et à Naples, par M. Savigny; en Corse, par M. Payraudeau; à Messine, par M. Bibron.

Sa splanchnologie ne nous a offert aucune différence bien notable,

et sur son squelette nous comptons dix-huit vertèbres abdominales et vingt caudales. Les apophyses épineuses des trois dernières concourent à former l'éventail osseux qui soutient les rayons de la nageoire caudale; la grandeur et la profondeur des fosses externes de la région occipitale sont plus considérables que celles des espèces précédentes.

C'est sans aucun doute le *labrus merula* de Linné, car il est facile de reconnaître notre espèce dans la figure d'Aldrovande[1], citée par Artedi[2]; on peut encore admettre que Rondelet en a voulu parler[3] sous le nom de *merula*, quoique sa figure soit moins bonne que la précédente : elles sont d'ailleurs les seules vraiment reconnaissables et sur lesquelles repose le septième labre d'Artedi, dont Linné

---

1. Aldrovande, *De pisc.*, l. I, c. 6, p. 35. — 2. Artedi, *Syn.*, p. 55. — 3. Rondelet, l. VI, c. 5, p. 172.

s'est servi et qui répond assez bien, par sa couleur bleu foncé, à la phrase un peu vague du premier de ces naturalistes. Le merle de Bélon est presque indéchiffrable, et on ne peut le ranger, avec quelque apparence de probabilité, auprès d'aucun de nos labres. Quant à la figure de Salviani (p. 224, pl. 87), il est très-probable qu'elle appartient à un poisson d'un tout autre genre et même d'une famille différente, à cause des neuf rayons épineux de sa dorsale. On peut aussi admettre que Willughby ait eu sous les yeux notre poisson, quand il a écrit le peu de lignes, à peine caractéristiques, de son troisième tourd.[1]

Brünnich[2] nous a laissé une assez bonne description, malgré sa brièveté, de notre espèce, dans son *labrus livens,* puisqu'il a eu soin de signaler la couleur bleue du bord des nageoires du poisson qui a le corps brun livide. Nous pensons seulement que la description n'a pas été faite sur un individu frais et sortant de la mer; mais rien ne peut prouver que ce soit le *labrus livens* que Linné a décrit dans le tome second du Musée du prince Adolphe-Fréderic.

Risso a aussi connu notre poisson, mais il en a embrouillé toute la nomenclature; car il est facile de le reconnaître dans son *labrus ossifagus,* qui n'est pas celui de Linné. Pour cette espèce, sous ce dernier nom, Risso n'a fait heureusement aucun changement dans sa seconde édition; mais il n'en est pas de même des deux espèces nominales que l'on devait s'attendre à voir trouver ici leur place.

Il a dans sa première édition un *labrus merula,* pour lequel il cite la figure d'Aldrovande; mais il ne lui donne que dix rayons à la dorsale, et une couleur bleue, mêlée

---

1. Willughby, *De pisc.*, p. 320, n.° 3. — 2. Brünnich, *Pisc. Mass.*, p. 53.

de teintes plus ou moins ferrugineuses. Dans la seconde édition le labre merle conserve cette teinte, mais l'auteur y ajoute une bandelette longitudinale bleue et des nombres tout différens : la dorsale ayant dix-huit épines. Les ventrales sont cependant lisérées de bleu ou de violet.

Nous ne trouvons plus de *labrus livens* dans cette seconde édition, sans que l'auteur nous dise pourquoi cette espèce n'y paraît plus. Celle de la première est toute différente du poisson de Brünnich, et devait être faite d'après quelques variétés de notre *labrus turdus* ou *L. luscus*.

Je trouve bien encore un *labrus livens* dans l'ouvrage de Cornide[1]; mais cette citation ne peut tout au plus servir qu'à prouver l'existence de labres sur la côte de Galice, ce dont on ne pouvait douter; mais on ne peut, d'après elle, en aucune manière en déterminer l'espèce.

Le Labre livide.

(*Labrus lividus*, nob.)

Parmi tous ces nombreux labres de la Méditerranée, que j'ai sous les yeux, j'en vois plusieurs individus

qui ont exactement la même forme que le précédent, les mêmes variations dans les nombres, une disposition semblable des écailles; mais qui ont tous une teinte plus pâle et uniforme; la dorsale grise ou violette, peu foncée; la caudale noirâtre; les pectorales pâles; les ventrales très-foncées et sans traces de liséré. L'anale a le bord noirâtre, et cette teinte se fond sur l'olivâtre de sa base; elle n'a point de liséré violet.

Nos individus sont venus de Toulon, de Marseille et de Naples, par MM. Delalande et Savigny.

---

1. Cornide, *Ensayo de los pesc. Gal.*, p. 51.

Ils ont sept à huit pouces.

Nous en avons d'autres, plus grands, rapportés de Corse par M. Payraudeau, et qui, avec ces mêmes teintes rembrunies sur les nageoires, sans aucun liséré aux ventrales ou à l'anale, montrent encore les restes des couleurs bleues dont ils brillaient pendant la vie, et qui doivent être, sans aucun doute, rapprochés de nos labres livides; leurs lèvres sont cependant un peu plus épaisses; la supérieure a neuf plis bien distincts.

Delalande en a pris un tout-à-fait semblable à Marseille; il est un des plus grands labres que nous ayons reçus de la Méditerranée, sa longueur étant de dix-sept pouces.

La mer de Naples nous a fourni deux labres qui se distinguent des précédens par

une sorte de réseau jeté sur le corps, et résultant de ce que la couleur des écailles est plus foncée sur la portion découverte que sur la partie nue. Le bord membraneux de chaque écaille laisse apercevoir sous lui le brun-violet qui colore l'écaille qu'il recouvre, et ses traits bruns constituent le filet dont je viens de parler.

Sauf l'épaisseur des lèvres, que je trouve plus minces, et qui n'ont que six plis, toutes les autres formes sont semblables.

Un des deux a le corps foncé et les nageoires rembrunies, surtout la pectorale; l'autre est d'un fauve clair, a la dorsale pâle, la caudale, l'anale et les ventrales d'un brun clair, et les pectorales sont jaunâtres.

Je n'ose pas cependant les regarder comme différant par l'espèce des précédens. Ils ont neuf pouces de long, et ont été rapportés de Naples par M. Savigny.

Le Labre bordé.

(*Labrus limbatus*, nob.)

Nous en avons encore d'autres qui ressemblent aux précédens par tous les détails de leur forme;

mais leur teinte est encore plus claire, et l'anale seule a un fin liséré noir; les autres nageoires sont devenues transparentes.

M. Laurillard, qui a rapporté un de ces individus de Nice, nous dit

que tout le corps et les nageoires étaient d'un vert de perruche, c'est-à-dire un peu mêlé de jaunâtre. L'anale a conservé son liséré.

Les autres nous viennent de Toulon, de Naples; leur taille varie de quatre à huit pouces.

On pourrait peut-être rapporter à ce poisson le *labrus psittacus* de la seconde édition de M. Risso, et qui n'est probablement plus le même que celui de la première; mais dans le doute où nous sommes, nous nous abstenons de prendre ces déterminations, qui embrouilleraient encore le chaos que M. Risso a jeté sur toutes ces espèces de la Méditerranée.

Le Labre linéolé.

(*Labrus lineolatus*, nob.)

Un autre labre de la Méditerranée, qui a été confondu par M. Risso lui-même avec son ossifage (*labrus ossifagus*),

a le corps plus court; l'ovale est plus régulier; c'est en arrière des pectorales que l'on prend sa plus grande hauteur, qui ne fait que le tiers de la longueur, la caudale non comprise.

La tête est plus courte que cette hauteur: le museau paraît plus pointu; les lèvres ont sept à huit plis : d'ailleurs les autres parties sont semblables à celles des précédents.

13. 9

Les nageoires sont arrondies et les nombres semblables.

D. 18/11 ou 12; A. 3/9, etc.

Les couleurs ont laissé sur tous les nombreux individus que j'ai examinés, des traces de rayures brunes longitudinales, au nombre de neuf à dix, au-dessous de la ligne latérale. L'entre-deux de ces lignes est éclairé par des taches blanchâtres ou argentées, plus brillantes dans la région pectorale que partout ailleurs. Le dos est brun; le ventre et la poitrine sont argentés; les nageoires sont pâles, et surtout les pectorales. Il n'y a point de liséré aux ventrales: souvent l'anale en a un petit, noirâtre.

J'en ai de Toulon, par M. Kiener; de Nice, par MM. Laurillard et Savigny : celui-ci en a également rapporté de Naples, et ce sont ces individus et ceux de M. Laurillard qui ont été confondus par M. Risso avec le *labrus tessellatus,* Bloch; mais le poisson de Bloch est tout-à-fait différent.

Le LABRE DES ROCHES.

(*Labrus saxorum*, nob.)

Une espèce qui paraît plus distincte, est celle que M. Risso a cru reconnaître pour son *labrus rupestris,* sur les individus que lui a montrés à Nice M. Laurillard. Mais comme M. Risso ne donne que dix rayons épineux à son *labrus rupestris,* nous ne pouvons admettre cette détermination, et nous pensons que le poisson de M. Risso est un de nos crénilabres, auquel l'espèce décrite dans cet article ressemblait par la disposition de ses couleurs.

Ses proportions sont celles de notre *labrus nereus.* Sa plus grande hauteur, prise aux ventrales, est du quart de la longueur totale : elle égale la longueur de la tête, dont les bords sont disposés de même. Les nombres des rayons des nageoires sont semblables; les formes arrondies sont les mêmes.

Une tache bleue existe au haut de l'opercule, près du surscapulaire. Le corps est marbré de brun ou de noirâtre sur un fond
jaunâtre; ces marbrures deviennent des raies transverses sous les
branches de la mâchoire inférieure. Le ventre est argenté; la dorsale et la caudale sont brunes et sans tache; l'anale a quelques points
blanchâtres; les ventrales sont noirâtres.

Selon M. Laurillard, les marbrures sont bleues quand le poisson
est frais, et sa couleur est plus ou moins roussâtre, lavée de vert.
La tête est surtout agréablement variée de bleu.

Nos individus sont longs de sept pouces; ils nous viennent de Nice, et nous en avons qui ont été pris à Marseille.

Il serait possible de rapporter à cette espèce la figure
gravée dans Duhamel (II.ᵉ part., sect. 4, pl. 4, fig. 7). Il
l'avait prise d'un dessin d'Aubriet, qui est encore conservé
dans la bibliothèque de M. de Jussieu, et sur lequel ce
poisson est coloré de bandes brunes transversales et de
raies longitudinales sur un fond argenté.

Aubriet avait peint ce poisson sous les yeux de Tournefort, pendant le voyage de cet illustre botaniste dans le
Levant.

Le Labre porc.

(*Labrus scrofa*, nob.)

L'Atlantique nourrit une espèce de labre que l'on trouve
près des îles qui s'élèvent du milieu de cette mer.

Le Cabinet du Roi en possède depuis long-temps un
très-bel exemplaire, long de deux pieds, originaire du Cap-
Vert. Un second individu, de moitié plus petit, donné par
S. A. le prince de Neuwied, a été pris par ce voyageur à
Madère. Nous avons trouvé, parmi les papiers des infortunés Kuhl et Van Hasselt, un fort beau dessin de cette
espèce, fait au même endroit; et les peintures que M. d'Or-

bigny avait envoyées à M. Cuvier, nous ont aussi prouvé
que ce poisson se rencontre à Ténériffe.

C'est donc une espèce propre à l'Atlantique, et les différens documens que nous venons de citer, nous la font
parfaitement connaître.

Ce labre ressemble au *labrus mixtus*, par la tache noire placée
sur la partie antérieure de la dorsale; mais elle y occupe moins
d'espace, et le nombre des rayons est si différent qu'on ne pourrait
pas confondre ces deux espèces.

Celle que nous décrivons dans cet article, a le corps plus court,
la tête moins longue, le museau tout aussi pointu, l'œil plus petit.
On voit à l'extrémité des deux mâchoires quatre fortes canines : une
autre, tout aussi grosse, sort de l'angle de la bouche et se dirige
en avant. Entre cette dent et les antérieures il y en a dix coniques et
courtes. Derrière les canines de la mâchoire inférieure il y a une
rangée de seize dents, dont les dix premières sont plus grandes que
les six suivantes. La caudale est coupée carrément; les ventrales
naissent tout-à-fait sous les pectorales.

D. 12/10; A. 3/12; C. 17; P. 17; V. 1/5.

La ligne latérale est formée d'une série de petits traits et parallèle
au dos, au-dessus du tiers de la hauteur du corps.

La couleur de ce labre est rouge carmin brillant sur le dos,
passant à l'orangé clair sur les flancs, parce qu'il se mêle avec le
jaune du ventre; le dessous de la poitrine est plus pâle; la dorsale
et l'anale sont jaunes et tachetées de brun; la caudale a le fond de la
couleur de la dorsale, mais elle n'a point de taches. La pectorale est
orangée et la ventrale rouge. Une large tache noire couvre l'espace
compris entre les cinq premiers rayons de la dorsale.

Nous venons d'en voir de fort beaux individus dans les
collections faites aux Canaries par MM. Webb et Berthelot;
ils sont indiqués comme des poissons d'une chair tendre
et agréable.

Le LABRE A FLANCS TACHETÉS.

(*Labrus pœcilopleura*, nob.)

On trouve sur les côtes de la Nouvelle-Zélande un labre qui a la bouche petite, armée de quatorze dents à chaque mâchoire et de chaque côté; celle de l'angle de la mâchoire supérieure est prolongée autant que les deux crochets antérieurs : les autres dents sont très-petites.

Le corps est un ovale régulier; sa hauteur est contenue quatre fois et demie dans la longueur totale; la tête n'est comprise dans cette même longueur que trois fois et demie.

La dorsale est basse, la caudale coupée carrément, les pectorales assez grandes.

D. 9/11; A. 3/10; C. 13; P. 12; V. 1/5.

Les écailles sont minces, de grandeur moyenne; on en compte vingt-sept entre l'ouïe et la caudale : leur contour n'est pas arrondi, mais anguleux; la surface externe est finement striée et granuleuse; leur portion cachée est un carré un peu alongé, très-finement strié par l'éventail composé de branches nombreuses et déliées, qui n'entaillent point le bord radical. La ligne latérale, tracée parallèlement au dos par le quart de la hauteur, est formée par une série de tubes alongés, divisés à leur extrémité postérieure en deux branches, une dirigée vers le dos et l'autre vers le bas : chacune d'elles se bifurque.

La teinte générale est un brun rougeâtre au-dessus de la ligne latérale, et le ventre est blanc : le tout glacé de verdâtre. Au-dessous de la ligne latérale et vis-à-vis les premiers rayons mous de la dorsale, il y a sur chaque écaille une large tache formée par la réunion d'une douzaine de gros points bruns : quelques autres sont épars sur le corps. Le sous-orbitaire est traversé obliquement par une ligne brune, dirigée de l'angle de la mâchoire vers le bord antérieur de l'œil. La dorsale et l'anale ont quelques taches violettes : les autres nageoires n'ont pas de taches. Les rayons paraissent avoir été jaunes, plus ou moins orangés, et la membrane qui les réunit, violette.

Nous ne connaissons cette espèce que par un individu long de sept pouces, que les naturels de la Nouvelle-Zélande ont donné à MM. Lesson et Garnot sous le nom de *paré-quiriquiri*.

Le LABRE SELLE.

(*Labrus ephippium*, nob.)

J'ai vu dans la collection du Musée royal de Hollande, pendant mon séjour à Leyde, un labre

ayant les formes et les dents semblables à celles de notre labre à trois taches.

Le fond de la couleur paraissait avoir été olivâtre; une grande tache d'un bleu noirâtre, en forme de selle, couvrait le dos, sous la dorsale, en commençant à son premier rayon épineux, et en finissant vers les rayons mous. La queue était entourée d'un large anneau noirâtre ou bleu très-foncé. Le dessus de la tête est bleu, et cette teinte s'étend sur l'opercule : les nageoires participent de ces teintes.

D. 19/11; A. 3/9; C. 13; P. 16; V. 1/5.

C'est un grand poisson, long de quinze pouces, que M. Temminck croyait, sans en être très-certain, originaire de Java, et qui se distingue bien, par le nombre des rayons épineux de sa dorsale, des espèces de cossyphes avec lesquelles on serait peut-être tenté de le confondre.

Le LABRE DE GAY.

(*Labrus Gayi*, nob.)

M. Gay nous a procuré un petit poisson des îles Juan-Fernandez,

qui a la forme alongée de nos labres, les lèvres épaisses, les dents sur un seul rang et toutes pointues : celles de devant plus grandes;

le limbe du préopercule et l'interopercule lisses, très-minces, sans écailles; la joue en est couverte, mais elles sont très-petites. Celles de l'opercule sont aussi grandes que celles du corps; j'en compte vingt-cinq rangées environ entre l'ouïe et la caudale.

La dorsale et l'anale sont basses, la caudale coupée carrément.

D. 9/11; A. 3/10; C. 15; P. 12; V. 1/5.

La couleur est un rouge-brun uniforme, plus foncé sur les nageoires impaires. Les pectorales et les ventrales paraissent avoir été jaunes.

Ce poisson n'a que quatre pouces.

Le LABRE MACRODONTE.

(*Labrus macrodontus*, Lacép.)

Nous avons au Cabinet du Roi un autre labre, probablement originaire de Java,

qui a le profil oblique, le front élevé, l'œil petit; le bord interne du maxillaire est relevé en un bourrelet osseux, épais, denticulé ou festonné. La mâchoire inférieure a un bourrelet moins épais. Les canines, au nombre de quatre, sont fortes et crochues, et dans l'angle de la mâchoire supérieure est une petite dent saillante. Les écailles du préopercule sont petites; celles de l'opercule sont assez grandes, mais moins que celles du corps, sur lequel on compte trente-deux rangées entre l'ouïe et la caudale; elles sont minces et lisses.

D. 13/7; A. 3/9; C. 13; P. 16; V. 1/5.

La ligne latérale se courbe sous la fin de la dorsale; elle est composée d'une suite d'arbuscules divisés en branches nombreuses.

La tête et le dos, jusqu'à la fin de la dorsale, paraissent avoir été violets. Cette couleur se prolonge en une bande étroite sur le milieu de la queue jusqu'à la caudale; le reste du corps est décoloré et paraît avoir été jaune ou rougeâtre. Une large tache violette couvre les quatre premiers rayons mous de la dorsale, et une autre, plus foncée, presque noire, est sur la base de la pectorale. Les joues, l'occiput et le dos, au-dessus de la ligne latérale, jusque sous la septième ou la huitième épine de la dorsale, sont couverts d'une grande quantité de petits points blanchâtres ou violets.

L'individu est long d'un pied et porte la dénomination de *tenoub*, que nous ne trouvons point dans Valentyn, ni dans le Dictionnaire malais.

Cette description est faite sur le poisson qui a servi à M. de Lacépède pour établir son *labre macrodonte*[1], ainsi nous sommes bien certains de notre synonymie.

Le LABRE DU JAPON.

(*Labrus Japonicus*, nob.)

Le Cabinet de Berlin possède un labre du Japon, voisin du précédent, et qui lui a été donné par M. Langsdorff.

Cette espèce a le même profil, quatre canines très-fortes et une petite dent en arrière sur la partie antérieure du bourrelet, lequel est plus épais et plus relevé qu'à la précédente, mais il m'a paru lisse. La dent de l'angle de la mâchoire supérieure est beaucoup plus forte. Les écailles, d'égale grandeur, ont leur surface finement striée. La ligne latérale a des arbuscules plus courts et moins branchus. Les nombres sont semblables.

D. 13/7; A. 3/9, etc.

La couleur paraît avoir été brune ou rougeâtre sur le dos; la caudale est foncée; l'anale a sa base violette, le milieu jaune et le bord brun.

Ce poisson s'appelle au Japon *nobussu* ou *nabekusarakaschis*. Il est long d'un pied.

---

1. Lacépède, t. III, p. 451, n.° 115, et p. 522.

Le LABRE DE IAGO.

(*Labrus Iagonensis*, Bowdich.[1])

Nous citerons à la suite de ces labres, examinés par nous-mêmes, une espèce que nous trouvons indiquée dans la relation du second voyage en Afrique de Bowdich, et qui a été publiée par sa courageuse compagne, aussi distinguée par l'élévation et la noblesse de son ame, que par la solidité de son instruction si variée dans les différentes branches de l'histoire naturelle.

C'est un poisson ayant quatre dents à l'extrémité de chaque mâchoire, un préopercule rayonné, un opercule écailleux.

D. 25; A. 14; C. 12; P. 18; V. 8?

Ce poisson brille d'une belle couleur rouge.

Il a été observé à Porto-Praya du Cap-Vert, et à l'embouchure de la Gambie.

Je doute de l'exactitude des huit rayons de la ventrale.

Mad.ᵉ Lee (*formerly Bowdich*) parle d'un rang de dents en velours, ce qui pourrait ne pas convenir à un labre; mais cependant la figure ne me laisse aucun doute sur le genre auquel nous rapportons cette espèce de l'Atlantique, que nous demanderons aux voyageurs. L'espèce doit être voisine de notre *labrus suillus*.

---

1. *Excursions in Madeira and Porto-Santo*, by M. Bowdich, 1825. *Append.*, p. 234, fig. 47.

13.

CHAPITRE II.

Des Cossyphes (Cossyphus, nob.).

Nous croyons devoir séparer des labres, des espèces qui semblent avoir des caractères communs aux poissons de ce genre et aux crénilabres, et qui composent un groupe intermédiaire entre les deux genres de Cuvier.

Ces poissons ont tous les maxillaires élargis, et derrière la rangée externe des dents pointues il y en a de petites rondes, grenues, serrées, donnant à ces espèces un caractère de dentition très-notable et facile à reconnaître.

Les pièces operculaires sont généralement plus écailleuses, et souvent toutes sont couvertes sous une cuirasse d'écailles semblables à celles du corps. Les nageoires verticales sont aussi protégées par des écailles qui se relèvent ou s'abaissent avec les rayons et les cachent quand ils sont tout-à-fait abaissés sur le dos; mais elles ne forment pas une gouttière profonde, semblable à celle des perches ou des spares.

Une autre particularité de presque toutes ces espèces consiste dans les crénelures souvent très-prononcées du bord montant du préopercule. Ces dentelures ne paraissent quelquefois que vers l'angle de cette pièce; elles y sont si faibles, qu'elles semblent ne plus exister.

Ce caractère a fait prendre plusieurs de ces espèces pour des crénilabres de Cuvier; mais ceux-ci ont, comme nous le verrons tout à l'heure, des dents si distinctes, qu'on ne peut confondre les deux genres.

Nous avons emprunté aux Grecs le nom générique de ce nouveau groupe. Sous cette dénomination de κόσσυφος,

Aristote a parlé de poissons saxatiles, qu'il regardait comme les femelles de ses κίκλη. Ce nom étant aussi celui de l'oiseau si commun chez nous, le merle, κόσσυφος a été traduit par *merula* ou *turdus;* et on lui a donné la même traduction en ichthyologie; c'est ce qui a déterminé Artedi à faire de ces dénominations des synonymes de ses labres; mais on ne peut certainement les appliquer, ainsi qu'il a voulu le faire, à aucune espèce, et ce n'est même qu'avec doute qu'elles doivent être données comme synonymes de genre.

Le Cossyphe Bodian.

(*Cossyphus Bodianus,* nob.)

L'Atlantique nourrit un de ces labroïdes à dents grenues qui y est fort commun, qui y a été observé par la plupart des naturalistes descripteurs de poissons des côtes d'Amérique, mais qui a reçu presque autant de noms qu'il y a eu d'observateurs pour en parler.

Le corps est alongé et de forme ovalaire assez régulière et élégante. La hauteur fait le quart de la longueur totale, prise jusqu'à l'extrémité des filets prolongés de la caudale; l'épaisseur n'est pas tout-à-fait moitié de cette hauteur.

La longueur de la tête égale la hauteur du corps. L'œil, de grandeur médiocre, est placé sur le haut de la joue et à la fin de la première moitié de la longueur de la tête; son diamètre est compris cinq ou six fois dans la distance du bout du museau à l'angle de l'opercule. Le sous-orbitaire est large, haut et sans écailles; le préopercule a toute sa surface écailleuse, même sur le limbe; on voit des écailles semblables sur l'interopercule et la mâchoire inférieure; l'opercule et le sous-opercule sont couverts par des écailles plus grandes; le bord membraneux est assez large; le bord montant du préopercule est finement crénelé.

La lèvre supérieure est épaisse, plissée, et recouvre une mâchoire droite, à bord comprimé, élargie en dedans, de façon que le palais est très-étroit. Il y a quatre dents coniques à l'extrémité de chaque mâchoire; les deux mitoyennes sont droites et dirigées en avant; les autres dents sont petites et en tubercules jusqu'à l'angle de la mâchoire, où il y a deux autres dents longues et saillantes, la dernière étant toujours la plus forte. Les dents grenues sont sur une bande étroite. Le palais, d'ailleurs, est lisse; les pharyngiens supérieurs ont trois rangées de tubercules d'un beau blanc, dont les internes sont plus gros et correspondent aux moyens et gros tubercules du pharyngien inférieur. Ces dents grenues ne sont pas portées sur de longues racines, et diffèrent, sous ce rapport, des dents pharyngiennes des labres.

La dorsale est basse à son origine et presque entièrement cachée sous les écailles qui remontent du dos sur les rayons épineux de cette nageoire; elle se relève un peu vers la fin, où les rayons mous prennent plus de hauteur, et s'alongent en pointe ou en un filet, qui atteint jusqu'à la caudale : ce sont les cinquième, sixième et septième rayons mous qui s'alongent ainsi.

La caudale est coupée carrément; les rayons qui la bordent en dessus et en dessous donnent un prolongement filiforme. L'anale a sa portion molle semblable à celle de la dorsale, et les huitième, neuvième et dixième se terminent en filet. Cette même disposition a lieu pour le premier rayon mou de la ventrale, qui touche presque à l'anale. Les pectorales sont arrondies.

D. 13/9 ; A. 3/12 ; C. 15 ; P. 16 ; V. 1/5.

Les écailles sont finement ciselées, assez grandes: j'en trouve trente-quatre entre l'ouïe et la caudale. La ligne latérale, composée d'une série de tubercules, est plus ou moins rameuse, parallèle à la courbure du dos, et se rend à la queue sans faire d'inflexion très-sensible; elle semble presque droite sur certains individus.

Quant à la couleur, elle paraît avoir été lie de vin ou pourprée, ou quelquefois d'un beau rouge orangé sur le dos; le ventre est gris; le reste des côtés est jaune citron, ainsi que les nageoires. La dorsale et la pointe de l'anale offrent une tache noire plus ou moins foncée.

Nous en avons reçu de nombreux individus, parmi lesquels un est long de quatorze pouces. Il nous vient de Saint-Domingue, par M. Ricord; M. Plée en a envoyé de Porto-Rico et de Saint-Thomas; MM. Delalande et le duc de Rivoli l'ont pris au Brésil, et MM. d'Abadie nous l'ont rapporté d'Olinda : nous voyons l'espèce s'avancer dans le milieu de l'Océan jusqu'à Sainte-Hélène; car M. Dussumier en a donné au Cabinet un bel individu pris sur ces côtes; mais cet observateur le regarde comme un des poissons rares de l'île.

Selon M. Plée, il se nomme *patate rouge* dans nos Antilles.

Parra le connaît sous le nom de *perro colorado* à la Havane. Les Espagnols désignent sous le nom de *perro* (chien) les poissons à dents canines saillantes. C'est ainsi que nous voyons cette dénomination appliquée à nos lachnolaimes.

Margrave et le prince Maurice disent que ce poisson est de la taille d'une perche ou d'une carpe, et que sa chair est tendre : suivant Catesby, il atteindrait à deux pieds de long; cependant Parra le compte parmi les petits poissons. Margrave est le seul qui dise que l'on mange ce poisson à Rio-Janeiro.

Parmi les collections que nous devons à M. Gay, nous avons trouvé une variété si notable de cette espèce, que nous avons hésité long-temps à ne pas l'en distinguer.

L'individu a l'œil beaucoup plus petit, le front plus large, la ligne latérale sensiblement plus arquée, les filets des nageoires plus longs, et je trouve que c'est le sixième seul qui se prolonge en fil à la dorsale, dont les nombres diffèrent.

D. 12/10 ; A. 3/12, etc.

Le dos paraît avoir été plus rouge ; la tache de la pectorale et de la dorsale, plus noire.

Il vient du Brésil, et est long de neuf pouces.

Je n'en fais pas une espèce, parce que je trouve parmi nos individus venus de Saint-Domingue que le nombre des épines de la dorsale ne va quelquefois qu'à douze.

Cette espèce a été connue dès le milieu du dix-septième siècle ; car elle a été publiée par Margrave[1], qui la tenait des Portugais du Brésil, sous le nom de *pudiano vermelho* ou de *bodiano*. Suivant lui, les Brésiliens la nommaient *aipimixira* et *tetimixira*.

L'original du dessin qui accompagne la description se trouve dans les dessins manuscrits du prince Maurice de Nassau, et que nous avons consultés à la bibliothèque royale de Berlin. Ces documens ont été employés par Bloch, qui a publié dans sa grande Ichthyologie ce dessin du prince ; mais en le quadruplant, selon son habitude, quoiqu'il n'en ait pas averti ses lecteurs. Cette copie serait très-exacte, si le dessinateur ne s'était pas mépris sur un léger accident de couleur qui existe au bas de l'angle du préopercule, et dont il a fait une forte épine, quoiqu'elle n'existe, à bien dire, ni sur le dessin original, ni encore moins sur la nature. Il faut remarquer cependant que la tête, et particulièrement la bouche et les dents, sont altérées dans la planche de Bloch.

Mais cet ichthyologiste reproduit cette même espèce dans la livraison suivante et deux fois de suite ; car son *lutjanus verres* (Bl. 255) en est une figure assez bonne,

---

1. Margrave, *Bras.*, p. 145, 146.

faite d'après nature, et nous avons dans le Cabinet du Roi
un poisson desséché qui nous vient de l'ancienne collection
de Hollande, tellement semblable à la gravure de Bloch,
que l'on pourrait le regarder comme en étant l'original. Une
seconde fois, et quelques pages plus loin (pl. 258), Bloch,
ayant trouvé dans les manuscrits du père Plumier un dessin
dans lequel on peut reconnaître notre espèce à la bifurcation de la queue et au prolongement de la dorsale et de
l'anale, l'a fait graver comme une nouvelle espèce de spare,
sparus falcatus. Nous sommes encore aidés dans notre
détermination par la distribution des couleurs telles que
nous les trouvons sur le Vélin fait par Aubriet, et que l'on
conserve dans la bibliothèque du Muséum. La tête et le
dos sont peints bleu d'outremer, le ventre et les côtés sont
jaunes, le bord de la dorsale et de l'anale et les pointes de
la caudale sont aussi de cette couleur. Ainsi, sauf l'exactitude des teintes, c'est encore la disposition de celles que
nous observons sur la nature. Bloch lui a donné une
coloration verdâtre plus foncée sur le dos, et tirant au
jaune sous le ventre. Je ferai observer que son dessinateur
a mal compris les dessins, en général peu achevés, de
Plumier, et qu'il a marqué à tort quatre épines à l'anale;
car dans notre Vélin il n'y en a que deux.

Un de nos individus empaillés, et venus de Saint-
Domingue par M. Ricord, ressemble beaucoup, dans ses
traits généraux, à cette figure de Plumier : tout concourt
donc à prouver que le *sparus falcatus* n'est autre que
l'espèce dont nous faisons ici l'histoire. Heureusement que
Bloch n'a pas vu un dessin beaucoup plus incorrect du
père Feuillée, et qui existe à la bibliothèque du Roi. Le
poisson, sans nom et sous le n.° 20, est peint en rouge

vermillon clair ou de minium, et les nageoires sont roses.
Malgré les incorrections nombreuses de ce dessin, on y
reconnaît encore notre espèce.

Catesby[1], de son côté, a aussi représenté notre cossyphe, quoique jusqu'à présent aucun naturaliste ne l'eût
reconnu dans le *labrus flavus* de cet auteur. Linné s'est
servi de ce document dans sa douzième édition, c'est donc
le *labrus fulvus* du *Systema naturæ*.

M. de Lacépède a inscrit d'abord toutes ces espèces nominales sans aucune difficulté, et il a fait ensuite de nouveaux doubles emplois.

Le labre fauve de Catesby (*labrus fulvus*, Lin.) est
d'abord compté parmi ses labres.

Le *Bodianus bodianus* est conservé, mais sous le nom
de *Bodian Bloch*[2]. Le lutjan verrat[3] prend place dans ce
genre également sur l'autorité de Bloch, et son spare
faucille est établi de la même manière ; puis il se sert du
Turdus *totus cœruleus et aureus*, de Plumier, et il fait
graver une copie de la peinture d'Aubriet. Comme il ajoute
une foi très-grande à l'exactitude de ce Vélin, et qu'il n'a
point cherché à le comparer à la nature, il crée sur cette
autorité un genre nouveau, dont les caractères sont basés
sur la forme en faux des nageoires verticales, et il donne
parmi les caractères spécifiques un nombre de huit rayons
branchiostèges que l'on compte sur quelques percoïdes
seulement, les *holocentrum* ; mais la manière dont le
peintre a traité les autres parties de l'animal, suffit seule
pour prouver qu'il n'a certainement pas compté les rayons
branchiostèges en les dessinant. M. de Lacépède a pris aussi

---

1. Catesby, Cat., t. XI, fig. 1. — 2. Lacép., t. IV, p. 279 et 290. — 3. *Ibid.*, p. 209.

pour un barbillon l'enfoncement triangulaire qui se découvre près de l'angle de la bouche, quand la mâchoire inférieure, qui est assez mal dessinée, s'abaisse. La forme des nageoires coupées en faux lui a fait imaginer le nom générique de *harpé*[1]. Ce harpé bleu doré doit donc être rayé de la liste des genres ou d'un *species* de poisson.

Le Vélin d'Aubriet a été aussi copié et assez bien rendu dans le Recueil de physique de Dagoty.

Mais Commerson avait trouvé notre poisson sur le marché de Rio-Janeiro, au mois de Juin 1767, et il en avait fait une description remarquable par son exactitude et d'après le plan que cet habile observateur s'était fait pendant son voyage.

M. de Lacépède, ayant lu cette description dans les manuscrits de notre célèbre voyageur, n'a pas manqué de s'en servir en établissant, d'après ce document, une nouvelle espèce nominale de labre. Son *labrus semiruber* n'est encore qu'une sixième manière de reproduire notre cossyphe.

Shaw ne compte cette espèce que cinq fois, parce qu'il a bien reconnu l'identité du harpé de Lacépède avec le *sparus falcatus* de Bloch; mais, trompé sans doute par les quatre épines indiquées par cet auteur, il y a réuni un autre spare, établi aussi sur les dessins de Plumier, et auquel Bloch attribuait quatre épines anales. Nous avons déterminé ce *sparus tetracanthus;* c'est notre *mesoprion griseus*[2], et nous avons déjà signalé la confusion de Shaw; mais à cette époque nous pensions que le *sparus falcatus* pouvait être

---

1. ἅρπη, qui signifie faux ou faucille, ou tout instrument crochu.
2. Cuv. Val., t. II, p. 356.

13.   11

une espèce du genre *chéiline*. Je ne doute plus aujour-
d'hui, après l'examen des nombreux individus rapportés
de Saint-Domingue par M. Ricord, ou des Antilles par
M. Plée, du nouveau rapprochement que je fais.

Shaw, d'ailleurs, reproduit le *labre demi-rouge* parmi
ses espèces de labres, mais en y ajoutant une erreur qui
lui est propre; car il dit ce poisson originaire des Indes et
d'Amérique. Lacépède avait cependant copié fidèlement
Commerson.

Shaw a du reste placé le *lutjanus verres* parmi ses
spares; le *bodianus bodianus* est le premier de ses bodians,
et le *labrus fulvus* est inscrit comme un labre.

Bloch, à l'article de son *lutjanus verres,* avait déjà cité
le *perro colorado* de Parra[1]. Cet auteur le colore en rouge
sur la queue, sur le dessus de la tête et sur le dos, et en
jaune sur tout le reste du corps. Les ventrales et l'anale ont
du rouge à la base ou sur le bord.

Le Cossyphe maldaque.

(*Cossyphus maldat*, nob.)

Les espèces suivantes dont nous allons donner la description et l'historique, sont toutes originaires des mers de
l'Inde. Commerson en avait observé à l'Isle-de-France, et
en avait rapporté des descriptions et des figures, qui ont
été employées par M. de Lacépède, mais qui lui ont servi
à faire plusieurs doubles emplois. Nous devons les autres
aux recherches des naturalistes qui ont fait partie des cir-
cumnavigations commandées par MM. Freycinet, Dumont-
d'Urville et Duperré, en France, et par M. Lütke, pour

---

1. Parra, Hav., p. 3, pl. 3, fig. 1.

la Russie. MM. Julien Desjardins et Théodore Delisse nous
ont aussi envoyé des dessins faits d'après nature; et des
poissons bien conservés, joints à ces envois, nous ont aidés
dans nos recherches. N'oublions pas aussi M. Dussumier,
dont nous avons consulté les notes avec fruit, et dont les
collections ont enrichi ce genre dans le Cabinet du Roi.

Un de ces poissons, remarquable par l'éclat et la distribution des couleurs,

a le corps court, sa hauteur n'étant que du tiers de sa longueur,
la caudale non comprise, et qui n'est guère que du septième ou
du huitième du corps. La tête est presque aussi longue que le tronc
est élevé. L'œil est de grandeur médiocre; son diamètre n'a que le
cinquième de la longueur de la tête. Le bord du préopercule est
très-finement dentelé. Toute la tête est plus écailleuse que celle des
autres labres; car il en a sur le limbe du préopercule, sur l'interopercule, et sur la branche de la mâchoire inférieure, où elles
sont aussi serrées que sur les sous-opercules et les opercules, dont
le bord membraneux est peu large. Le front, le pourtour des narines,
le devant de l'œil et les lèvres seules, sont nus. Les dents pharyngiennes forment deux plaques osseuses, grenues, encore plus serrées
que celles du précédent.

La dorsale est peu élevée, et sa base est couverte sous les écailles
du dos, qui se relèvent de chaque côté des rayons, et forment une
sorte de gouttière profonde, dans laquelle ils se cachent quand ils
s'abaissent. La portion molle de la dorsale est plus libre; elle est
pointue, ainsi que l'anale. Les deux rayons supérieurs de la caudale
se prolongent un peu au-delà des autres, qui sont coupés carrément.
Les ventrales sont longues et pointues.

D. 12/10; A. 3/12; C. 13; P. 17; V. 1/5.

Il y a vingt-huit rangées d'écailles entre l'ouïe et la nageoire de
la queue. La partie visible de l'écaille est ovalaire et très-finement
chagrinée; la portion radicale forme un long carré, dont la surface
est presque quadruple du reste; elle est couverte de stries qui rayon-

nent du centre vers le bord radical : ce bord est légèrement festonné
par la terminaison des branches de l'éventail; elles sont au nombre
de dix. On compte dix-huit rangées de ces écailles entre la base du
dernier rayon épineux de la dorsale et celle de la première épine de
l'anale. La ligne latérale a peu d'inflexion sous la fin de la dorsale;
elle se compose d'une série de petits arbuscules peu rameux, et dont
les branches, naissant de l'extrémité du tube principal, remontent
vers le dos. La tête offre, sur un fond jaune citron, huit raies longitudinales violettes, plus ou moins brunes : deux sont sur le front,
au-dessus des yeux; trois autres partent du bout du museau, par
l'œil, et se terminent sur la tempe, et trois autres, plus pâles, traversent la joue au-dessous de l'œil.

Le jaune de la tête passe sur l'épaule, se mêle et se confond avec
l'orangé plus ou moins rouge et brillant du corps. Cette teinte est
agréablement variée par dix rangées longitudinales de taches oblongues, violacées ou rougeâtres, qui forment comme de beaux
chapelets sur les flancs. Une large tache noire carrée couvre l'extrémité postérieure du tronc et la plus grande partie de la queue;
elle s'étend du troisième rayon mou de la dorsale au huitième de
l'anale; le reste de la queue est jaune; la caudale est orangée; les
pectorales sont plus pâles; la portion épineuse de la dorsale est
rougeâtre, un peu teintée de verdâtre sur le bord; une tache noire
existe sur les trois premières épines; la portion molle, ainsi que
l'anale, sont olivâtres, tachetées de points brunâtres et bordées de
noir; les ventrales, d'un beau rouge vineux, ont le premier rayon
noirâtre; l'œil paraît avoir été orangé.

Leur cavité abdominale est petite; le foie est court, divisé et subdivisé; le canal intestinal médiocre; la vessie aérienne très-grande
et à parois épaisses et argentées.

Le squelette a onze vertèbres abdominales et dix-sept caudales.
Les apophyses épineuses des deux dernières sont élargies en éventail;
les dernières sont surtout très-épaisses et très-fortes. Les apophyses
épineuses inférieures, qui répondent à l'anale, et même les interépineux de l'anale, sont longs et grêles; les interépineux du dos, de
hauteur médiocre; les antérieurs sont plus forts.

La crête mitoyenne du crâne est élevée et triangulaire ; les latérales sont basses ; la fosse moyenne occipitale est large et profonde,
à cause de la saillie du condyle occipital ; le dessus du crâne est
large et convexe ; la coulisse pour les intermaxillaires est courte et
peu profonde ; les os du nez sont peu longs, étroits, sinueux et
percés de nombreux trous nutritifs.

Cette description est rédigée d'après un individu long
de huit pouces, et aussi frais que s'il sortait de l'eau ; car
elle est en tous points conforme à celle qui a été faite par
MM. Quoy et Gaimard, au moment où ils ont pris ce
poisson.

M. Dussumier en a observé à l'Isle-de-France quelques
variétés. Un des individus rapportés par ce naturaliste n'a
que cinq pouces de longueur. Il avait le corps brun foncé
avec des raies blanches, et un cercle rouge autour de l'iris.
La caudale était blanchâtre. Un autre était très-pâle, et
lui a offert sur le frais des couleurs semblables à celles dont
MM. Lesson et Garnot ont peint leur poisson.

Commerson a donné une teinte rouge plus décidée au
dos et au sommet de la tête ; toute la partie épineuse de la
dorsale est aussi foncée que la portion molle et que le
tronçon de la queue. Les ventrales sont de couleur brune
ou marron.

Cependant le dessin, à la mine de plomb, représente
une variété de cette espèce ; car la dorsale n'a de taches
que sur les trois premiers rayons épineux, et l'anale a une
bordure brune. C'est la variété de MM. Lesson et Garnot,
et il paraît que c'est la plus ordinaire ; car je retrouve ces
mêmes distributions sur un joli dessin que M. Théodore
Delisse m'a communiqué. Le dos y est peint assez rouge
et se rapproche de la couleur de la figure laissée par Com-

merson : les joues tirent plus à l'orangé. La queue, derrière la tache noire, est violette, et la caudale, d'un rouge orangé pâle, est tachetée de points jaunâtres. Nous pensons que la belle variété de Commerson représente le poisson au temps du frai.

Selon M. Delisse, ce poisson se nomme, à l'Isle-de-France, *maldat,* ou *maldaque* selon M. J. Desjardins.

Nous nous sommes déterminés à conserver à l'espèce cette dénomination vulgaire ; car ce poisson a déjà paru sous trois noms dans le genre des *labres* de M. de Lacépède, et M. Lesson est venu lui en donner un quatrième.

En effet, M. de Lacépède a fait de la figure coloriée de Commerson son *labre hérissé.* Une petite copie, assez mauvaise, est gravée t. III, pl. 20, fig. 1. Les arbuscules de la ligne latérale avaient été repoussés au pinceau et gouachés ; l'épaisseur du blanc a fait prendre, sans aucun doute, ces traits pour des épines ou des villosités dures et relevées sur le corps du poisson : et c'est de là que M. de Lacépède a tiré son nom spécifique.

Le dessin au crayon a été également copié et gravé dans le même volume, pl. 9, fig. 3. La queue du poisson ayant été bien étalée par le dessinateur de Commerson, l'espèce établie d'après ce document a reçu le nom de *labre large queue.*

Enfin, M. de Lacépède, prenant la description de Commerson, en fait une troisième espèce, sous le nom de *labre à rouges raies.*

Il ne nous a pas été difficile, avec les précieux originaux de ces travaux, de reconnaître ces doubles ou même triples emplois ; et nous les avions déjà signalés en inscrivant ces synonymies sur les individus de la collection du Muséum.

Aussi avons-nous été surpris de voir M. Lesson venir donner, sous un nom spécifique nouveau et comme du genre crénilabre, ce poisson déjà bien connu. Il a été publié, planche 38 des poissons dans l'Atlas de la Coquille, sous le nom de *crénilabre Chabrol.*

Mais cette erreur est-elle à peine commise et aussitôt publiée, que M. Guérin s'en empare, et donne, sous une enluminure un peu rude, une copie de cette figure de Lesson, pour représenter un type du genre *crénilabre* de Cuvier. Or, c'est précisément une de nos espèces de cossyphe qui a le moins de rapport avec les crénilabres; car son préopercule est faiblement dentelé; on en trouve même des individus qui ont perdu toutes leurs dentelures. Aussi M. Cuvier avait-il cité le labre hérissé sous ses labres [1], où je m'étonne de voir le labre large queue indiqué comme une espèce distincte.

Il faut avouer que M. Guérin n'a pas été heureux dans ses copies sur cette planche 42 de son Iconographie du règne animal; car le poisson figuré pour donner l'idée d'une espèce de *labre,* est du genre *malacanthe* de Cuvier. Il la cite dans la note de ce genre [2]. Rien n'eût été plus facile cependant que d'éviter ces erreurs.

Le Cossyphe deux croissans.

(*Cossyphus bilunulatus,* nob.; *Labre deux croissans,* Lacép.)

Une seconde espèce, que les pêcheurs de l'Isle-de-France semblent confondre avec la précédente, en diffère

par un corps plus alongé, par des dents grenues plus fortes, et par des dentelures encore moins sensibles au bord du préopercule :

***

1. Règne anim., t. II, p. 256. — 2. *Ibid.*, t. II, p. 264.

elles ne paraissent qu'à l'angle arrondi de cette pièce. Le limbe du préopercule a quelques écailles moins visibles que dans l'espèce précédente; la branche de la mâchoire inférieure n'en a aucune; celles de l'interopercule sont aussi fortes et aussi nombreuses que celles du sous-opercule. Les granulations de la portion nue des écailles sont beaucoup plus fines, et les stries de la partie cachée ou radicale beaucoup plus grosses.

La couleur, telle que nous l'a fait connaître M. Desjardins, est uniforme, d'un rouge tirant au rose et devenant orangé sur la tête, plus vif sur le dos et près de l'anale. Les lèvres sous la mâchoire inférieure sont jaune citron. Une tache noire est placée sur les lombes, entre la ligne latérale et la base des rayons mous de la dorsale, sans les couvrir; elle commence sous l'aplomb du troisième rayon mou de la dorsale, et s'étend jusque vers le milieu de la queue. La caudale, légèrement échancrée, est orangée ou rougeâtre. La dorsale, plus haute et plus libre que celle de l'espèce précédente, a, comme elle, une tache sur les trois premiers rayons épineux; elle s'étend quelquefois jusque sur la sixième épine. Le fond de sa couleur et celui de l'anale est rougeâtre; la pectorale est d'un beau jaune, et les ventrales tirent au pourpré. Les nombres des rayons sont comme chez le précédent.

D. 12/10; A. 3/12, etc.

L'individu rapporté de l'Isle-de-France par MM. Quoy et Gaimard est long de dix pouces. Celui que nous avons retrouvé parmi les poissons de Commerson est plus grand; il a près de quatorze pouces, et nous venons d'en recevoir un de la même taille et du même endroit par M. J. Desjardins. Nous devons en adresser à ce savant zoologiste des remercîmens d'autant plus vifs, qu'il a bien voulu se dessaisir, en faveur des collections du Muséum, du seul individu qu'il possédait dans son cabinet; il l'avait pris à Flacq.

M. Th. Delisse nous a aussi communiqué un dessin de la même espèce, où les couleurs sont bien les mêmes que celles indiquées par M. J. Desjardins; mais on y trouve un trait rouge purpurin ou lie de vin, tracé de l'œil à l'angle supérieur de l'opercule, une tache large oblongue, étendue obliquement de l'angle de la bouche au bas de l'opercule, en passant par l'angle du préopercule. La base de la pectorale est brune.

M. Desjardins nous apprend, dans la note qu'il ajoute à son poisson, qu'on le confond avec le précédent sous le nom de *maldaque.*

M. de Lacépède a connu cette espèce par le beau dessin au crayon rouge et à la pierre noire, qu'il avait trouvé dans les papiers de Commerson. Nous n'avons pas de description relative à ce poisson dans les manuscrits de ce voyageur. M. de Lacépède lui a donné le nom de *labre deux-croissans* (*labrus bilunulatus*), dont nous avons conservé l'épithète spécifique.

Le Cossyphe aux reins noirs.
(*Cossyphus atrolumbus*, nob.)

Nous avons trouvé parmi les poissons de Commerson une espèce voisine des deux précédentes, et qui tient de l'une et de l'autre.

Elle a les granulations des mâchoires semblables à celles du cossyphe maldaque, les dentelures au préopercule aussi fines et aussi nombreuses. Le limbe de cet os est sans écailles, et la peau épaisse qui le recouvre est percée de pores fins et fréquens. La mâchoire inférieure, moins poreuse, n'a aucune écaille; sa peau est parfaitement lisse. Les écailles de l'interopercule sont plus larges et tiennent davantage de celles des labres ordinaires.

Les couleurs sont uniformes et se rapprochent davantage du précédent; cependant la tache brune des lombes est autrement placée; elle s'étend depuis le neuvième rayon épineux de la dorsale,

13.

sur la base de tous les rayons mous, et descend sur les côtés en s'affaiblissant pour s'effacer auprès de la ligne latérale; elle ne paraît en cet endroit que par des traces de croissans brunâtres sur les écailles. On voit quelques traces pâles de ces taches au-dessous de la ligne latérale.

La couleur générale paraît avoir été jaune soufre. Il y avait une tache brune sur l'avant de la dorsale. Les nombres des rayons sont comme dans les autres.

D. 12/9 ; A. 3/10, etc.

L'individu sec n'a que huit pouces de longueur. Nous n'avons trouvé aucun renseignement sur cette espèce dans les manuscrits de Commerson, ni dans les auteurs qui ont fait mention des poissons des mers de l'Inde.

Nous avons appris depuis que cette espèce est originaire de l'Isle - de - France; car le Cabinet du Roi en possède aujourd'hui un bel individu, conservé dans l'esprit de vin, long d'un pied, et qui a été envoyé par J. Desjardins, et M. Dussumier en a donné un individu sec, long de seize pouces et parfaitement bien conservé.

Nous en avons connu les couleurs telles qu'elles sont sur le poisson frais, par un beau dessin que nous a donné M. Th. Delisse.

Le poisson brille du plus beau jaune éclatant et pur sur la tête, le ventre et les nageoires, et devenant orangé assez vif sur le dos. Sous la septième épine de la dorsale commence une bande verticale, qui occupe la largeur de l'intervalle de deux rayons, et dont la teinte est rose, devenant très-pâle près de l'anale, qui est également rose sur sa moitié inférieure. On voit ensuite la tache noire comme nous l'avons indiquée. Cinq à six traits longitudinaux parallèles, verdâtres, sont tracés sous le ventre, depuis la ceinture de l'épaule sous la pectorale; ils s'effacent quand ils sont arrivés sous la tache noire des lombes.

Le dessin représente un poisson long de cinq pouces.

Le Cossyphe perdition.

(*Cossyphus perditio; Labre perdition,* Q. G.)

C'est évidemment auprès de notre *cossyphus atrolumbus* qu'il faut placer le poisson que MM. Quoy et Gaimard ont nommé *labre perdition.*

Ses formes sont presque entièrement semblables ; toutefois le dessin de ces naturalistes les fait paraître un peu plus courts. Les nombres sont aussi les mêmes.

D. 10/12; A. 3/10; C. 12; P. 16; V. 1/5.

Sur un fond jaune brillant, le devant du dos et le dessus de la tête sont couverts de rivulations violettes et serrées. Une tache triangulaire, dont la base est sous le premier rayon mou de la dorsale, et le sommet sur la ligne latérale, presque à l'extrémité de la pectorale, se détache en jaune clair sur le fond du corps; derrière elle une grande tache violette brillante, quoique foncée, s'étend sous tout le reste de la dorsale, et se perd sur les flancs au-dessus de la ligne latérale. Quatre taches noires se voient sur la dorsale, entre les rayons antérieurs de cette nageoire, qui est d'une belle couleur jaune soufre. Les ventrales ont la même teinte ; les autres nageoires tirent au verdâtre.

MM. Quoy et Gaimard n'ont pris qu'un seul individu de cette espèce; il était long de sept pouces.

Le zèle et le courage de ces infatigables voyageurs et naturalistes, ne s'est pas ralenti un seul instant pendant toute leur campagne et dans quelque position critique où l'élément qui les portait les avait souvent placés. Ils ont eu le courage et la présence d'esprit de décrire et de dessiner ce poisson, le 20 Avril 1827, pendant qu'ils étaient échoués sur des récifs très-dangereux, sur le point de perdre leur navire, et entourés d'insulaires féroces, qui attendaient l'instant du naufrage pour se partager les débris de l'équipage. Cette position de l'Astrolabe a duré plus de quatre jours. Le courage de leur commandant, Dumont d'Urville, a su dominer la tempête, sauver le navire, les riches et immenses collections que ses compagnons de voyage avaient faites, dont ils ont enrichi nos musées et illustré la science. MM. Quoy et Gaimard, voulant perpétuer le souvenir de ces difficiles circonstances, ont donné à l'espèce le nom spécifique que nous nous sommes fait un devoir de conserver.

Elle est figurée planche 20, figure 4, de la Collection des poissons de l'Astrolabe, et décrite tome III, page 702. Ces naturalistes ont soin de dire que leur dessin ne rend qu'imparfaitement le brillant et la variété des couleurs de cette espèce.

Le Cossyphe diane.

(*Cossyphus diana*, nob.; *Labre diane*, Lacép.)

M. de Lacépède a trouvé dans les dessins de Commerson la figure d'un poisson que nous plaçons à côté des espèces précédentes.

Ce labre a le museau aigu, quatre dents fortes à l'extrémité des mâchoires, et un crochet saillant et dirigé en avant à l'angle de la bouche, la dorsale épineuse basse, la portion molle et la caudale arrondies.

Le dessin de Commerson a été fait au crayon rouge, et représente le poisson de cette teinte générale, avec une tache rouge plus foncée, en croissant, sur chaque écaille; de nombreuses taches noires éparses entre la ligne latérale et la portion molle de la dorsale et sur les côtés de la queue. On voit sur le dos, au-dessus de la ligne latérale, trois taches blanches; toutes les nageoires sont rouges et sans taches.

D. 12/10; A. 3/13, etc.

Nous avons pris une idée plus juste de ce poisson et

de la beauté de ses couleurs, par un dessin colorié, que nous devons encore à M. Th. Delisse.

Il donne au dos, au ventre et à la tête une teinte rouge de laque assez foncée et diminuant insensiblement, pour se fondre avec l'orangé des côtés, où chaque écaille est bordée d'un croissant rouge comme le dos. Les taches noires sont disposées comme sur le dessin de Commerson ; celles du dos sont ici peintes en jaune brillant ; la dorsale épineuse est couleur de carmin, et la portion molle, ainsi que la caudale, sont rosées ; l'anale et les ventrales, d'un beau carmin brillant, sont moins foncées que la dorsale ; les pectorales sont jaunes, un peu teintées d'orangé près de la base.

M. de Lacépède a fait graver une copie très-exacte du dessin de Commerson (t. III, pl. 32, fig. 1). Les manuscrits de ce voyageur ne font pas mention de cette espèce.

La figure du naturaliste compagnon de Bougainville est longue de dix pouces ; celle de M. Delisse n'en a que six et demi.

Le Cossyphe amiral.

(*Cossyphus mesothorax*, nob.; *Labrus mesothorax*, Bl. Schn.)

Les côtes de l'île de Java nourrissent un cossyphe remarquable par l'éclat et par l'opposition des couleurs dont son corps est peint.

Sa forme générale rappelle celle du précédent. Le museau est pointu ; il y a quatre canines à chaque mâchoire, et dans l'angle de la supérieure un crochet assez fort. Le long de l'os maxillaire on voit quelques petites granulations : elles sont plus visibles à la mâchoire inférieure. La dorsale épineuse est basse, la portion molle arrondie ; l'anale est plus haute que la dorsale et trapézoïde ; la caudale est coupée carrément.

D. 12/10; A. 3/12; C. 13; P. 15; V. 1/5.

Les écailles sont de grandeur moyenne, arrondies, minces, et n'offrent que de très-fines aspérités grenues ou quelques stries visibles à la loupe. On compte vingt-six rangées d'écailles entre l'ouïe et la caudale.

La ligne latérale est tracée par le tiers de la hauteur du corps; elle est continue, non rameuse.

La tête est rouge, un peu rembrunie sur l'occiput et sur l'épaule. Cette teinte devient noire, et forme une large écharpe, qui se termine obliquement de l'aisselle de la pectorale au dernier rayon mou de la dorsale. Le reste du dos et le dessus de la queue sont orangés; les flancs, le ventre et la gorge brillent d'un beau jaune doré; une large tache noire arrondie est à la base de la pectorale; une bande noire oblique va de l'angle de la mâchoire au bas de l'opercule; la dorsale molle et la caudale sont rougeâtres; les pectorales sont plus pâles; une teinte olivâtre est étendue sur les ventrales et sur l'anale; l'iris de l'œil est jaune.

Ces couleurs sont décrites d'après un beau dessin envoyé de Java par MM. Kuhl et Van Hasselt. On en reconnaît parfaitement la distribution sur l'individu sec, long de six pouces, que nous conservons dans le Cabinet du Roi.

Ces jeunes et infortunés naturalistes, qui ont observé ce poisson à Batavia, l'avaient nommé *crenilabrus elegans*. Mais cette espèce est connue depuis long-temps : Bloch la possédait dans sa collection, et je l'ai vue dans le Cabinet de Berlin, étiquetée *labrus mesothorax*. C'est, en effet, sous ce nom qu'on la trouve dans l'édition posthume de Bloch (p. 254, n.° 51). Cet auteur y rapporte avec raison la figure de Renard (n.° 143, fol. 26), quoique les couleurs ne soient pas très-exactes; elles sont plus vraies dans l'original de Corneille Vlaming, et cependant un peu différentes des nôtres. La tête y est peinte en noir comme l'écharpe; les bords du préopercule et de l'opercule sont verts, une large tache bleue triangulaire couvre l'épaule; l'écharpe est bordée de jaune; le ventre est blanc; le dessous de la gorge est violet. Nous n'osons pas regarder ces différences assez grandes pour croire que ce dessin appartienne à une autre espèce.

Vlaming et Renard appellent ce poisson *schout by nagt,* c'est-à-dire le *contre - amiral;* Valentyn en parle sous le même nom (n.° 126, p. 388), comme d'un beau poisson, délicat, et qui devient grand comme une morue ordinaire.

Le Cossyphe axillaire.

(*Cossyphus axillaris,* nob.)

M. Dussumier nous a rapporté des mers de l'Isle-de-France une autre espèce, voisine du précédent, bien distincte par ses couleurs, et qui paraît avoir

le museau plus aigu, les dentelures inférieures du bord vertical du préopercule plus fines, mais plus régulières et plus évidentes; les écailles couvertes de granulations fines, celles de la tête les ayant un peu plus fortes.

Les écailles qui revêtent le sous-opercule, l'interopercule et même la branche de la mâchoire inférieure, sont plus serrées et plus grandes que sur le labre hérissé et les espèces voisines. Celles de la base de la dorsale et de l'anale, et surtout celles de la portion épineuse, remontent assez haut sur la nageoire. J'en compte trente-deux ou trente-trois entre l'ouïe et la caudale.

La ligne latérale est très-courbée, parallèle au dos; elle ressemble à celle du cossyphe maldaque. Les rayons de la portion molle de la dorsale atteignent à la moitié de la longueur des tronçons de la queue, quand ils sont couchés sur le dos de cet organe. La caudale est coupée carrément; la ventrale se prolonge un peu en filet.

D. 12/10; A. 3/12; C. 15; P. 15; V. 1/5.

La couleur du corps, conservé dans l'alcool, est jaunâtre, un peu rembrunie sur le dos et sur la tête; mais ce qui frappe le plus dans la disposition des teintes, ce sont les grosses taches noires, au nombre de cinq, qui sont sur le corps : une première occupe les trois premiers rayons épineux de la dorsale; une seconde, plus large, va du dernier rayon épineux au quatrième mou de cette même dorsale, une plus grande est sur l'anale, étendue du bord postérieur de la troisième épine, au bord antérieur du sixième rayon mou; une quatrième, plus grande, à l'insertion de chaque pectorale, dessinée même en arc noir sur la base des rayons de cette nageoire, colore toute l'aisselle. En arrière de cette tache et sous la nageoire en est une autre blanc de lait. La portion épineuse de la nageoire du dos a un fin liséré noir; la dorsale molle, la caudale et la pectorale n'ont aucune tache, mais on voit de gros points grisâtres sur l'anale et sur la ventrale, où ils sont plus nombreux et plus serrés.

Nos individus sont longs de sept pouces.

M. Dussumier, qui les a rapportés, a décrit les couleurs sur le frais, et ses notes nous prouvent que

les taches noires n'ont pas changé; mais il indique la tête, les opercules et le dos, depuis le bout du museau jusqu'au dernier rayon de la dorsale, d'un beau brun-rouge. Les trois premiers rayons épineux sont d'un beau noir, et les autres sont brun rougeâtre et leur membrane est rouge; la queue et le ventre sont blanc brunâtre; la caudale, de cette teinte, a les rayons extérieurs noirs; l'anale a sur un fond verdâtre clair une bande longitudinale blanc de lait; les ventrales sont mouchetées de brun, et les pectorales sont rosées; l'iris de l'œil est jaune.

M. Théodore Delisse nous a aussi donné un dessin de ce poisson; il colore les pectorales en jaune, la portion molle de la dorsale en orangé, et le ventre en rosé. On voit d'ailleurs que pour tout le reste le dessin ressemble aux observations faites par M. Dussumier, et que ces deux naturalistes ont examiné deux variétés très-voisines l'une de l'autre.

MM. Ketlitz et Mertens ont aussi rencontré ce poisson

dans leur voyage, et ils nous ont communiqué les dessins qu'ils ont faits à Ulea. Sur l'un, le poisson est d'un carmin clair sur le dos; les flancs sont jaunes, tachetés de rouge; la portion molle de la dorsale, la caudale et la pectorale, jaunes, avec l'intervalle entre la base de leurs rayons rouge clair ou orangé; et il n'y a pas de tache sur le devant de la dorsale épineuse. Sur l'autre, le dos a une teinte carmin rembrunie, semblable à celle de nos dessins faits à l'Isle-de-France; le corps est rosé, la caudale orangée et bordée de rouge foncé. Les nombres des rayons sont les mêmes. Il est bien évident que ces différences ne peuvent qu'indiquer des variétés.

Le Cossyphe ruban.

(*Cossyphus tæniatus,* nob.; *Labrus tæniatus,* Ehr.)

Nous plaçons à la suite de ces espèces deux petits poissons de la mer Rouge, dont l'un a été connu par le voyage de M. Ehrenberg.

Il a le museau pointu, la tête entièrement couverte d'écailles, et la forme ramassée des espèces précédentes; les nombres sont un peu différens.

D. 8/12; A. 3/11; C. 14; P. 13; V. 1/5.

M. Ehrenberg l'a représenté sur le vivant, et le poisson a le corps noir, orné de chaque côté de deux bandes longitudinales bleuâtres, l'une passant au-dessus de l'œil et l'autre au-dessous. La pectorale est couleur de chair; au pied des quatre premiers rayons épineux de la dorsale, il y a sur la membrane une tache jaune.

Ce petit poisson, long de deux pouces et demi, a été donné à M. Ehrenberg par les pêcheurs de Massuah, sous le nom de *karan.*

13

Le Cossyphe a quatre raies.

(*Cossyphus quadrilineatus,* nob.; *Labrus quadrilineatus,* Ruppel.)

Une espèce très-voisine de la précédente, si même elle n'en est pas une simple variété, est le poisson que M. Ruppel[1] a représenté et décrit sous le nom de *labrus quadrilineatus.*

Les formes sont très-semblables, seulement la dorsale et l'anale paraissent plus basses dans celui-ci, et la caudale un peu plus concave; les nombres sont les mêmes.

D. 8/12; A. 3/11, etc.

M. Ruppel représente, sur un fond bleuâtre ardoisé, le poisson peint de deux lignes bleuâtres claires, tracées l'une au-dessus, l'autre au-dessous de l'œil. L'intervalle qui les sépare est noir très-foncé, et cette bande, élargie sur la caudale, en colore toute la base, et tranche nettement sur cette nageoire par un bord convexe opposé à la concavité du bord de la membrane et des rayons. Les pectorales et les autres nageoires sont bleuâtres. Les taches jaunes existent sur la partie antérieure de la dorsale, mais la portion molle de cette nageoire et celle de l'anale ont du noir à leur extrémité et sont bordées de blanchâtre.

Ce petit poisson ne dépasse pas deux pouces et demi. Il a été observé sur les côtes corralligènes de Massuah.

Le Cossyphe partagé.

(*Cossyphus dimidiatus,* nob.; *Labrus latovittatus,* Ruppel.)

M. Ruppel a encore une espèce du même genre et voisine de la précédente, représentée[2] sous le nom de *labrus latovittatus.*

---

1. *Neue Wirbelthiere zu Faun. Abyss.,* IVte *Lief., S.* 6, *Taf.* 2, *Fig.* 1.
2. *Ibid.,* IVte *Lief., S.* 7, *Taf.* 2, *Fig.* 2.

En effet, les formes générales sont semblables, mais le corps est plus alongé; d'ailleurs, toutes les parties de la tête sont de même garnies d'écailles. Les nombres sont un peu différens :

D. 9/11; A. 3/10; C. 15; P. 13; V. 1/5;

et les couleurs rendent encore la distinction des deux espèces plus facile. Une large raie longitudinale, d'un noir très-profond, part du bout du museau, traverse l'œil, et par conséquent toute la tête, et se rend, sans interruption et en s'élargissant, jusqu'à l'extrémité de la caudale, qui n'a plus que ses deux bords d'une couleur différente. La moitié antérieure du corps est d'un brun châtain, un peu plus foncé sur le dos que sur le ventre. Cette teinte est étendue sur toute la portion épineuse de la dorsale, et sur toute la partie de même hauteur de la nageoire molle; le reste de la membrane, qui dépasse la hauteur des rayons épineux, est bleu céleste. L'anale a de même la base des rayons brune, comme la dorsale, et la moitié marginale bleue. Cette couleur est celle du corps entre l'anale et la portion molle de la dorsale, du tronçon de la queue et des bords supérieur et inférieur de la caudale. Ce bleu est fondu d'une manière insensible avec le brun de la partie antérieure du tronc. Le bord inférieur de la queue, compris entre l'anale et la caudale, est noir, aussi foncé que la bande latérale.

M. Ruppel n'a trouvé qu'un seul individu de cette espèce, long de deux pouces trois quarts, près de Tor, entre les coraux.

J'ai dû changer le nom spécifique de ce poisson; car, si la description et la figure du célèbre voyageur de Francfort sont pleines de justesse et de vérité, il n'en est pas de même de sa synonymie. J'ai peine à comprendre comment un observateur aussi exact que M. Ruppel a pu persister dans la croyance, que le petit poisson qu'il avait sous les yeux était de la même espèce que le *labre large raie* de Lacépède, ou, ce qui revient au même, que le *malacanthe*

tubleu de l'Isle-de-France. M. Cuvier a parfaitement déterminé et le genre et l'espèce de ce poisson curieux, fort beau,
qui atteint à peu près dix-huit pouces, et que Commerson
a si bien fait connaître par le dessin qui a servi à M. de
Lacépède pour établir son labre large raie. Outre la différence générique, si bien exprimée dans la gravure de
Lacépède, de n'avoir que deux rayons grêles et simples,
et non pas neuf épines dorsales, les couleurs ne sont pas
disposées à permettre l'identité de cette figure avec celle
de M. Ruppel, car la ligne noire de ce labre large raie ne
passe pas sur la tête : elle se rétrécit plutôt sur l'arrière du
corps, qu'elle ne s'y élargit. Il était aisé à M. Ruppel de se
faire une idée juste du tubleu de l'Isle-de-France, en
consultant l'excellente figure coloriée, que MM. Quoy et
Gaimard en ont donnée dans l'Astrolabe (pl. 20, fig. 3).

Je ne crois pas non plus que le *parallys* de Renard,
cité, quoique avec doute, le soit convenablement; car c'est
un poisson d'un genre différent de celui de M. Ruppel et
du labre large raie. Il était encore facile de s'en faire une
idée claire, qui eût évité ces rapprochemens erronnés, en
consultant la figure 4 de la planche 19 de l'Astrolabe.

Le Cossyphe maillé.

(*Cossyphus reticulatus*, nob.)

Nous trouvons encore parmi les poissons rapportés du
Japon par M. Langsdorff, et étudiés par moi au Cabinet
de Berlin,

une espèce à corps oblong, dont la tête a un peu plus que le quart
de la longueur totale; ayant quatre dents canines très-fortes à l'extrémité de chaque mâchoire, les mitoyennes plus petites; les dents
insérées sur le bord externe des branches petites, obtuses, courtes,

sans dents récurrentes à l'angle de la bouche. La mâchoire est épaissie en un bourrelet osseux assez convexe, et derrière lui sont des petites dents grenues sur plusieurs rangs, surtout nombreuses à la mâchoire supérieure. La joue est couverte de petites écailles; le limbe du préopercule est nu, sans dentelures; l'opercule et l'interopercule sont écailleux; la base des épines de la dorsale est aussi recouverte par les grandes écailles du dos; mais les rayons mous sont plus dégagés, ainsi que l'anale. Ces deux nageoires et la caudale sont arrondies. Les nombres sont ceux de nos cossyphes.

D. 12/10; A. 3/12; C. 16; P. 18; V. 1/5.

La ligne latérale est tracée par le tiers de la hauteur du corps, composée de tubulures formant une série interrompue, et dont l'extrémité postérieure se relève vers le dos. Je compte quarante-huit rangées d'écailles entre l'ouïe et la caudale; elles sont lisses et peu épaisses.

La couleur paraît jaunâtre et était probablement rougeâtre, avec des taches de rouille en croissant, étroites, verticales, sur chaque écaille, et dont la convexité paraît tournée du côté de la tête; ils forment un réseau à mailles serrées sur tout le corps du poisson. Sur le ventre et surtout au-dessus de l'anale on voit huit à neuf traits jaunâtres longitudinaux et parallèles. Les nageoires sont brunes, assez foncées. L'individu est long d'un pied.

Cette espèce tient à ce genre par ses dents, ses écailles de la base de la dorsale, les nombres de ses rayons; et paraît même se rapprocher des maldaques de l'Isle-de-France (*cossyphus maldat* ou *cossyphus atrolumbus*); mais sa forme alongée, la liberté de la partie molle de ses nageoires du dos et de l'anus, lui donnent aussi quelques affinités avec nos labres.

Le Cossyphe aux petites écailles.
(*Cossyphus microlepidotus,* nob.)

Nous croyons devoir placer à côté de ce cossyphe du Japon, une espèce que Bloch a figurée (pl. 292) sous le nom de *labrus microlepidotus.*

C'est un poisson de forme alongée, semblable à celui que nous venons de décrire, ayant toute la joue, et même le limbe du préopercule, couverts d'écailles : celles du corps sont de grandeur médiocre. La dorsale et l'anale sont à la vérité toutes dégagées; elles sont coupées carrément. La caudale est arrondie.

D. 17/13; A. 3/10; C. 18; P. 12; V. 1/5.

Bloch le peint, mais probablement de fantaisie, de couleur jaune verdâtre, rembrunie sur le dos, et avec la dorsale et l'anale brunâtres; les autres nageoires sont transparentes.

Nous ne pouvons avoir que des doutes sur cette espèce, que Bloch n'a connue que par le dessin qu'un peintre en avait fait au cabinet de M. Lincke, à Leipzig, et dont on ignorait la patrie.

Son affinité avec la précédente m'a déterminé à lui assigner cette place.

Le Cossyphe a ruban nacré.
(*Cossyphus albo-tœniatus,* nob.)

J'avais, dans le recueil des dessins manuscrits que nous avons pris tant de soins à réunir, une figure de poisson faite aux îles Sandwich, peu arrêtée, sans aucunes notes, et que j'avais considérée comme une variété de notre *cossyphus atrolumbus;* mais au moment de livrer cette feuille à l'impression, j'ai trouvé dans les belles collections que MM. Eydoux et Souleyet ont faites avec un zèle et une activité si dignes de la reconnaissance des naturalistes, deux individus de ce même cossyphe, qui nous démontrent que le dessin peu fini de MM. Quoy et Gaimard représente une nouvelle espèce de cossyphe.

Elle ressemble pour la forme générale à notre *cossyphus atro-lumbus;* sa tête fait le tiers de la longueur du corps, la caudale non comprise, et qui entre pour un sixième dans cette mesure générale; les deux mâchoires sont égales, armées sur le devant de quatre canines crochues; les dents qui suivent sont coniques, mais peu longues; il y a dans l'angle un crochet recourbé en avant, mais qui ne dépasse pas la lèvre; la bande des granulations est assez large.

Le préopercule est très-finement dentelé, couvert de petites écailles, sans limbe nu; le bord membraneux de l'opercule est assez large; les écailles imbriquées sur l'os et sur le sous-opercule, sous lesquelles il se confond avec le supérieur, sont larges; j'en vois aussi sur l'interopercule. La ligne latérale est faiblement rameuse, arquée jusqu'à la fin du corps parallèlement au dos.

La dorsale est presque entièrement couverte d'écailles; sa portion molle est arrondie, ainsi que l'anale. La caudale est concave, sans donner de prolongement de ses angles supérieur et inférieur. La pectorale est aussi plus courte et plus arrondie. Les ventrales se terminent en filets. Je compte trente écailles entre l'ouïe et la nageoire de la queue.

D. 12/10; A. 3/12; C. 14; P. 17; V. 1/5.

Ce cossyphe a, comme notre *cossyphus atrolumbus,* une tache noire sur le dos de la queue, et qui s'avance jusque sur les cinq derniers rayons mous de la dorsale; une autre tache noire, sur la membrane, unit les trois premières épines de la dorsale; elle est plus marquée entre la seconde et la troisième. Sur un fond qui paraît avoir été rouge, le corps est rayé de vingt et une lignes brunes, dont sept sont au-dessus de la ligne latérale.

La tête a au-dessous de l'œil un large ruban nacré qui s'étend jusqu'au lobe membraneux de l'opercule. Quatre raies brunes sont entre les yeux, et au travers de l'œil est un large ruban brun. Le ruban nacré est liséré en dessous d'un trait brun, et un autre, de pareille nuance, va obliquement, de l'angle de la bouche, au bas de l'interopercule. Tout le dessous de la gorge est tacheté de brun sur un fond blanc plus ou moins nacré. La dorsale, l'anale et la caudale, sont d'un beau jaune citron; la nageoire de l'anale a un fin liséré noir; les pectorales étaient probablement rougeâtres, la ventrale jaune, bordée en avant de noirâtre.

Les deux individus de ce cossyphe, rapportés de Sandwich, ont sept pouces de long.

Le Cossyphe de Schœnlein.

(*Cossyphus Schœnleinii*, Agassiz.)

Enfin, je puis encore ajouter à ce genre une superbe espèce, que je dois à la complaisance de mon célèbre ami, M. Agassiz. Il tient ce poisson des Célèbes, et il a bien voulu m'en communiquer une figure coloriée, d'après laquelle je donnerai la description suivante :

Ce cossyphe ressemble assez, pour la force de ses dents et la forme trapue de son corps, à notre *cossyphus atrolumbus.* Il a cependant le museau encore plus obtus; la hauteur du corps fait le tiers de sa longueur totale; la tête est contenue le même nombre de fois dans celle du tronc, la caudale exceptée, laquelle est courte et comprise huit fois et demie dans la longueur totale. La ligne du profil descend presque verticalement; l'œil est médiocre et situé au haut de la joue, à distance du bord du front. La joue, l'opercule, le sous-opercule et l'interopercule ont des écailles; mais je n'en vois pas sur le limbe du préopercule. La dorsale est basse; la pectorale est grande; la caudale a le bord convexe.

D. 13/7 ; A. 3/9; C. 14; P. 15; V. 1/5.

Les écailles du tronc sont grandes, fortes, amincies au bord et linéolées; j'en trouve trente entre l'ouïe et la caudale, trois seulement au-dessus de la ligne latérale, dix au-dessous.

Cette ligne latérale offre un caractère que je n'ai encore observé que dans les scares, c'est d'être rameuse et subdivisée en nombreuses branches sur les écailles antérieures; le nombre des divisions diminue à mesure que l'on approche de la queue, de telle sorte que sous les derniers rayons de la dorsale la ligne latérale n'est plus composée, comme à l'ordinaire, que de simples tubulures droites.

La couleur paraît avoir été uniforme, et brune, lavée de jaune avec quelques traits verticaux plus foncés sur les écailles. Les nageoires, plus jaunes, ont des taches brunes.

M. Agassiz, en recevant ce poisson parmi ceux collectés aux Célèbes par M. le D.ʳ Bessel, de Berne, qui est mort malheureusement dans son voyage, a cru devoir dédier cette belle espèce, nouvelle dans la famille des labroïdes, à M. le D.ʳ Schœnlein, de Zurich, un des plus célèbres médecins de l'Allemagne; je me suis empressé de m'associer aux sentimens du savant professeur de Neufchâtel.

CHAPITRE III.

Des Crénilabres.

M. Cuvier, en établissant le genre des *crénilabres* sur les nombreuses espèces de labroïdes de la Méditerranée à préopercule dentelé, avait formé un groupe de poissons qui se distinguait des labres de nos côtes, mais qui n'offrait plus des caractères assez précis et assez tranchés de ceux des espèces étrangères, réunis encore par l'illustre auteur du Règne animal dans le genre des *labres*. J'ai cherché à remédier à cet inconvénient, et j'ai été assez heureux pour en trouver le moyen dans l'observation que j'ai faite sur la différence des dents qui m'ont servi à caractériser le genre cossyphe, dont je viens de faire connaître les espèces.

Ces recherches ont dû me faire changer un peu la méthode que M. Cuvier avait tracée pour ses labroïdes, et m'a fait rapprocher les crénilabres des labres, et surtout des cossyphes, avec lesquels ces espèces ont les plus grandes affinités. On voit en effet qu'elles tiennent des deux genres. Les crénilabres seront pour moi les labroïdes à préopercule dentelé, à lèvres épaisses et charnues, à dents coniques sur un seul rang à chaque mâchoire, à dorsale épineuse libre et sans écailles, à ligne latérale non interrompue. Ils différeront des cossyphes par l'absence de dents grenues sur les mâchoires, et par le manque d'écailles sur la dorsale et l'anale.

J'ai signalé le caractère de la ligne latérale non interrompue, parce qu'il rattache aussi, selon moi, les crénilabres aux labres, et qu'il les éloigne des chromis, des cichles et des autres genres à ligne latérale divisée, comme

les cheilines. Ces crénilabres forment un des genres les
plus difficiles à étudier, à décrire, et dont on connaît un
assez grand nombre d'espèces, pour la plupart encore mal
déterminées. La monographie que j'en publie aujourd'hui
en fait connaître un plus grand nombre que les auteurs
qui m'ont précédé. Ce sont surtout les naturalistes qui
écriront sur les poissons de la Méditerranée, qui devront
corriger et améliorer cette lacune dans notre Ichthyologie.
Je dois dire que les ouvrages de M. Risso n'ont pas du tout
éclairé cette famille, et n'ont pu me servir de guide assuré.
Le prince Charles Bonaparte n'en a pas encore parlé dans
sa Faune d'Italie; mais comme il a bien voulu me communiquer les différentes espèces qu'il en avait rassemblées,
pour préparer le travail que nous attendions de lui avec
impatience, je crois que le mien offrira encore aux naturalistes des documens neufs et précieux.

Je viens de parler des espèces de la Méditerranée,
parce qu'en effet, c'est dans cette mer que ces poissons
abondent. Nous en avons moins dans notre océan du Nord,
et je n'en connais encore qu'un petit nombre, probablement
originaire des mers étrangères, mais dont je ne puis désigner
avec exactitude la patrie. On voit donc que les crénilabres,
comme les labres, sont des poissons de nos zones tempé-
rées, et les seuls représentans nombreux des autres labroïdes,
qui vivent pour la plupart dans les mers des climats intertropicaux.

Bloch en avait placé quelques espèces dans son genre
des *lutjans,* et avait été en cela suivi par Lacépède; mais
on a déjà vu pourquoi nous nous sommes décidé à supprimer cette dénomination de *lutjan,* appliquée à ce genre
formé contre les principes de la méthode naturelle. M. Risso

avait aussi suivi ces erremens dans la première édition de son Ichthyologie de Nice, mais il s'est corrigé dans la seconde, en adoptant la nomenclature et la méthode du Règne animal.

Les caractères que j'ai donnés plus haut, nous feront encore réformer le genre des *crénilabres* de M. Cuvier; car il y laissait des espèces qui ont derrière leur rangée de dents coniques, un second rang de dents, avec plus de trois rayons épineux à l'anale, tel que son *crenilabrus exoletus* (*labrus exoletus* Lin.); et d'autres qui ont une bande de dents en velours, le *crenilabrus cornubius,* me paraissent devoir être séparés du groupe auquel je réserve le nom de *crénilabre.*

Le CRÉNILABRE PAON.

(*Crenilabrus pavo,* nob.; *Pavo,* Salv.; *Labrus pavo,* Brünn., mais non Linné.)

Salviani a appliqué à ce brillant labroïde, si fréquent sur les marchés de Rome, le nom de *pavo,* qu'il a emprunté de passages de Philostrate et d'Isidore, où sous ce même nom sont désignés des poissons non moins différens par l'espèce que par leur séjour, puisque c'est dans les eaux douces du Phase que Philostrate les fait vivre.

Le vert mêlé de rouge et de jaune, dont le crénilabre de la Méditerranée est paré, justifie bien mieux le nom vulgaire de *papagello* (perroquet), sous lequel, suivant Salviani, notre poisson est désigné à Rome. Mais ce que nous devons nous hâter de dire, c'est que la figure de cet auteur est une des meilleures de son livre, et certainement la plus belle et la plus fidèle représentation de notre espèce, et que cependant les naturalistes nomenclateurs ont peu profité de ce document pour en fixer les caractères.

Aldrovande[1] a reproduit la figure du naturaliste romain, en même temps que d'autres, moins bonnes, prises de Rondelet ou de Bélon; mais il en a donné aussi une qui lui est propre et qui est préférable à celles de ces deux auteurs, mais inférieure à celle de Salviani. On ne peut en effet douter que sous son *turdus secundus*[2] il n'ait eu l'intention de représenter notre espèce. Je ne vois pas cependant que les nomenclateurs aient reconnu et cité cette figure d'Aldrovande.

Toute mauvaise qu'est la représentation donnée par Bélon, je crois encore que c'est à notre crénilabre qu'il faut rapporter la figure (p. 160) à laquelle il a imposé les noms de κίκλα ou de *turdus*. La tache qui est au-devant de l'œil, les séries de points le long des flancs et ceux des nageoires, me confirment dans cette opinion.

Je rapporte ces détails, parce que je ne puis admettre avec lui que ce soit le *phycis* des anciens, auquel Ovide[3] fait allusion dans ce vers :

Atque avium dulces nidos imitata sub undis.

Bélon rappelle ensuite la tradition qui s'y rattache, que c'est le seul poisson qui se construise un nid composé d'algues marines, et où il dépose ses œufs. Comme les auteurs modernes parlent tous de la manière de frayer de notre crénilabre, et que nous ne trouvons rien qui puisse faire croire à l'habitude de construire un nid, attribuée ainsi par Bélon à ce poisson, nous restons dans l'opinion

---

1. Aldrovande, *De pisc.*, fol. 29. — 2. *Ibid.*, p. 17. — 3. Ovide, *Halieut.*, vers 122.

que nous avons émise dans l'histoire des gobies[1], que c'est dans une espèce de ce dernier genre qu'il faut chercher le *phycis*.

Rondelet, qui nous fait ordinairement connaître si bien les poissons de la Méditerranée, nous laisse dans la même incertitude. Les figures de ses deux premiers *tourds*[2] me semblent représenter des variétés de notre espèce. Je la reconnais à son museau garni de lèvres épaisses, à sa tache noire au-dessus de la pectorale, qu'il dit être d'un beau jaune doré, et enfin à ce qu'il regarde son poisson comme le *pavo* ou le *merlo* de Rome, ou le *roqueau* de Marseille.

Ce qu'il ajoute dans son texte des couleurs et de certaines parties caractéristiques, comme de teinte jaune des pectorales, semble également justifier ce rapprochement.

On ne sera point étonné de retrouver plusieurs fois dans ce même ouvrage le poisson dont nous parlons, quand on a observé les variétés si différentes sous lesquelles on le rencontre. Quant aux déterminations ou aux synonymes grecs ou latins, j'ai déjà dit, page 14, combien il est difficile de les appliquer avec quelque certitude.

Gesner ne nous a laissé aucun document original.

Willughby[3] a reproduit, dans une copie élégante et fort exacte, la figure de Salviani; mais nous avons déjà vu que cet auteur a pris, avec doute, ce *pavo* pour un synonyme de son *turdus perbelle pictus*, qui est évidemment une description fort bonne du *labrus mixtus*.

En même temps il a donné une description non moins

---

1. Cuv. Val., Hist. nat. des poiss., t. XII, p. 5. — 2. Rondelet, *De pisc.*, l. 4, c. 6, p. 174 et 175. — 3. Willughby, *De pisc.*, tab. X, 3.

exacte du poisson qui nous occupe en ce moment, au §. 1.ᵉʳ, ch. 24, p. 319, de ses *turdi minores*.

Il est impossible de se méprendre un seul instant à la description de son *turdus vulgatissimus tinca marina Venetis*. Je dois me hâter de dire que je n'ajoute pas une très-grande foi à toute la synonymie vulgaire qui y est annexée; car je ne vois pas dans l'article de Willughby, qui a décrit beaucoup de poissons de la Méditerranée d'après nature, que celui dont nous traitons ici soit des côtes d'Angleterre.

Artedi, qui a plus travaillé sur les matériaux de Willughby que sur la nature, a fait une si grande suite de confusions dans tous les rapprochemens de cette nomenclature, qu'il est impossible d'appliquer ses descriptions à telles ou telles espèces. En effet, son sixième labre serait, par les citations de Salviani, notre crénilabre; mais comme il ajoute à ses synonymes le *turdus perbelle pictus* de Willughby, il fait de son espèce un être complexe et imaginaire, que les associations de Linné ont encore rendu plus confus.

En même temps Artedi qui prenait d'abord, pour sa première espèce, la très-bonne description que nous venons de citer de Willughby, gâte tout de nouveau dans sa synonymie; car à sa neuvième espèce il associe le douzième tourd de Rondelet, qui est indéchiffrable, mais certainement point de notre espèce. Ce premier labre du genre est devenu avec le neuvième de la synonymie le *labrus tinca* de Linné (12.ᵉ édit.). Il me semble donc que l'on pourrait regarder le *labrus tinca* comme étant en quelque sorte, par la première pensée d'Artedi, le nom qui doit être attribué à l'espèce décrite dans ce chapitre.

Je viens de dire que Linné avait ajouté encore aux fautes

d'Artedi relativement au sixième labre de sa synonymie, être déjà complexe. En effet, l'illustre auteur du *Systema naturæ* a pris cet être, déjà rendu imaginaire par Artedi, pour en faire son *labrus pavo,* en y ajoutant celui qu'Hasselquist décrit avec la plus grande exactitude sous ce même nom. Or, ce *labrus pavo* est une de nos girelles, assez abondante dans la Méditerranée, à queue fourchue, et qui a été ensuite vue par des naturalistes récens, qui l'ont décrite comme une nouvelle espèce. C'est même sur la description d'Hasselquist que la phrase caractéristique a été rédigée par Linné, et c'est ce qui explique pourquoi il a donné à son poisson le caractère de *cauda bifurca.*

C'est aussi à cette même source que M. de Lacépède a puisé la description de son *labre paon,* et qu'il a pu l'orner de toutes les figures brillantes de son style, bien que le synonyme d'Hasselquist vienne après toutes les citations tirées d'Artedi.

Shaw a de même reproduit ce labre paon avec toutes ces fautes, mais en y ajoutant encore une qui me paraît lui être propre : il fait venir son poisson de la Méditerranée et de la mer des Indes.

Brünnich avait cependant fourni à Gmelin et à M. de Lacépède les moyens de réparer les erreurs de Linné, car il a fait connaître[1] d'une manière fort exacte le poisson de Salviani en lui appliquant l'épithète de cet auteur, mais en faisant remarquer que le poisson d'Hasselquist est différent. Or, ni M. de Lacépède ni Gmelin et Bloch, qui ont pris plusieurs de leurs labres à Brünnich, n'ont pas cité celui-ci.

---

1. *Pisc. Mass.,* p. 49, n.° 66.

Peu de temps après, Forskal trouve le même poisson dans
l'Archipel, et il le publie comme une nouvelle espèce sous
le nom de *labrus lapina,* qui vient prendre place dans
Gmelin sous ce nom, et qui est reproduit par Lacépède
comme un lutjan, à cause des dentelures du préopercule.

C'est aussi parmi les lutjans que nous le retrouvons dans
la première édition de Risso, et en double emploi; car on
ne peut douter que le *lutjan Geoffroy* [1] ne soit le même
que son *lutjanus lapina* [2]; le premier est une description
faite d'après nature sur un poisson de cette espèce qu'il
n'a pas su reconnaître dans le second; ce qui n'a pas em-
pêché M. Risso de mettre en tête de son genre un *labrus
pavo.*

Dans sa seconde édition il change le nom de genre en
celui de *crénilabre,* mais il ne corrige aucune de ces erreurs; et la figure en est fort peu correcte.

Je retrouve encore une description, très-exacte, dans le
Fauna rossica de Pallas [3]. Cet illustre savant le reconnaît
pour le *labrus lapina* du naturaliste danois; mais il lui
donne un nouveau nom, qui exprime la variété des couleurs de ce poisson. Pallas l'a appelé *labrus polychrous.*

J'ai dit que le *labrus tinca* pouvait être considéré comme
étant le nom auquel on devrait rapporter le poisson dont
nous parlons ici, et qui est le neuvième labre d'Artedi, fait
sur la description de Willughby. Mais je crois que Pennant
s'est trompé sur son *labrus tinca,* et qu'il a encore embrouillé le sujet; car son *old wife* ou *wrasse* nous paraît
appartenir plutôt aux nombreuses variétés de notre *labrus
bergylta.*

---

1. Risso, Icht. de Nice, 1.re édit., p. 261, pl. 8, fig. 25. — 2. *Ibid.,* p. 262.
— 3. Pallas, *Faun. ross.,* III, p. 262.

13.   15

Gmelin a donc encore plus altéré le *labrus tinca* de Linné et d'Artedi, en y adjoignant l'espèce mal caractérisée de Pennant. M. de Lacépède, ne trouvant pas dans les auteurs, sur les indications de Gmelin, l'assertion que les préopercules fussent dentelés, a laissé l'espèce dans ses labres, en changeant un peu le nom spécifique de Linné et en appelant son poisson *labre tancoïde;* mais qui n'est pas le lutjan tancoïde de la première édition de Risso, quoique celui-ci ait cité Pennant. Il eût mieux fait de rapporter son espèce au *labrus tinca* de Brünnich, dont Bonnaterre, et par conséquent Lacépède, n'ont fait aucun usage, et qui est bien différent de l'espèce de Linné; et j'ai fait voir aussi plus haut comment Donovan a donné, sous la fausse détermination de *labrus tinca,* notre premier labre. J'aurais donc peu éclairci cette nomenclature en reprenant pour notre espèce le nom de *crenilabrus tinca,* et j'ai préféré lui donner celui que Salviani lui a d'abord assigné, et sous lequel Brünnich en a laissé une description sur laquelle il ne peut y avoir aucun doute.

Cette espèce, une des plus communes et des plus brillantes de la Méditerranée, est un des labroïdes qui a les lèvres les plus épaisses.

Le corps est elliptique et un peu plus élargi de l'avant que vers la queue. La hauteur, prise aux pectorales, n'est contenue que trois fois et demie dans la longueur totale; l'épaisseur est des deux cinquièmes de la hauteur. Le profil, un peu concave entre les yeux et le bout du museau, devient convexe sur la nuque.

La longueur de la tête est un peu plus courte que le corps n'est haut. Son museau est surtout renflé par l'épaisseur des lèvres; il est recouvert par le voile membraneux qui passe sur les sous - orbitaires, et qui s'étend au-dessus des lèvres, qu'il cache entièrement. Ce caractère donne, comme je l'ai dit, une physionomie particulière aux crénilabres. L'œil est petit, son diamètre n'étant à peine que du sixième de la longueur de la tête; il est éloigné du bout du museau de trois fois ce diamètre, et il est placé sur le haut de la joue, sans que le cercle parfaitement rond de l'orbite entame la ligne du profil.

Le sous-orbitaire, du double plus long que large, est au-devant de l'œil, et occupe à peu près deux fois la largeur de l'œil.

Les deux ouvertures de la narine sont peu rapprochées l'une de l'autre, mais elles le sont de l'œil; l'antérieure n'est qu'un très-petit trou rond; la seconde, très-visible, n'a aucun rebord saillant ni papille.

Le préopercule a le bord vertical un peu concave, l'horizontal légèrement sinueux, l'angle très-arrondi, le limbe assez large, surtout l'inférieur.

Les crénelures du bord, qui sont toujours plus prononcées sur les jeunes sujets que dans les adultes, ne sont très-enfoncées que près de l'angle et dans le bas du bord vertical; ces dentelures se montrent même sur des individus qui paraissent tout-à-fait adultes et de la taille de huit à neuf pouces; mais il faut avouer que dans cette espèce un grand nombre d'adultes, ou même de taille moyenne, ont les dentelures du bord effacées par le progrès de l'ossification, et que le caractère des crénilabres ne se montre plus que rudimentairement et par les stries dont le limbe osseux de ce préopercule est ciselé. Je ne sais à quoi attribuer cette variation, car elle ne dépend ni de l'âge ni du sexe; et d'ailleurs les individus sans crénelures ressemblent tellement, par tous leurs autres caractères, à ceux qui ont le préopercule dentelé, qu'il est impossible de faire de cette variation un caractère spécifique et encore moins générique.

L'opercule et le sous-opercule sont confondus sous les larges écailles qui les recouvrent; l'interopercule n'en a que quelques-unes derrière l'angle arrondi du préopercule. La joue porte cinq rangées d'écailles oblongues au-dessous de l'œil; derrière cet organe il n'y en a qu'un seul rang; tout le reste de la tête est garni d'une peau épaisse et criblée d'une infinité de pores.

La bouche est fendue, à l'extrémité du museau, par une ouverture peu étendue sur les côtés de la tète. La mâchoire supérieure
n'a que dix à douze dents sur un seul rang et de chaque côté :
l'inférieure en a quinze ou seize. Ces dents sont recouvertes par des
lèvres remarquables à cause de leur épaisseur et de leurs nombreux
replis. La supérieure, élargie sur les côtés, a huit plis longitudinaux
en dessous; renflée et arrondie en dessus, elle est garnie d'une crête
membraneuse sur son bord supérieur, qui semble simuler une
seconde lèvre couchée sous le large voile membraneux qui s'étend
sur le tout. La lèvre inférieure forme d'abord un bourrelet couvert
de fines papilles serrées, en velours ras, le long des dents; ce
bourrelet se joint à celui du côté opposé. Au-devant de la symphyse
de la mâchoire est une lame en ogive dont le sommet de l'angle
est tourné vers le bas. Un sillon profond sépare ce bourrelet d'une
lèvre épaisse sans pli, et qui porte sur son milieu une crête membraneuse mince, mais plus large que celle de la lèvre supérieure. A
l'intérieur de la bouche, les voiles membraneux du palais et de la
mâchoire inférieure sont épais, larges et plissés longitudinalement.
Il n'y a d'ailleurs aucunes dents au palais, à la langue, ni aux arceaux
des branchies; les deux premières plaques sont supportées par les
deux premières branchies; leurs râtelures sont recouvertes de fines
villosités, formant un velours ras au-devant des deux pharyngiens
supérieurs. Ceux-ci sont également entourés de papilles charnues,
et portent chacun une plaque triangulaire de dents arrondies en
pavé, qui correspondent à la pièce unique inférieure, garnie de
dents semblables, ainsi que cela existe dans les labres. La langue est
lisse et peu libre. Outre les quatre branchies il y a une lame branchiale operculaire.

La membrane branchiostège est peu libre et réunie, par un isthme
assez large, à celle du côté opposé. Cependant, comme cette membrane est étendue, l'arc de la fente des ouïes est encore assez grand.
Les rayons branchiostèges sont au nombre de cinq.

La dorsale s'élève au tiers de la longueur totale; sa portion molle
est arrondie, et plus haute que la partie épineuse. La partie molle
de l'anale correspond à la même région de la dorsale : elle est plus

ovale; la caudale a ses angles arrondis; la pectorale est ronde.

B. 5; D. 15/11; A. 3/9; C. 13; P. 14; V. 1/5.

Les écailles sont grandes et minces; il y en a trente-quatre rangées entre l'ouïe et la caudale, et quinze dans la hauteur. Chaque
écaille a sa portion radicale quadrilatère; l'éventail a vingt-quatre
rayons; la portion nue a le bord membraneux sans dentelures ni
ciselures.

La ligne latérale est formée d'une série de tubes, doubles sur
chaque écaille et réunis en chevron, dont le sommet est du côté
de la tête : elle est tracée parallèlement au dos sur la quatrième
rangée d'écailles, et s'infléchit sous la fin de la dorsale, pour se
rendre à la caudale par le milieu de la hauteur du tronçon de la queue.

La couleur est très-variable. Nous voyons des individus qui ont
sur un fond verdâtre trois lignes de taches rouges disposées en
zig-zag; d'autres ont le corps plus brun sur le dos, argenté sur le
ventre, les taches rouges sont plus effacées; et sur d'autres, enfin,
on voit une large tache brune ou vert foncé au-dessus de la pectorale, et une seconde, plus ou moins mal terminée, de chaque
côté de la queue. Les pectorales sont jaunes, les ventrales bleues, les
autres nageoires, mêlées de jaune et de rouge, sont couvertes de
nombreux points violets ou bleu céleste.

Quand le poisson habite sur les fonds vaseux, M. Risso dit que
les couleurs semblent se salir et que les points rouges s'effacent;
il en a observé des individus dont le corps est traversé par de
grandes bandes claires et obscures, et quelques-uns de ceux qui
sont conservés à l'esprit de vin, m'ont montré des traces de cette
disposition.

Pendant la saison des amours, le vert prend des reflets dorés,
et les taches rouges sont mêlées de couleurs bleues, qui augmentent
encore la richesse des reflets de ce beau poisson. Mais la couleur
jaune des pectorales me paraît constante et servir à le faire reconnaître dans les descriptions plus ou moins vagues des auteurs.

L'examen des viscères, comparés à ceux des labres, ne
nous a fait apercevoir que de légères nuances.

Le foie est assez gros, verdâtre; le canal alimentaire se continue sans former d'abord une dilatation bien marquée constituant l'estomac; la valvule du pylore est vers le bas de cette première anse, l'intestin grêle remonte dans l'abdomen vers le diaphragme, se plie et se dilate ensuite en un très-large rectum, séparé par un léger rétrécissement marqué par la valvule de Bauhin. Les parois de ce canal alimentaire sont partout très-minces.

La vessie aérienne est très-grande, arrondie en avant, et à parois plus épaisses en cette partie qu'à l'arrière, où elle est conique et pointue. Le repli du péritoine, qui passe sous elle, est dense et fibreux. Les reins sont épais et débouchent par deux uretères courts dans une vessie urinaire assez grande et divisée en deux lobules.

Voici les observations que nous avons faites sur le squelette de ce crénilabre.

Le crâne est légèrement arrondi à sa partie mitoyenne; une gouttière large, évasée et arrondie en arrière, peu profonde, laisse glisser les branches montantes des intermaxillaires. La crête occipitale mitoyenne est haute et triangulaire; mais les latérales sont presque nulles, réduites à une sorte de gros tubercule osseux, triangulaire, au-dessus de la région temporale; sous lui est une fossette triangulaire. Il n'y a pas de crête sur l'arrière de l'occiput, d'où il résulte que cette partie du crâne est saillante en un cône tronqué, légèrement concave en dessus, et séparée en deux par une carène obtuse longitudinale, que l'on pourrait regarder comme l'analogue de la crête longitudinale des labres. Les autres pièces de l'opercule, ou celles qui l'avoisinent, n'offrent pas de caractères qui n'aient déjà été signalés dans la description générale des parties externes du poisson.

L'huméral et le radial font une large ceinture sous la gorge; le radial surtout est très-large, et séparé à sa pointe antérieure de l'huméral par un très-grand trou rond. Le styléal est large et plat.

Je compte quinze vertèbres abdominales et dix-huit caudales. La première et la seconde sont très-courtes et comme aplaties, les autres ont des apophyses transverses, assez longues, obliques de

haut en bas et d'avant en arrière; elles augmentent jusqu'à la treizième vertèbre; celles de la quatorzième sont plus courtes, mais
plus aplaties, et s'unissent pour porter le premier interépineux de
l'anale; la dernière, et même l'avant-dernière vertèbre caudale,
ont leurs apophyses épineuses élargies en grand éventail. Les autres
apophyses épineuses sont longues et grêles. Les côtes sont aussi
très-alongées, et leurs apophyses styloïdes égalent à peu près la
moitié de la longueur de la côte.

Les interépineux de la dorsale et de l'anale sont larges, triangulaires, carenés sur leur face latérale, et atteignent par leur insertion
jusqu'à la moitié de la longueur de l'apophyse épineuse, sur laquelle
ils s'insèrent.

Nos plus grands individus ont près d'un pied.

L'espèce abonde dans la Méditerranée, car il en est
venu au Cabinet du Roi de tous les points de cette mer
où nous avons eu des correspondans ou des naturalistes
qui ont bien voulu collecter des poissons pour notre Musée.
M. Cuvier en avait recueilli à Marseille; M. Kiener nous
a donné de fort beaux individus pris à Toulon; nous en
avons reçu de Corse, par M. Payraudeau; de Nice, par
MM. Risso et Laurillard; de Naples et de Rome, par
M. Savigny; de Gênes, par M. Spinola; de Messine, par
M. Bibron; de Palerme, par M. Constant Prévost; d'A-
thènes, par M. Domnando; de Napoli de Romanie, par
M. Reynaud; du Bosphore, par M. Virlet; d'Alexandrie,
par M. Geoffroy Saint-Hilaire et par M. Lefebvre.

M. de Laroche l'a rapportée d'Iviça. Il me paraît même
probable qu'on la trouve sur les côtes d'Espagne, car je
vois dans Cornide un labre paon qui doit se rapprocher de
ce labroïde, confondu avec d'autres espèces du même
genre. Mais je n'ai pas la preuve qu'on la voie s'avancer
dans notre Océan septentrional. Il me semble que si elle

a été citée par quelques auteurs comme originaire de la Grande-Bretagne, c'est sur l'assertion de Willughby; et j'ai déjà fait observer qu'elle ne mérite pas une grande confiance. Je ne la vois pas citée dans l'Histoire des poissons d'Angleterre par M. Yarell, et les auteurs des Faunes du Nord n'en font pas mention.

Outre le nom de *papagello*, déjà cité plus haut, nous voyons que Brünnich connaît notre crénilabre sous la dénomination vulgaire de *roucao*, à Marseille, qui à Nice devient *rouquié;* mais M. Risso dit aussi de son *labrus lapina* qu'il s'appelle *blavié.* Ce nom de *lapina* des Turcs de Constantinople, ou de λαπίνα des Grecs modernes, suivant Forskal, se changerait chez les Arabes en *hassun,* ce qui veut dire beau. Mais je croirais volontiers que l'Arabe, en montrant ce beau poisson à Forskal, se servait de l'expression qui rendait son admiration pour la beauté des couleurs, plutôt qu'il ne lui disait le nom de notre crénilabre.

Pallas n'indique pas de noms vulgaires; mais il le donne comme un poisson abondant dans la mer Noire, qui se prend quelquefois dans les filets en nombre considérable, surtout du printemps à l'automne. C'est un poisson des plus recherché pour la table.

Pallas, qui en a vu tant d'individus à la fois, regarde, comme nous, la couleur jaune des pectorales et les taches des côtés de la queue, comme étant caractéristiques au milieu des teintes si variées que prennent les divers individus de cette espèce. Ils varient beaucoup suivant l'âge.

Le Crénilabre mélope.

(*Crenilabrus melops*, nob.; *Labrus melops*, Linn.)

La seconde espèce dont nous avons à parler est non-seulement abondante dans la Méditerranée, mais elle s'avance dans notre Océan septentrional jusque sur les côtes de Norwége. En effet, nous en avons reçu de nombreux individus de Martigues, par M. Delalande; de Marseille, par M. Cuvier; de Nice, par M. Laurillard; de Gênes, par M. Viviani; de Naples, par M. Savigny; et des côtes baignées par l'Océan, il nous en est venu, du Croisic, par M. Baillon; de La Rochelle, par M. d'Orbigny; de Brest, par M. Duméril; de Saint-Malo, par M. le duc de Rivoli; de Granville, par M. Audouin, et de Kiel par M. Boié.

Tous ces individus ont constamment seize rayons épineux à la dorsale, et une tache noire derrière l'œil; deux caractères qui nous ont servi à reconnaître l'espèce dans le *labrus melops* de Linné.

Ce crénilabre a le corps plus court que le précédent, la ligne du profil plus droite. La hauteur n'est que le tiers de la longueur totale. La tête est plus courte; elle est comprise près de quatre fois dans la longueur du corps. L'œil est proportionnellement plus grand, son diamètre faisant le quart de la tête; il est éloigné du bout du museau d'une seule fois ce diamètre : aussi le museau est-il beaucoup plus raccourci. L'orbite est placé plus haut sur la joue; car il touche un peu à la ligne du profil. La peau du front s'étend de même au-dessus des lèvres; mais elles sont peu épaisses : je ne vois que quatre ou cinq petits plis à la supérieure, qui n'a point de crête en dessus. L'inférieure a un bourrelet très-mince; elle s'étend d'ailleurs assez sur les côtés ou en dessus de la symphyse, quand la bouche est fermée. Les dents, petites et presque égales, sont

13.

au nombre de cinq ou six en haut et de chaque côté, et de six ou sept en bas. Le voile membraneux de l'intérieur de la bouche, soit sur le palais, soit au-devant de la langue, n'a pas de plis.

Les crénelures du préopercule sont ici très-prononcées dans tous les individus rassemblés dans la collection du Roi. L'interopercule a plus d'écailles. La pectorale et la caudale sont arrondies. L'anale est plus haute que la portion molle de la dorsale.

D. 16/9 ; A. 3/9 ; C. 13 ; P. 14 ; V. 1/5.

Je trouve trente et une écailles entre l'ouïe et la caudale; ces écailles sont minces, un peu striées. L'éventail a vingt rayons.

Dans la liqueur ils paraissent bruns ou roussâtres, ayant derrière l'œil une tache noire, des rayures obliques et irrégulières sur les joues, des points brunâtres en séries longitudinales sur les côtés, une petite tache noirâtre, plus ou moins effacée, près de la queue; les ventrales de cette teinte; et cinq à six grandes taches de même couleur sur la dorsale et trois sur l'anale. Les flancs sont peints de séries de points bleus alternant avec des points bruns; ceux-ci étaient très-pâles sur le ventre.

Mais sur le poisson frais les teintes sont tout autres. Nous les avons prises sur des individus pêchés au Croisic. Le fond de la couleur était un jaune olivâtre, plus ou moins mêlé d'orangé sur le ventre. On voyait sur les côtés quatorze lignes longitudinales foncées. La tête, plus brillante que le corps, avait de nombreuses rivulations de lignes vertes. La tache derrière l'œil était bleu noirâtre. La portion épineuse de la dorsale avait sur son fond jaune des traits obliques bleus, l'un en liséré, l'autre à la base. La portion molle avait ses rayons seuls jaunes, et sur la membrane verdâtre il existait trois séries longitudinales de gros points bleus. Sur le fond jaune de l'anale, des ventrales et de la caudale les rivulations étaient bleues; la pectorale avait sa base bleue, et toute la moitié externe d'un beau jaune orangé.

Son foie est divisé en deux lobes grêles et alongés; l'intestin se replie quatre fois; il n'y a pas de dilatation stomachale; le rectum est assez large et court; la vessie natatoire est grande, comprimée, simple, à parois fibreuses et argentées.

Je compte treize vertèbres abdominales et dix-neuf caudales. Le dessus du crâne est plus bombé que celui du crénilabre paon; sa gouttière antérieure moins profonde; sa crête occipitale plus isolée et triangulaire; l'huméral et le radial plus courts; le styléal plus large.

Nos individus ont depuis quatre jusqu'à sept pouces de longueur.

L'espèce fraie en Avril, se nourrit de crustacés qu'elle trouve sur les côtes rocheuses de l'Océan où elle se tient; ses habitudes sont les mêmes dans la Méditerranée.

La tache oculaire, qui se conserve même sur les individus les plus décolorés par l'action de l'alcool, me paraît bien prouver la justesse de notre détermination en rapportant à cette espèce le *labrus melops* de Linné. Il en a parlé dès sa dixième édition, et dans le prodrome du tome second du Musée du prince Adolphe-Fréderic[1]; et il est même le seul naturaliste qui ait caractérisé cette espèce, car ni Artedi, ni Willughby, ni Rondelet, n'en font aucune mention, quoiqu'elle soit commune sur nos côtes de Provence.

Cependant M. Risso avait bien reconnu le poisson de Linné, et dès sa première édition il le place, conformément à la méthode de M. de Lacépède, qu'il suivait, parmi ses *lutjans,* quoique celui-ci, se bornant à copier Bonnaterre, l'ait laissé parmi ses *labres* sous le nom linnéen. Dans sa seconde édition, M. Risso suit M. Cuvier, et il en fait un *crénilabre.*

Je dois dire cependant que M. Risso parle d'une tache de la base de la pectorale que je ne trouve pas dans les individus que je rapporte à cette espèce.

---

1. *Mus. Ad. Fr. prod.,* II, p. 78, n.° 23.

Je ne vois pas que la plupart des naturalistes qui ont écrit sur les poissons des côtes d'Angleterre, aient songé à retrouver le poisson de Linné. Ainsi ni Pennant, ni Donovan, ni Turton, ni Jenyns, ni Fleming, ne citent le *labrus melops*. Je crois cependant que ce dernier auteur a eu entre les mains un poisson de notre espèce, qu'il a confondu avec le *gibbous wrasse* de Pennant. Celui-ci ne parle pas de tache noire derrière l'œil, et M. Fleming dit positivement[1] *above each eye a dusky semilunar spot*.

Quoique M. Yarell[2] ne cite pas le *labrus melops*, je suis très-porté à croire que son *gilt head* ou *Connor*, ou *golden maid*, n'est autre chose que notre espèce, il n'a oublié sur sa figure ni les rayures des joues ni la tache noire de l'œil. Mais ce ne peut être, comme il le pense, le *crenilabrus tinca*, et encore moins le *labrus tinca* de Linné ni celui de Fleming. On concevra, par la discussion que nous avons faite sur le *labrus tinca*, que M. Yarell, et plus récemment, ait eu quelque difficulté à reconnaître les confusions qui partent déjà de Willughby, qu'Artedi a augmentées et que Linné a adoptées; et quoique M. Yarell ait eu la sagacité d'exclure quelques-uns des synonymes de Fleming, il aurait dû oublier tout-à-fait cette espèce nominale, que l'auteur[3] de l'Histoire naturelle des animaux d'Angleterre a rendue encore plus imaginaire, en lui adjoignant le *goldsinny* de Jago et de Ray, et celui de Donovan, qui diffèrent tous deux entre eux, et dont le premier est même d'un autre genre. M. Jenyns n'a pas été plus heureux, car son *labrus tinca* présente les mêmes erreurs de synonymie, et la description me paraît être du labre rone d'Ascanius.

---

1. Fleming, *Hist. of. brit. an.*, p. 209, n.° 129. — 2. Yarell, *Brit. fish.*, t. I, p. 293. — 3. Fleming, *Hist. of. brit. an.*, p. 208, n.° 128.

Le Crénilabre rone.

(*Crenilabrus rone,* nob.; *Labrus rone,* Asc.)

Je n'ai pu encore me procurer le poisson dont le professeur Ascanius a donné une figure[1] sous le nom de *rone* ou de *carousse de mer.*

Il le représente rouge foncé sur le dos et sur la tête, argenté sur le ventre; les joues et les opercules sont couverts de lignes et de rivulations vertes; quelques traits rouges passent en bride sous la mâchoire inférieure; les lèvres sont jaunes; le dos est couvert de points verts et le ventre de points rouges; le rouge du dos s'étend sur les rayons supérieurs de la caudale, qui est verdâtre et bordée de bleu pâle liséré de rougeâtre; la dorsale a trois larges rubans rouges longitudinaux, et les deux supérieurs se réunissent en avant sur la partie épineuse; la membrane qui joint les rayons simples est jaune, passant au verdâtre vers l'arrière; sur la portion molle les taches sont vertes, et il y en a trois rangées; l'anale a la même couleur que la partie de la dorsale qui lui correspond, le bord rouge est seulement plus large; la pectorale est chargée de points rouges; la ventrale est bleue avec un trait rouge sur le milieu; il n'y a aucune trace de tache noire derrière l'œil.

Voici les nombres tels qu'Ascanius les a comptés :

B. 5 ; D. 16/9 ; A. 3/9 ; C. 14 ; P. 14 ; V. 1/5.

L'individu figuré a six pouces de long, et Ascanius dit que l'espèce ne devient pas plus grande. Le nom norwégien de ce poisson est *rone,* et les Danois l'appellent *strand-karousse.*

Bonnaterre a introduit ce labre rone dans l'Encyclopédie, et M. de Lacépède l'y a copié. Quoique Ascanius n'ait marqué aucunes dentelures au préopercule, je ne doute pas que ce poisson ne soit du genre des crénilabres, et j'ai même

____

1. *Ic. ver. nat.* tab. XIV.

beaucoup hésité à ne pas le considérer comme étant de la même espèce que le précédent. Je vois cependant que M. Nilsson[1] le regarde comme distinct et qu'il le range parmi ses crénilabres. Je le trouve aussi mentionné dans le Catalogue des poissons du Danemarck de S. A. R. le prince Christian. Il a soin de dire que c'est une espèce à part, mais rare sur les côtes. Mais ce qui m'étonne, c'est de la voir citée par un observateur aussi exact, comme un labre, tandis que M. Nilsson en fait un crénilabre. Müller la compte aussi parmi les poissons de son *Fauna danica*.

Je crois, aussi, que c'est un poisson de cette espèce dont M. Jenyns[2] a fait son *labrus tinca;* en effet, il le décrit

> rouge et bleu, foncé sur le dos au-dessus de la ligne latérale, plus pâle au-dessous, et tacheté de rouge sur le ventre et sur la poitrine. La nuque et les opercules verts, avec des rivulations rouges, etc.

Il ne parle pas de taches derrière l'œil, et les nombres sont tout-à-fait les mêmes.

Si ma conjecture est vraie, ce poisson serait très-commun sur certaines côtes d'Angleterre, sur les fonds rocheux, frayant en Avril et se nourrissant principalement de crustacés.

Je dois cependant faire remarquer que M. Jenyns cite parmi ses synonymes le *gilt head* de M. Yarell, qui a une tache derrière l'œil, et que nous avons cru être, par cette raison, de notre espèce du *crenilabrus melops.* Comme M. Jenyns dit que son poisson est un des plus communs de la famille des labroïdes, cette remarque, jointe à sa citation, me laisse quelques doutes : M. Jenyns aurait-il

---

1. Nilsson, *Prod. Ichth. Scand.*, p. 77, n.° 6. — 2. Jenyns, *Man. of. brit. vert. an.*, p. 397, n.° 75.

oublié la tache de l'œil? En tous cas, la synonymie est entachée des erreurs que nous avons déjà signalées; car ce poisson ne pouvait être en aucune façon le *labrus tinca* de Linné ni de Willughby.

Le Crénilabre bossu.

(*Crenilabrus gibbus,* nob.; *Gibbus wrasse,* Penn.)

C'est sur la foi de Pennant que les naturalistes parlent de cette espèce, qui a

le corps plus court et plus haut que le précédent, la hauteur étant, d'après la figure du zoologiste anglais, de la moitié de la longueur du tronc.

D. 16/9 ; A. 3/11 ; C....; P. 13 ; V. 1/5.

Suivant Pennant, le corps est élégamment tacheté et rayé de bleu et d'orangé, la dorsale et l'anale vert de mer tacheté de noir; les ventrales et la caudale, de même couleur, n'ont pas de taches; les pectorales sont rayées de rouge à la base.

L'individu était long de huit pouces; il avait été pris sur la côte d'Anglesea.

On voit que ce poisson tient beaucoup du précédent : il n'en est peut-être même qu'une variété. Les ichthyologistes en ont tous parlé d'après l'auteur de *British fauna.* Gmelin en fait son *labrus gibbus,* que Lacépède a adopté, M. Yarell a reproduit la figure et la description de son prédécesseur. L'espèce, si c'en est une, doit être rare, car on ne l'a pas encore retrouvée depuis la publication du *British fauna.*

Le Crénilabre norwégien.

(Crenilabrus norwegicus, nob.; *Lutjanus norwegicus*, Bl.)

Le *lutjan norwégien,* que Bloch a figuré (pl. 256), et que Lacépède, sur cette autorité, a aussi inscrit parmi ses *lutjans,* est un crénilabre qui est voisin de ces poissons, et que je ne suis pas encore parvenu à me procurer.

Il a le corps semblable au *crenilabrus melops;* mais, si la figure de Bloch est exacte, les dentelures des préopercules sont plus grosses, et surtout au bord horizontal de cette espèce. Les nombres sont encore ceux du *crenilabrus melops*, sauf qu'il y aurait un rayon mou de moins à l'anale.

D. 16/9 ; A. 3/10, etc.

Je ne vois pas que Bloch ait marqué de tache derrière l'œil; mais il y en a une très-prononcée de chaque côté de la queue, qui ne se trouve pas sur nos crénilabres mélopes. Le corps est noirâtre ou violet foncé sur le dos, passant insensiblement au jaune sous le ventre; il est tout marbré de grosses taches brunes; la dorsale a aussi des marbrures noires sur un fond jaunâtre; la caudale, jaune à la base, est violette à son bord; l'anale a cette même teinte; les pectorales et les ventrales sont bleuâtres; il n'y a pas non plus de rayures sur les joues.

Tel est le poisson que Spengler avait envoyé à Bloch. Il est voisin des précédens, mais il me paraît devoir en être distingué.

M. Retzius l'a cité dans son édition du *Fauna suecica* (p. 337, n.° 72), sous le nom de *perca maculosa,* en conservant pour synonyme le nom et la figure de Bloch.

M. Nilsson[1] nous éclaire davantage sur cette espèce, et il

---

1. Nilsson, *Prod. Ichth. Scand.*, p. 76, n.° 4.

ajoute que sur les côtes de Norwége des individus atteignent jusqu'à dix pouces.

Elle paraît commune sur le littoral de la Norwége et dans la mer Baltique.

Le CRÉNILABRE DE PENNANT.

(*Crenilabrus Pennantii*, nob.; *Goldsinny*, Pennant.)

Devra-t-on considérer comme étant d'une espèce différente du précédent, le *goldsinny* de Pennant[1], figuré dans l'édition in-4.° du *British Fauna*, et qui a été copié par Bonnaterre dans les planches de l'Encyclopédie méthodique?

Il ne me paraît différer du précédent que par l'absence de la tache des côtés de la queue, et je lui vois aussi quelques rayures sur les joues, que ne paraît pas avoir le poisson de Bloch; car je ne crois pas qu'on doive prendre pour telles les variations de couleur que la peinture de l'ichthyologiste allemand indique au-dessous de l'œil.

Ce qu'il y a de certain, c'est que ce *goldsinny* n'est pas le même que celui dont Pennant avait parlé d'abord d'après Ray, lequel est devenu le *labrus cornubius* de Gmelin et des autres ichthyologistes, et qui a été ensuite confondu avec les espèces dont nous traitons ici.

Le CRÉNILABRE DE COUCH.

(*Crenilabrus Couchii*, nob.)

Un autre poisson, très-voisin de ceux-ci, mais qui me paraît encore distinct, est le *Corkwing* de M. Couch.[2]

---

1. *Brit. zool.*, III, p. 251, pl. 47. — 2. Couch, *Fishes new to the Brit. Faun.*, *apud Loudon Mag. of nat. hist.*, vol. V, p. 17, fig. 4.

13.

Il le représente trois fois aussi long que large, comprimé; à mâchoires égales; à bouche étroite, peu fendue; à dents régulières. Les nombres de l'anale sont encore un peu différens.

D. 16/9 ; A. 3/9 ; C. 14 ; P. 14 ; V. 1/5.

La couleur de la tête et du dos est brune; les côtés sont d'un vert tendre avec de nombreuses bandes rouges et brillantes; les opercules sont rayés de rouge et de vert; une tache noire est marquée de chaque côté de la queue. Mais l'auteur ne parle pas de tache noire derrière l'œil, et je n'en vois pas non plus sur la figure.

Ce n'est donc pas le crénilabre mélope; ce n'est pas non plus le crénilabre norwégien : l'espèce se rapproche plus du crénilabre bossu; mais les proportions et les nombres diffèrent. En tous cas je ne pense pas comme M. Yarell, et je ne crois pas qu'il faille réunir ce poisson à son *labrus goldsinny*. Si les individus qui lui ont été envoyés par M. Couch le confirment dans cette opinion, il faut avouer que la description de cet auteur et sa figure sont bien incomplètes.

M. Couch a trouvé cette espèce sur la côte de Cornwall.

Le Crénilabre de Donovan.

(*Crenilabrus Donovani*, nob.; *Labrus cornubius*, Donovan.)

Donovan[1] a aussi un crénilabre confondu par lui, sous le nom de *labrus cornubius*, avec le *goldsinny* de Ray ou de Jago, et qu'il représente

d'un vert plus ou moins doré ou rougeâtre sur le dos, traversé par six bandes verticales brunes, dont trois remontent sur la dorsale, où elles laissent de grosses taches. Les côtés et le ventre deviennent jaune verdâtre, plus ou moins argentés, et sont rayés longitudinale-

---

1. Donovan, *Nat. hist. of. Brit. fish.*, vol. III, pl. LXXII.

ment de verdâtre ou de bleu : on voit une tache noire de chaque côté de la queue, et une bande bleu foncé à la base de la caudale. La pectorale a sur l'insertion des rayons un arc bleu bordé d'orangé. La nageoire du dos est verte et couverte de petits traits bleus sur la membrane entre chaque rayon épineux : sur la portion molle ce sont des traits. La caudale est arrondie et jaunâtre au milieu, plus verte au bord ou pointillée de citron verdâtre sur l'anale, dont le fond est gris verdâtre; il y a deux grosses taches oblongues brunes, et le reste est pointillé de verdâtre. Il n'y a point de rayures sur la joue, et Donovan ne parle pas de tache derrière l'œil.

M. Yarell a donné une seconde figure, non moins jolie, de ce petit crénilabre, car tous ses caractères conviennent parfaitement au *goldsinny* de Donovan; je lui vois cependant une tache noire derrière l'œil.

Voici les nombres tels que M. Yarell les compte :

D. 16/8; A. 3/10; C. 14; P. 14; V. 1/5.

MM. Donovan et Couch indiquent leurs poissons comme étant rares sur les côtes d'Angleterre. Selon M. Yarell, celui-ci serait plus facile à se procurer; car il en a plusieurs individus depuis un pouce et demi jusqu'à quatre pouces de longueur.

Comme il n'y a point de rayures sur les joues, je ne puis le croire de la même espèce que le *Corkwing* de M. Couch.

Je ne le crois pas le *goldsinny* de Pennant, qui a des rayures sur la joue, et pas de taches aux côtés de la queue.

C'est encore moins le *labrus cornubius* de Risso.

M. Audouin a rapporté de Granville de très-petits individus de cette espèce; ils n'ont que deux pouces à deux pouces et demi. On voit encore les taches de la dorsale et de l'anale.

Mais je m'étonne que tous ces auteurs l'aient confondu avec le *labrus cornubius* de Ray, qui est si facile à distinguer par sa tache noire sur le devant de sa dorsale et sur le dos de la queue.

Le CRÉNILABRE VERDATRE.

(*Crenilabrus virescens*, nob.)

Le poisson que Bloch[1] a donné parmi ses lutjans, et qu'il tenait d'un marchand hambourgeois, me paraît assez voisin du labre rone d'Ascanius, et de tous ceux que je mentionne ici; mais je crois devoir encore le considérer comme d'une espèce distincte.

L'enluminure de Bloch le représente jaune verdâtre sur le dos, argenté sur le ventre, rayé d'une douzaine de lignes longitudinales roussâtres; les nageoires sont vertes avec deux raies rousses longitudinales sur la dorsale et sur l'anale : deux autres, verticales, sur la caudale. Il y a aussi deux traits obliques sur la joue et sous l'œil; mais point de tache noire ni derrière l'œil, ni sur les côtés de la queue.

Voici les nombres de Bloch :

D. 16/9 ; A. 3/9 ; C. 16 ; P. 12 ; V. 1/5.

Ce ne peut être le *labrus melops,* s'il est vrai qu'il n'y ait pas eu de tache noire derrière l'œil. Ce n'est pas non plus le *corkwing* de M. Couch, car il n'y a pas de tache à la queue.

Il ne peut être aussi de l'espèce du *crenilabrus Donovani,* qui a des bandes verticales sur le corps et sur les nageoires, une tache près de la queue et même derrière l'œil, selon M. Yarell. Il paraît plus voisin d'une espèce de Pallas, dont je parlerai plus loin.

---

1. *Lutjanus virescens*, Bloch, 254.

Le Crénilabre Brünnich.

(*Crenilabrus Brünnichii; Lutjanus Brünnichii*, Lacép.)

A côté de ces espèces à seize rayons épineux à la dorsale, et si variées dans l'Océan septentrional de l'Europe, il faut placer aussi plusieurs poissons à nombre égal d'épines à la dorsale, et qui se distinguent cependant du *crenilabrus melops* par des caractères tirés de la couleur ou quelquefois de leurs dents.

Tel est d'abord celui que je regarde comme le *lutjan Brünnich*, que Lacépède avait tiré de Brünnich, et qui me paraît aussi le même que celui nommé par Bloch (pl. 251, fig. 2) *lutjanus bidens,*

à cause de la saillie des deux dents mitoyennes de la mâchoire supérieure, qui sont plus fortes que les autres et dirigées en avant. Ce poisson a du reste la forme de notre *crenilabrus lapina*, mais avec le museau un peu plus court.

D. 16/9; A. 3/9, etc.

Il se décolore tout-à-fait dans l'esprit de vin; mais il conserve une grande tache noire ou bleu foncé, à la base de la pectorale, qui le fait aisément reconnaître. La peau du sous-orbitaire est aussi colorée en bleu; et les trois nageoires verticales, et surtout la caudale, sont piquetées de petits points toujours visibles.

Le poisson vivant est peint de couleurs agréables; nous pouvons le juger par le dessin que M. Laurillard a bien voulu nous donner. Sur un fond olive, qui passe à l'orangé sous le ventre, le corps est rayé longitudinalement par treize lignes bleues du plus bel outre-mer; quatre traits de même couleur passent en chevrons sur le dessus de la tête, et un autre forme un cercle sur la tempe. Une ligne plus pâle traverse obliquement de l'œil sous la mâchoire inférieure. Le dessous de la gorge est bleu; le devant de la tête, sous le sous-orbitaire, est olive comme le dos; la dorsale est jaune olivâtre, bordée de bleu; à la base des quatre premiers rayons épineux il y a un trait bleu, et deux rangées de points bleus sur le reste. L'anale est un peu orangée, bordée de bleu et toute couverte de points de cette nuance. La caudale, jaune orangé à la base, a son tiers postérieur bleu. La pectorale est jaune pâle, et porte, sur la portion qui rattache les rayons au bras, une grosse tache bleu foncé. On voit par ce que j'ai dit plus haut que c'est la seule tache qui persiste sur le corps, et qui se conserve dans l'eau-de-vie aussi long-temps que l'on garde le poisson. J'en ai des individus devenus tout blancs, qui ont cette tache rousse très-manifeste.

Leur canal intestinal fait trois replis. Le péritoine est grisâtre. La vessie aérienne est ovalaire, alongée, et ses parois sont très-épaisses.

Son squelette a treize vertèbres abdominales et dix-sept caudales. Le crâne est arrondi, assez bombé en arrière. Sa crête mitoyenne est haute, peu large et un peu en pointe conique.

Nos individus sont longs de quatre pouces. Ils nous sont venus de Marseille par M. Cuvier; de Nice, par MM. Risso, Savigny et Laurillard; de Rome et de Naples, par M. Savigny; de Messine, par M. Bibron; de Palerme, par M. Constant Prévost; de Malte, par le docteur Leach; de Malaga, par M. Baillon, et d'Iviça, par Laroche.

Ce petit poisson est reconnaissable aux lignes bleues serpentiformes dont parle Brünnich[1] parmi ses labres qui lui paraissent encore difficiles à déterminer. Bonnaterre a fait de cette description son *labrus serpentinus*, que M. de Lacépède a placé dans ses lutjans, sous le nom que nous avons adopté. Mais cette même espèce se trouve encore un peu plus loin dans Brünnich, car on ne peut douter un seul instant que ce ne soit son *perca mediterranea*, qu'il a eu le tort de prendre pour le poisson de Linné, lequel

---

1. *Pisc. Mass.*, p. 56, n.° 72.

est de l'espèce suivante. Lacépède a confondu ces deux espèces dans son lutjan méditerranéen; et M. Risso a copié toutes ces erreurs, car, à la suite l'un de l'autre, il a un crénilabre méditerranéen et un crénilabre Brünnich, qui bien certainement ne sont que de la même espèce.

C'est aussi le *lutjanus bidens* de Bloch, quoique le dessinateur ait interrompu la ligne latérale.

Le CRÉNILABRE MÉDITERRANÉEN.
(*Crenilabrus mediterraneus*, nob.)

La Méditerranée nourrit encore un autre crénilabre, semblable au précédent

par ses dents saillantes, par les taches de la base de la pectorale; mais qui en diffère, parce qu'il a toujours une tache noire sur le haut du tronçon de la queue, près de l'insertion des rayons de la caudale, et par la teinte bleue de l'anus; la tache de la pectorale est aussi plus étroite; les nageoires verticales n'ont pas les petits points que nous avons signalés sur l'autre espèce.

Les nombres sont les mêmes.

D. 16/9; A. 3/9.

Le reste du corps est brun foncé sur le dos, avec quelques lignes noirâtres longitudinales; blanc sous le ventre.

Celle-ci paraît rester un peu plus petite, et ne pas dépasser quatre pouces.

Marseille, Toulon, Nice, Messine, Palerme, sont les différens points dont nous avons reçu cette espèce.

Nous en avons reconnu deux variétés notables. L'une vient de Toulon : elle a dix-sept rayons épineux à la dorsale; l'individu est long de cinq pouces. L'autre, rapportée de Naples par M. Savigny, en a dix-huit : il n'a que quatre pouces. Peut-être que ces différences de nombres coïncideront avec d'autres caractères et serviront encore à établir deux nouvelles espèces.

C'est bien certainement celle que Linné a décrite dans le Musée du prince Adolphe-Fréderic[1], sous le nom de *perca mediterranea,* et que Brünnich a cru être identique à celle qu'il décrivait et dont nous venons de parler. Cette erreur a été copiée par Lacépède et par M. Risso. Mais Brünnich avait aussi ce crénilabre parmi ses labres douteux; car la description qu'il a donnée (p. 57, n.° 73) convient parfaitement pour les couleurs. Il n'y a compté que quinze rayons épineux à la dorsale.

Bonnaterre a fait de cette description son *labrus cæruleo-vittatus,* qui est devenu le *lutjan marseillais* de Lacépède.

Cette synonymie a été employée par M. Risso pour un autre crénilabre, à quatorze rayons épineux à la dorsale, et qui n'est certainement pas le poisson de Brünnich.

Gmelin avait aussi employé la description de Brünnich, et en avait fait son *labrus unimaculatus,* qui a été cette fois réuni par Lacépède au labre marseillais. Mais Gmelin en a rapproché à tort comme une variété, la description tirée du *Spolia maris Adriatici* (p. 97).

C'est plutôt à ce crénilabre qu'au précédent qu'il faut rapporter le *labrus pittima* de Rafinesque. Je ne fais ici mention de cet auteur que pour avertir le lecteur qu'il m'a été impossible de reconnaître la plupart des espèces mentionnées dans son ouvrage.

Je ne le regarde pas comme de la même espèce que le *goldsinny* de l'Océan ou autres crénilabres, dont il est parlé plus haut, parce que la position de la tache et les autres distributions des couleurs ne sont pas les mêmes.

---

1. *Mus. Ad. Fr. Prod.,* t. II, p. 85.

Le Crénilabre de Bory.

(*Crenilabrus Boryanus*, Risso; *Crenilabrus nigrescens*, Risso.)

Je trouve encore, parmi les poissons recueillis à Nice
par M. Laurillard, un crénilabre

> ayant une tache noire cerclée de jaune à la base de la pectorale,
> qui est roussâtre et sans tache sur sa membrane et ses rayons; la
> tête et le dos sont d'un vert assez foncé; le ventre orangé, et les
> flancs rayés de treize bandes longitudinales bleues; on voit des
> rayures ondulées et anastomosées, de même teinte, sur la tête, sur
> la gorge et sur le devant de la dorsale. Cette nageoire, bordée de bleu,
> est d'un roux verdâtre à la base, couverte de deux rangées longitu-
> dinales de points bleus; sur l'anale, qui est orangée et lisérée de bleu,
> il y a quatre à cinq rangées de points; la caudale n'offre aucune
> tache, elle est orangée à la base, et bleue sur tout le bord; la ventrale
> a la même disposition de couleur, qui est partout du plus bel
> outremer.
>
> Ce qui le distingue des deux précédens, ce sont deux bandes
> verticales d'un roux brunâtre sur la fin de la queue, sans s'étendre
> sur les rayons de la caudale.

D. 16/9; A. 3/11, etc.

Nos individus sont longs de cinq à six pouces. Les
pêcheurs de Nice l'ont donné à M. Laurillard sous le nom
de *rouquié nègre.*

En lisant la description de M. Risso, il est impossible
de méconnaître dans ce poisson son *crenilabrus Boryanus.*
Les seules différences consistent en ce qu'il ne parle que
d'une seule bande sur la queue, et qu'il leur donne un
rayon épineux de moins. Mais je ne puis douter non plus
que ce ne soit aussi son *crenilabrus nigrescens,* car il a
ainsi déterminé le dessin pris sur le frais, que M. Laurillard
a exécuté à Nice. Or, dans ce dessin les bandes caudales

13.   18

sont clairement marquées, et cependant M. Risso n'en a pas fait mention dans la description de son *crénilabre noirâtre.*

Crénilabre a sourcils d'or.

(*Crenilabrus chrysophus*, Risso.)

M. Risso parle encore d'un crénilabre, voisin de ceux-ci, et que je n'ai pas retrouvé dans les nombreux individus de la collection du Cabinet du Roi.

Suivant cet auteur le corps est ovalaire, d'un beau vert pré uniforme et sans aucunes taches; le dessous est argenté; la bouche est bleuâtre, armée de dents antérieures plus fortes, une bande dorée colore le sourcil; toutes les nageoires sont vertes; la tache de la base des pectorales est de couleur verte et foncée.

D. 16/10; A. 3/8; C. 14; P. 14; V. 15.

La femelle seule aurait, selon M. Risso, une trace de tache sur le bout de la queue.

La taille de ce poisson est de quatre à cinq pouces. Il habite parmi les rochers, et se montre en plus grande abondance sur la côte de Nice, au mois d'Octobre.

Le Crénilabre de Baillon.

(*Crenilabrus Bailloni*, nob.)

J'ai reçu de la baie de Saint-Valéry, près l'embouchure de la Somme, par M. Baillon, un crénilabre qui a encore une tache à la base de la pectorale, et dont

le corps est assez semblable à celui de notre *crenilabrus pavo.* La hauteur fait le tiers de la longueur du corps, la caudale non comprise, et qui est contenue huit fois dans la longueur totale. La tête est plus courte que la hauteur. La bouche est petite; les dents sont égales, sur un seul rang.

D. 14/10; A. 3/13, etc.

Le poisson frais avait le corps d'un gris bleuâtre, passant au violet sur les flancs. Cinq à six larges taches bleues noirâtres descendaient du dos en s'évanouissant sur les côtés; cinq à six séries de taches ou traits jaunes étaient tirés sur la longueur des flancs; un trait jaune oblique passait sur la nuque; et d'autres de la même teinte s'avançaient sur le front. Au-dessus des yeux, jusqu'à l'extrémité du museau, quatre raies orangées et longitudinales étaient tracées sur la région sous-orbitaire; le reste de la joue, sur un fond violet, était tacheté de points orangés. L'opercule n'avait aucune tache.

La dorsale avait sur sa portion épineuse, dont le fond est violet, un trait longitudinal jaune, et une bordure rosée lisérée de jaune pâle : sur la portion molle la bordure rose est plus large, et il y a quatre à cinq rangées de points jaunes. L'anale avait beaucoup plus de rose que de violet, et sur les derniers rayons il y avait des points jaunes. La caudale était verte, avec une large et belle tache rose foncé ou vineuse sur l'angle supérieur et postérieur. Les pectorales étaient violacées, avec trois bandes verticales jaunâtres. La tache de la pectorale était bleue et bordée d'orangé. Enfin, sur les ventrales on voyait des points jaunes.

Cette belle espèce devient assez grande, car l'individu a près de huit pouces. Je l'ai aussi reconnu dans des poissons décolorés que j'ai reçus de La Rochelle par M. d'Orbigny; mais qui conservent encore le trait de la base de la pectorale, et dont les taches jaunes des nageoires effacées se dessinent en clair sur la membrane.

C'est avec un vrai plaisir que je dédie cette espèce à mon ami M. Baillon, qui a rendu tant d'autres services à notre ouvrage par ses recherches sur les poissons de nos côtes de la Manche.

Le Crénilabre ocellé.

(*Crenilabrus ocellatus,* nob.; *Labrus ocellatus,* Forskal.)

La Méditerranée nourrit en abondance un petit crénilabre qu'il est facile de reconnaître dans la description qu'en avait laissée Forskal; mais dont l'espèce a été mal caractérisée et même multipliée par ceux qui ont copié sans critique cet auteur, et ensuite Brünnich, qui en a aussi parlé.

Le corps est un ovale dont la longueur contient trois fois ou trois fois et demie la hauteur. Son préopercule est dentelé tout autour de l'angle jusque sur le bord inférieur; et, outre ce caractère tiré des formes, nous le reconnaissons à la tache bleu foncé presque noire, qui se conserve sur le haut de l'opercule après la mort de l'animal et même après un long séjour dans l'esprit de vin : souvent cette tache, lisérée d'un fin trait bleu ou blanc, devient un ocelle. Une tache oblongue de même couleur, mais moins foncée, existe au-devant de l'œil, le long du sous-orbitaire. Une troisième tache, mais moins arrêtée, se voit de chaque côté de la queue; et sur quelques individus j'en vois une petite sur le commencement de la dorsale. Le fond du corps est un brun rougeâtre, plus ou moins mêlé ou tacheté de bleuâtre. Les nageoires sont jaunâtres, avec des ocelles bleu pâle. Ceux-ci, plus prononcés sur la caudale, sont disposés de manière à faire cinq à six lignes onduleuses sur cette nageoire.

D. 14/10; A. 3/9, etc.

Nous en avons un grand nombre d'individus chez lesquels nous comptons :

D. 15/9; A. 3/9, etc.

Enfin, un seul s'est trouvé n'avoir que treize rayons épineux, de sorte qu'il n'a que vingt-trois rayons à la dorsale, au lieu de vingt-cinq, en y comprenant les rayons branchus.

Ce petit crénilabre nous est venu, comme les précédens, de Toulon, de Marseille, de Nice, de Naples, de Palerme, de Messine, de Napoli de Romanie, d'Alexandrie d'Égypte, d'Iviça et de Malaga.

C'est bien, comme nous l'avons dit, le poisson que Forskal[1] a nommé *labrus ocellatus*, et qui a pris rang sous ce nom dans la treizième édition du *Systema naturæ*.

Brünnich[2] en a aussi parlé, et je crois même qu'il a décrit deux des variétés que nous avons signalées, l'une sous le n.° 71, et l'autre sous le n.° 74 de ses labres incertains. Cette dernière ne se distingue en effet de la première que par la tache mentionnée sur la dorsale; et la première ne diffère certainement pas de celle de Forskal. Celle sous le n.° 71, est devenue le *labrus olivaceus* de Gmelin, et la seconde son *labrus venosus*. Ces trois espèces nominales sont reproduites par Lacépède[3]: deux parmi ses *lutjans*, et la dernière est même inscrite dans son genre *labre* sous le nom de *labrus reticulatus*[4], que Bonnaterre avait déjà employé pour changer l'épithète de Gmelin.

On peut dire que M. Risso a bien singulièrement embrouillé l'histoire de ces espèces, lui, qui aurait dû, au contraire, nous faire bien connaître des poissons qu'il peut voir et étudier si facilement à Nice.

Nous sommes cependant parvenus à bien reconnaître ces espèces sur ses descriptions incomplètes, et dans lesquelles il a mêlé ce qu'il prenait aux auteurs qu'il consultait, malheureusemént, le plus souvent dans leurs copistes. Nous sommes arrivés à ces résultats en réunissant un grand

---

1. Forskal, *Faun. arab.*, p. 37, n.° 33. — 2. Brünnich, *Pisc. Mass.*, p. 56 et 58. — 3. Lacépède, t. IV, p. 218, *Lutj. ocellatus, Lutj. olivaceus*. — 4. *Ejusd.*, t. III, p. 508, Lab. maillé.

nombre de ces petits poissons étiquetés par M. Risso soit à
M. Savigny, soit à M. Laurillard; nous avons comparé ces
prétendues espèces, et nous nous sommes assurés qu'il a
souvent donné la même espèce à ces deux collecteurs sous
deux noms différens.

Ainsi on trouve dans sa première édition[1] un *lutjanus
ocellatus,* sous lequel il ne cite que Forskal, qui est de
notre espèce, car nous avons vu des individus ainsi dénommés par lui; mais il a un labre maillé[2] qu'il tient de
Brünnich. Or, il ajoute dans cette description un caractère
pris d'une autre espèce, et dont Brünnich, effectivement,
ne fait pas mention, c'est la couleur bleue de l'anus. Ainsi
son *labrus venosus* est déjà une espèce factice; et il la rend
encore plus imaginaire dans sa seconde édition (p. 325),
car il ajoute une large tache de chaque côté de la partie
supérieure de la queue; caractère qu'il emprunte au crénilabre méditerranéen. Le nôtre a quelquefois une petite
tache, souvent effacée, mais sur le milieu de la base de la
caudale.

Selon M. Risso, les pêcheurs de Nice le nomment *rouquié*
ou *vachetto.*

L'examen d'un très-grand nombre d'individus de cette
espèce me fait croire qu'il faut encore rapporter à notre
poisson le *labrus ocellaris* de Linné[3]. Les nombres des
rayons et la petite tache noire se rapportent assez bien
pour que l'on puisse admettre ce rapprochement, qui restera toujours douteux, à cause de la brièveté de la description linnéenne. Ce labroïde est resté parmi les labres
de Lacépède.

---

1. Risso, Ichth. de Nice, p. 278. — 2. *Ibid.*, p. 269. — 3. *Mus. Ad. Fr.
Prod.,* t. II, p. 78, n.° 19.

Pallas a aussi ce poisson sous le nom de *labrus perspicil-latus*[1], tout en reconnaissant son identité avec le *labrus ocellatus* de Forskal, il en changeait cependant le nom.

Il est très-abondant au printemps dans la mer Noire, et les pêcheurs de Théodosie le rejettent à la mer, parce qu'ils le regardent comme d'une nourriture malsaine.

Le CRÉNILABRE DE RISSO.

(*Crenilabrus Rissoi*, nob.; *Lutjanus olivaceus*, Risso, mais non Lacépède.)

Nous avons reçu, étiqueté par M. Risso lui-même, sous le nom de *lutjanus olivaceus*, un petit crénilabre si voisin du précédent, que M. Savigny lui-même, à qui nous le devons, le regardait comme une simple variété.

Cependant nous lui trouvons le corps plus court, l'ovale plus régulier, le profil moins concave ; les crénelures du bord horizontal du préopercule se portent moins en avant, et les nombres vont jusqu'à seize dans quelques individus.

D. 15 à 16/10 ; A. 3/9, etc.

Le corps est olivrâtre ; la tache de l'opercule peu marquée, moins que celle de l'extrémité du museau. Je ne vois pas de taches ni de points sur les nageoires : celle de la queue est réduite à un point noir.

Ces observations me font croire que M. Risso a eu raison de regarder ce poisson comme étant d'une espèce distincte. Nos individus viennent de Naples, par M. Savigny, ou de Palerme. Ceux-ci sont dus aux recherches éclairées de M. Constant Prévost. Leur longueur varie de deux à trois pouces.

---

1. Pallas, *Faun. Ross.*, t. III, p. 267.

J'ai admis pour synonyme de cette espèce le *lutjanus olivaceus,* puisque M. Risso l'a ainsi déterminé ; mais je ferai de suite remarquer que sa citation de Brünnich et de Lacépède sera dans ce cas mauvaise, et que son *lutjanus olivaceus* ne peut être regardé comme identique de celui de Lacépède, ou du *labrus olivaceus* établi par Gmelin d'après Brünnich.

Le CRÉNILABRE LITTORAL.

(*Crenilabrus littoralis,* Risso.)

Parmi ces *vachetta* des pêcheurs nicéens M. Risso a encore distingué une espèce, dont il n'avait pas osé faire mention dans sa première édition.

Elle a le corps alongé, le fond argenté verdâtre sur le dos, une tache bleue à l'opercule et une noire près de la queue ; mais elle diffère constamment de la précédente par de grandes bandes longitudinales argentées, qui tranchent agréablement sur le fond verdâtre du poisson. La gorge est traversée par dix raies d'un beau bleu foncé, étendues souvent jusque sur les opercules. La tache de la base de la queue est toujours plus grande.

Voici les nombres comptés par M. Risso.

D. 14/10 ; A. 3/10 ; C. 13 ; P. 14 ; V. 1/5.

La femelle fraie au printemps. On les trouve pendant toute l'année sur les plages couvertes de galets.

Le CRÉNILABRE PETITE TANCHE.

(*Crenilabrus tinca,* nob. ; *Labrus tinca,* Brünn.)

Un autre petit crénilabre de la Méditerranée, qui est parfaitement reconnaissable dans le *lutjanus tinca* de Brünnich, et dont la hauteur est comprise trois fois et demie ou quatre fois dans la longueur du corps, suivant l'état de plénitude du ventre, se distingue encore des précédens par

son corps plus épais et arrondi sur les côtés, l'épaisseur étant moitié de la hauteur. Le museau est gros et rond. L'œil, écarté de l'autre d'une fois son diamètre, et éloigné du bout du museau d'une fois et un tiers cette même mesure, a une largeur égale au quart de la longueur de la tête, laquelle est contenue trois fois dans celle du corps, la caudale non comprise.

Les dents sont toutes égales et non proclives; les dentelures du préopercule sont toujours manifestes et ne dépassent pas l'angle arrondi de cette pièce.

D. 15/9 ; A. 3/8, etc.

J'en trouve un individu qui n'a que quatorze épines; mais il a un rayon mou de plus.

La joue, l'opercule et l'interopercule sont couverts d'écailles. Je vois peu de pores sur les parties nues de la tête. Il y a une trentaine d'écailles entre l'ouïe et la caudale; chaque écaille est petite, oblongue, membraneuse dans sa partie visible, et sa portion radicale a douze ou quatorze rayons à éventail.

Sur un fond rouge lavé de rose, le poisson a une bande brune ou bleu foncé, qui va du bout du museau au dos de la queue, dans la largeur du diamètre de l'œil, qui l'interrompt; au-dessus une seconde raie va le long du dos sur la base de la dorsale, sans la recouvrir : elle avance sur le dessus de la tête jusqu'au bout du museau. La bandelette rouge qui sépare ces deux bandes brunes passe au-dessus de l'œil, se réunit sur le dessus de la tête en avant des yeux, et y forme un chevron. Sur le ventre il y a trois rangées longitudinales de points de la même teinte que les bandes, et de chaque côté de la queue et au-dessus de la ligne latérale une petite tache noire. L'anus est coloré en bleu brillant; la dorsale est orangée et bordée de bleu céleste; les autres nageoires ont la base orangée. Une tache bleue est à l'aisselle de la pectorale. Le dessous de l'œil et de la mâchoire inférieure est aussi d'un beau jaune orangé.

13.

19

Sur le frais la couleur, selon M. Laurillard, est également rouge, avec deux larges bandes vertes : une qui règne le long de la base de la dorsale, et l'autre, qui commence à la lèvre supérieure, passe à travers l'œil, et va atteindre à la caudale au-dessous de la ligne latérale, quand elle n'est pas encore fléchie, et au-dessus d'elle après sa courbure.

Nos individus ne dépassent pas trois pouces.

Cette description est faite d'après des individus en bon état, que nous devons à M. Kiener, qui les a pris à Toulon. Nous en avons reçu d'autres de Marseille, de Nice, par MM. Risso et Laurillard; de Naples, de Gênes, par M. Savigny; de Sicile, par M. Bibron.

Nous ne doutons pas que ce ne soit le *labrus tinca* de Brünnich; mais ce ne peut être celui de Linné, ainsi que nous l'avons fait voir à l'article de notre crénilabre paon.

Il est toutefois curieux de remarquer que Gmelin, que Bonnaterre et Lacépède, qui à la vérité n'ont fait que le copier, n'ont pas cité cette espèce si claire et si reconnaissable de Brünnich, lorsqu'ils ont fait usage de descriptions que ce savant naturaliste regardait lui-même comme incertaines.

C'est bien certainement le poisson dont M. Risso a voulu parler sous le nom de *lutjanus tinca;* mais, sauf le caractère de la coloration de l'anus, il est bien évident que le reste de la description n'a pas été étudié sur la nature, et sa synonymie est encore plus fautive; car dans la première édition il ne cite que Pennant, et dans la seconde il y ajoute Gmelin, ce qui n'est pas plus vrai; et dans cette circonstance M. Risso a aussi négligé de se servir de l'ouvrage de Brünnich : il ne l'a pas cité.

Le Crénilabre Massa.

(*Crenilabrus Massa*, Risso.)

Voici encore un petit poisson fort abondant dans toute
la Méditerranée, et que nous faisons paraître sous le nom
que lui a imposé M. Risso, quoiqu'il ait été connu avant
lui par Brünnich.

Il a le corps plus haut et plus ovale que le précédent et beaucoup plus comprimé. La hauteur fait le tiers et quelque chose de
la longueur totale; l'épaisseur est moins que le tiers de la hauteur.
Le museau est pointu; la ligne du profil monte obliquement à la
dorsale; le préopercule a des dentelures fines qui ne dépassent pas
l'angle; la peau nue de la tête est criblée de pores.

D. 15/10 ; A 3/9, etc.

La couleur est rouge ou lie de vin, mêlée de bleu sur le dos, et
de points irréguliers de cette couleur sur les côtés. Une tache bleue
existe de chaque côté de la queue, mais sous la ligne latérale; disposition qui fait facilement distinguer cette espèce de la précédente.
L'anus n'offre aucune coloration remarquable. Les nageoires sont
rougeâtres ou orangées et tachetées de bleu céleste. Une tache
bleue, aussi foncée que celle de la queue, existe sur les trois premiers
rayons de la dorsale.

Ce petit poisson, de la taille du précédent, nous est venu
de différens points de la Méditerranée, où nous avons eu
des correspondans. Ainsi nous le possédons de Toulon, par
M. Kiener; de Montpellier, par M. Delille; de Corse, par
M. Payraudeau; de Nice, par MM. Laurillard et Risso;
de Naples, par M. Savigny; de Napoli de Romanie, par
M. Reynaud; du Bosphore, par M. Virlet.

Il est aisé de reconnaître notre poisson dans la description de Brünnich[1], puisqu'il dit : *macula nigra infra ad basin caudæ.*

Gmelin a fait de cette description le *labrus griseus*[2] ; mais, comme il avait déjà employé pour sa quatrième espèce ce nom, M. de Lacépède a changé l'épithète de notre crénilabre en celle de *cinereus,* en plaçant cependant cette espèce parmi ses lutjans à côté des *lutjanus ocellatus* et *lutjanus olivaceus,* avec lesquels elle a de nombreuses affinités.

M. Risso a repris cette description de Brünnich ou peut-être de Lacépède pour établir dans sa première édition un *lutjanus cinereus,* qui ne reparaît plus dans la seconde, où le crénilabre massa seul est conservé. Il est figuré dans la première édition (pl. 8, fig. 26). Il porte à Nice le nom de *langaneu.* La tache caudale est moins apparente sur les femelles. On la voit sur les côtes rocheuses de Nice, en Mars, Juin et Décembre.

Le Crénilabre de Cotta.

(*Crenilabrus Cottæ,* nob.; *Lutjanus Cottæ,* Risso.)

Les collections faites à Nice par M. Laurillard nous ont fait connaître une petite espèce de crénilabre, qui nous paraît devoir être rapportée à l'espèce décrite par M. Risso, dès sa première édition, sous le nom de *lutjan Cotta.*

Elle a le corps plus alongé et plus rond que celui du *crenilabrus massa;* mais il le paraît un peu moins que celui du *crenilabrus tinca.* Les dents sont plus fortes et plus inégales.

D. 14/10 ; A. 3/8, etc.

---

1. *Pisc. Mass.,* p. 58, n.° 75. — 2. *Syst. nat.,* édition 13, p. 1296, n.° 64.

Tout le corps est sur un fond rougeâtre grivelé ou marbré de brun ou de bleuâtre; un large trait va du bout du museau à l'œil, sans le dépasser; un autre, au-dessous de l'œil, s'étend en une sorte de bride sous la mâchoire inférieure; un autre, plus court, le précède. Il y a une tache bleue sur le commencement de la dorsale; une autre, souvent mal terminée, sous la base de la queue. La dorsale a du brun sur sa partie épineuse, et un très-fin sablé noirâtre sur la portion molle; la caudale et l'anale sont pointillées de bleu.

Notre plus grand individu a trois pouces et demi.

Outre ceux que nous devons à M. Laurillard, nous avons trouvé des individus de cette même espèce parmi les poissons rapportés de Napoli de Romanie, par M. Reynaud, et du Bosphore, par M. Virlet.

Le Crénilabre Roissal.

(*Crenilabrus Roissalii*, Risso.)

Un autre de ces crénilabres a encore été mentionné par Brünnich[1], mais confondu par Gmelin avec une des espèces précédentes; aussi, pour plus de clarté, nous adoptons un des noms sous lesquels M. Risso a inscrit cette espèce dans son ouvrage.

Ce poisson, de forme elliptique et régulière, a sa hauteur comprise trois fois dans sa longueur totale; les crénelures du préopercule très-fines, et il n'y en a point sur le bord horizontal.

D. 15/9; A. 3/9; etc.

Outre la tache noire que cette espèce conserve sur l'opercule et sur le sous-orbitaire, entre l'œil et le bout du museau, elle se reconnaît surtout aux deux plus foncées que l'action de l'alcool ne décolore pas, et qui sont sur la base des trois premiers et des trois derniers rayons mous de la dorsale. Ces taches sont d'un bleu-noi-

---

1. *Spol. mar. Adr.*, p. 97, n.° 10.

râtre assez foncé. Quelques individus ont une tache grise ou brune, peu marquée, sur les deux premiers rayons épineux, et d'autres entre le onzième et le douzième rayon de la dorsale; on en voit aussi chez d'autres une sur les troisième, quatrième et cinquième rayons mous de l'anale. Il y en a d'autres qui ont une tache peu marquée de chaque côté de la queue.

Le corps de nos individus, décolorés par l'alcool, paraît jaunâtre, tantôt marbré de brun clair, tantôt couvert de points disposés en séries régulières et formant huit à neuf lignes longitudinales. Ceux de cette dernière variété ont des lignes brunes sur les joues.

M. Risso, qui les a décrits frais, dit que le fond est couleur d'outremer, nuancé et varié de lignes sinueuses d'un vert-jaunâtre foncé, qui bordent presque toutes les écailles; la gorge et l'abdomen sont argentés, glacés d'azur, et avec des reflets aurore. La dorsale est ornée de deux grandes taches noires, cerclées de fauve; les ventrales, aurore azuré; les pectorales, vert jaunâtre, avec une lunule bleue à leur base; la caudale est colorée comme les pectorales.

Cette espèce atteint près de cinq pouces.

Nous l'avons reçue de Montpellier, de Toulon, de Marseille, de Nice, de Naples, de Messine, de Malte, d'Iviça; et le nombre des individus montre qu'elle y est partout fort commune.

Nous avons parmi ces nombreux crénilabres une variété assez constante, en ce qu'elle a

un rayon épineux de plus à la dorsale.

D. 16/9; A. 3/9, etc.

Le corps paraît aussi plus chargé de points ou de marbrures noirâtres.

Ils viennent tous des mêmes lieux que les précédens.

Le grand nombre d'individus que j'ai étudiés comparativement me fait croire que Brünnich a mentionné cette espèce au n.° 76, p. 59 de ses Poissons de Marseille. Je crois qu'il a eu sous les yeux, en rédigeant cet article, une des variétés où les taches de la dorsale sont peu apparentes : aussi n'en parle-t-il pas; mais tout le reste de la description convient parfaitement.

Je retrouve une seconde fois l'espèce dans Brünnich[1], et par une description dans laquelle elle est nettement caractérisée; l'auteur n'oublie pas ici de signaler les taches noires de la dorsale. Seulement Brünnich s'est trompé en regardant les poissons qui faisaient le sujet de cette seconde description comme une variété de son *labrus* n.° 73; mais comme toutes ces déterminations étaient restées douteuses dans l'esprit de Brünnich, c'était aux auteurs qui travaillaient après lui d'éclaircir les incertitudes, et on voit que les moyens étaient possibles. C'est ce que ne fit pas Gmelin, car la description vague sous le n.° 76 est devenue son *labrus guttatus,* et la seconde, plus caractéristique, est restée indiquée comme une variété du *labrus unimaculatus.*

M. de Lacépède a admis, sans plus de critique qu'à son ordinaire, le travail de Gmelin, et c'est ainsi qu'une espèce déjà signalée par Brünnich est restée comme inconnue, et que M. Risso l'a regardée comme étant nouvelle en ichthyologie, et qu'il lui a imposé un nom particulier dès sa première édition. C'est en effet son *lutjan Roissal*[2], mais il la reproduit tout de suite en double emploi; car ce n'est qu'une des nombreuses variétés de cette espèce qui est nommée *lutjanus Alberti*[3], celle-ci n'en différant, suivant la description, que par la tache noire de l'opercule. Or, elle existe constamment dans tous les individus que j'ai

1. *Spol. mar. Adr.*, p. 97, n.° 10.
2. Risso, Ichth. de Nice, p. 276, pl. VIII, fig. 28.
3. *Ejusd., ibid.*, p. 323.

vus en si grande quantité. D'ailleurs, les nombres sont les mêmes : il n'y a donc pas de doute, selon moi, pour cette synonymie; et quoique M. Risso ne l'ait pas dit, il me paraît probable qu'il a reconnu lui-même cette identité, puisqu'il a fait disparaître ce *lutjanus Alberti* de sa seconde édition, mais sans en faire connaître le motif.

Quant à son lutjan varié, je devrais aussi le rapporter, et sans hésiter, à l'espèce dont nous parlons ici; car elle porte le même nom vulgaire, et M. Risso a étiqueté lui-même à M. Savigny des poissons de l'espèce de notre crénilabre Roissal sous le nom de *lutjan varié;* mais je crois voir, en lisant sa description, qu'elle renferme, comme plusieurs autres, un mélange de caractères du lutjan Roissal et du lutjan tigré.

Or, je crois aussi qu'il faut encore y rapporter le *crénilabre tigré*[1] de la seconde édition de l'Ichthyologie de Nice. Parmi les nombreux individus de cette espèce j'en ai qui ont été nommés par M. Risso lui-même, et ceux-là montrent parfaitement les deux taches sur la dorsale. D'ailleurs on peut voir que, sous les rapports des nombres de rayons, des formes, de la tache de l'opercule, de la coloration de l'anus, tous ces poissons sont de la même espèce. La tête a sur les joues deux lignes noirâtres plus nettement marquées que sur les autres variétés du crénilabre Roissal. Les points noirs dont le corps est semé, sont disposés en bandes transversales, assez nettes sur quelques individus. Suivant M. Risso, le fond de la couleur est de même verdâtre; mais il a oublié dans sa description de parler de taches.

---

1. Risso, Ichth. de Nice, 2.ᵉ édit., p. 317.

Bloch avait aussi connu cette espèce, et il en a donné une figure assez reconnaissable sous le *labrus quinque-maculatus*. On ne peut deviner pourquoi Bloch n'en a pas fait un de ses lutjans, car les dentelures du préopercule y sont clairement marquées; il a seulement un peu exagéré la tache qui est sur le devant du museau, et même celle de l'angle de l'opercule. Les nombres des rayons sont absolument les mêmes. Bloch dit qu'il a reçu ce poisson de son ami Spengler, et qu'il est originaire de la mer de Norwége.

Nous ne l'avons pas reçu de mers aussi froides; mais nous savons que l'espèce se trouve, quoique rarement, dans notre océan d'Europe. M. Baillon en a envoyé au Cabinet du Roi un individu pêché au Croisic sur nos côtes de Bretagne. Cependant l'espèce doit être rare, car nous ne l'avons rencontrée qu'une seule fois depuis tant d'années que nous recueillons les poissons de nos côtes. Je ne la trouve mentionnée dans aucun auteur des Faunes du Nord, et si S. A. R. le prince Christian de Danemarck l'a inscrite sur son Catalogue des Poissons du Danemarck, il a soin de faire remarquer que c'est sur l'autorité de Bloch.

M. de Lacépède n'a pas manqué de reproduire encore cette nouvelle espèce nominale, et de suivre Bloch en en faisant, contrairement aux principes de sa classification, un labre; quoique, s'il eût regardé la figure, il aurait dû, sans aucun doute, le placer parmi ses lutjans.

Nous voyons par les travaux de Pallas que l'espèce avance aussi jusque sur les côtes rocheuses de la Tauride : c'est son *labrus æruginosus* du *Fauna rossica* (t. III, p. 264). Il dit que l'espèce vit en troupes, mais moins nombreuses que le crénilabre paon. Il nous apprend que les arêtes du poisson cuit deviennent vertes, plus foncées que celles de l'orphie.

Le Crénilabre a cinq taches.

(*Crenilabrus quinquemaculatus*, Risso.)

M. Risso a donné, dans sa seconde édition, sous le nom que nous adoptons avec lui, un crénilabre qui est différent du poisson auquel Bloch avait donné cette épithète.

C'est une espèce voisine ou peut-être une simple variété du crénilabre Roissal.

Il a les mêmes formes, les mêmes nombres de rayons; mais les taches de la dorsale sont au nombre de cinq : une sur les deux premières épines; la seconde, sur les cinquième, sixième et septième rayons; la troisième, sur les dixième, onzième et douzième; celles des rayons mous sont dans les mêmes rapports avec les rayons que celles du crénilabre Roissal. L'anale a deux taches; une autre existe sur l'opercule, et une de chaque côté de la queue.

Nous l'avons reçu de Palerme par M. Constant Prévost. Nos individus ont trois pouces de longueur.

Suivant M. Risso, les couleurs sont aussi un peu différentes du précédent. Le dos est vert tendre et le ventre argenté, et tout le côté est parsemé d'écailles bleu d'azur, qui forment un réseau; le tout traversé par des raies longitudinales obscures. Les joues et les opercules ont, sur un fond glacé d'azur, des lignes obliques d'un brun rougeâtre; les pectorales sont vertes, les ventrales bleu de ciel, l'anale rougeâtre mêlé de bleu; la caudale, d'un vert pâle, est pointillée de rouge.

Ils vivent sur les rochers couverts d'algues marines, et sont plus abondans pendant les mois de Novembre et Décembre.

Le Crénilabre queue noire.

(*Crenilabrus melanocercus*, Risso.)

Un autre petit crénilabre de la Méditerranée a été décrit pour la première fois par M. Risso, sous le nom de *lutjanus melanocercus*, description qui a pris place dans la seconde édition parmi les crénilabres.

Il a le corps alongé; sa hauteur fait le quart de la longueur totale; ses dents sont petites et égales, les crénelures fines, et s'étendant autour même du préopercule, qui est très-rond.

D. 17/6; A. 3/9, etc.

D'autres individus ont, comme l'indique M. Risso :

D. 17/7; A. 3/9, etc.

La peau de la tête n'a que peu de pores. Le corps est brun; le dos est rembruni par des teintes bleu foncé; un trait de cette couleur passe au-dessus de l'œil, et un autre, plus délié et plus noirâtre, prend naissance sous le bord de l'orbite, se contourne un peu de manière à décrire une petite courbe convexe sous le sous-orbitaire, et descend ensuite pour passer sous la mâchoire inférieure. La dorsale et la caudale sont rembrunies et lavées de bleu; l'anale est plus claire et plus bleuâtre; la base de la caudale est plus pâle que la plus grande portion de son extrémité, laquelle a des taches ou des points noirâtres, qu'on voit aisément en étalant cette nageoire; la pectorale est pâle, avec une tache noire sur l'extrémité des rayons supérieurs.

Tel est le poisson conservé dans l'eau-de-vie; mais M. Risso, qui le décrit d'après le frais, lui donne le corps rouge; la dorsale plus obscure que le dos, et à reflets bleuâtres; les pectorales orangées; la caudale est lisérée de blanc; l'anale est rousse, pointillée de bleu.

On voit cette petite espèce sur les rochers garnis de plantes marines, pendant les mois de Juin, Juillet et Septembre.

Ce poisson ne dépasse pas trois pouces. On le trouve à Marseille et à Toulon, comme à Nice.

Le Crénilabre bleu.

(*Crenilabrus cœruleus*, Risso, 2.ᵉ édit., pl. X, fig. 25.)

Nous croyons devoir séparer, avec M. Risso, un petit poisson tout aussi abondant que le précédent dans la Méditerranée, mais qui nous paraît avoir

le corps plus court, la hauteur n'étant que trois fois et demie dans la longueur totale; l'ovale du corps plus régulier; le museau moins obtus; constamment seize rayons épineux à la dorsale.

D. 16/7 ; A. 3/8, etc.

Les couleurs sont plus claires : c'est un brun uniforme sans teinte bleue sur le dos. Le trait sous l'œil est peu marqué; la base de la caudale est d'un beau jaune, qui tranche vif et net avec le noir de la moitié externe de la nageoire, laquelle est lisérée de jaunâtre; la pectorale n'a jamais de noir à son extrémité, mais on voit à sa base un petit trait plus ou moins effacé.

Sur le frais, M. Risso le décrit comme ayant le corps bleu céleste, irisé par une infinité de nuances d'outremer, de rose, de pourpre; le ventre est d'un aurore tendre; l'iris d'un rose brun; les nageoires sont bleues; les pectorales et les ventrales très-pâles.

Les nombreux individus que nous avons reçus de Marseille, de Montpellier, de Toulon, de Nice, n'ont que deux pouces à deux pouces et demi. M. Domnando vient de nous en envoyer un d'Athènes, qui a trois pouces quatre lignes de longueur.

La femelle fraie à la fin du printemps. On voit cette espèce apparaître parmi les algues marines en Mars et Avril.

Le Crénilabre vert tendre.

(*Crenilabrus chlorosochrus*, Risso.)

Je trouve dans l'Ichthyologie de M. Risso (2.ᵉéd., p. 327, pl. 10, fig. 24; et 1.ʳᵉ éd. p. 275, pl. 8, fig. 27) un crénilabre qu'il avait mentionné avec la même épithète parmi les lutjans de la première édition, et que je n'ai pas vu dans les collections du Cabinet du Roi.

Le corps est verdâtre, nuancé de rouge, traversé de petites lignes obscures, avec une tache noire sur la portion dorsale de la queue. L'iris est vert, à cercles dorés, les nageoires variées; la dorsale parsemée de points rouges, la caudale traversée d'une bande noire à sa base, et pointillée de rouge.

D. 16/8; A. 10; C. 14; P. 14; V. 1/5.

Cette espèce se nomme *langaneu*, ce qui prouve que les pêcheurs la confondent avec le crénilabre Roissal. Elle me paraît cependant ne pas lui appartenir : toutefois, si l'on compare les figures des deux éditions de l'ouvrage de M. Risso, on voit qu'elles sont assez différentes pour que l'on puisse difficilement conclure rien de positif d'après ces documens.

Le Crénilabre arqué.

(*Crenilabrus arcuatus*, Risso.)

Je n'ai pu rapporter à aucune des espèces déposées dans le Cabinet, les caractères tirés de la description que M. Risso a insérée, sous ce nom, dans la seconde édition de son Ichthyologie.

Le dos de ce poisson est coloré en pourpre obscur; il est moins foncé sur les côtés, plus clair sous la gorge et le ventre, qui devient argenté violâtre ou bleu. Les opercules sont bariolées de lignes pourpres; il y a une tache noire près de la caudale; les pectorales et la caudale sont d'un jaune roussâtre; les autres, variées de différentes couleurs, ont des taches noires.

D. 16/9 ; A. 3/10; C. 14; P. 14; V. 1/5.

Le profil du dos est presque droit, et celui du ventre est très-arqué.

Il me paraît que c'est d'après cette forme que M. Risso a tiré le nom spécifique de ce poisson, qui vit sur les rochers peu profonds, et que l'on trouve sur la côte en Mars, Avril et Septembre.

Le CRÉNILABRE MARQUÉ.

(*Crenilabrus notatus,* nob.; *Lutjanus notatus,* Bl.)

Ce n'est qu'avec doute que j'insère à la suite de ces espèces le poisson dont Bloch a fait une espèce sous le nom de *lutjanus notatus.*

Bloch le représente semblable, par ses formes générales, à nos petites espèces dont je viens de parler. Les nombres sont à peu près les mêmes.

D. 14/8; A. 3/10; C. 16; P. 14; V. 1/5.

D'ailleurs rien dans la description ne présente de note spécifique, Bloch n'ayant mentionné que des traits qui conviennent au genre.

Il le peint d'un jaune sale, marqué de taches brunes; une, plus foncée et noirâtre, est près de la caudale, qui est traversée par trois bandes rousses. La dorsale a une série de taches rousses sur la partie épineuse, et deux séries sur la portion molle. La pectorale et la ventrale ont deux bandes brunes. Je vois trois bandes brunes sur l'anale.

Bloch dit ce poisson originaire des Indes orientales.

Le poisson me paraît très-voisin de notre *Cr. Donovani*
ou de notre *Cr. tinca* de la Méditerranée ; mais il est
difficile de rien dire de précis d'après la figure et la description de Bloch.

Le Crénilabre de Lincke.

(*Crenilabrus Linckii*, nob.)

C'est encore parmi les crénilabres incertains que le
lutjanus Linckii, représenté sous ce nom planche 252 de
la Grande ichthyologie de Bloch, viendra prendre place.
Celui-ci paraît être d'une espèce plus distincte.

Il a le corps assez oblong, les lèvres épaisses, le profil du museau
un peu concave. Les nombres, suivant Bloch, sont :

D. 15/11 ; A. 3/11 ; C. 13 ; P. 13 ; V. 1/5.

La couleur est uniforme et violette sur le corps, jaunâtre sur
les nageoires ; il n'y a aucune tache. Les écailles sont assez grandes.

La figure a neuf pouces et demi. Bloch connaissait ce
poisson par le dessin que lui en avait envoyé M. Lincke.
Il en ignorait la patrie. Les naturalistes se fixeront davantage sur la valeur de cette espèce, lorsqu'ils pourront étudier
l'original, qui doit être conservé dans le Cabinet de l'université d'Iéna avec les autres poissons de Lincke.

Le Crénilabre brun.

(*Crenilabrus fuscus*, nob. ; *Labrus fuscus*, Pallas.)

Il me paraît que c'est encore parmi les crénilabres qu'il
faut placer le *labrus fuscus*, que Pallas a décrit sous ce
nom dans le *Fauna rossica*, page 266.
Pallas dit qu'il ressemble à son *labrus æruginosus*, qui
est notre crénilabre Roissal ; mais qu'il a

la tête un peu pointue; les lèvres épaisses, charnues, rougeâtres; le corps lancéolé, comprimé et à grandes écailles; les opercules étendus et alongés par des bords membraneux assez grands. La couleur est grise, avec des bandes onduleuses brunes : une près de la dorsale, une par le milieu des côtés; une tache noire à la queue.

D. 14/10; A. 3/9; C. 14; P. 18; V. 1/5.

L'anale et la caudale sont souvent variées.

Pallas le donne comme un poisson de bon goût, qu'il n'a vu que sur les rochers voisins d'Alupka, sur les côtes de Crimée, où il abonde vers le printemps.

L'espèce doit être très-voisine de notre *crenilabrus tinca;* mais les couleurs ne paraissent pas semblables.

Le Crénilabre bridé.

(*Crenilabrus capistratus,* nob.; *Labrus capistratus,* Pallas.)

C'est encore un crénilabre que le *labrus capistratus* de Pallas. [1]

Le corps est comprimé, à dos tranchant et couvert d'écailles assez petites. Les lèvres sont épaisses, blanches à l'extérieur, rougeâtres en dedans, plissées obliquement; la mâchoire supérieure a deux dents plus fortes; le préopercule est dentelé. La tête est verte, tachetée de brun, et sur la joue, au-dessous de l'œil, il y a deux traits obliques noirâtres, bordés de vert, qui embrassent le dessous de la mâchoire comme une bride. Au-devant de l'œil est une tache noire; le tronc est verdâtre et tacheté de brun; le ventre est blanchâtre; une grande tache noire existe de chaque côté de la queue; la pectorale est d'un jaune verdâtre; les ventrales, vertes, sont tachetées de brun; la dorsale et l'anale sont vertes et tachetées de brun; la portion molle de la dorsale est lisérée de rouge.

D. 14/9; A. 3/8; C. 14; P. 13; V. 1/5.

---

1. *Faun. ross.*, t. III, p. 269.

Pallas en a vu depuis la taille d'un pouce jusqu'à six ; et il est assez abondant dans la baie de Théodosie.

Il en a observé quelque variété sans taches ; il a remarqué que les couleurs se perdent dans l'alcool et que le poisson devient gris.

Cette espèce a des rapports avec le *Cr. virescens* et avec le *Cr. notatus,* par les nombres de rayons et par quelques dispositions générales des couleurs ; mais les brides de la tête la distinguent suffisamment. Elle ne peut être non plus rapportée au *labrus griseus* de Brünnich, comme Pallas a hésité à le croire.

Le CRÉNILABRE A FREIN.

(*Crenilabrus frœnatus,* nob.; *Labrus frœnatus,* Pall.)

Une autre espèce, voisine de la précédente, est celle que Pallas a nommée *labrus frœnatus,* dans son *Fauna rossica,* page 27.

C'est un petit poisson à corps couvert d'assez grandes écailles ; épais ; à museau court, obtus ; à mâchoires égales.

D. 14/9 ; A. 3/8 ; C. 13 ; P. 13 ; V. 1/5.

Le dessus de la tête est brun ; il y a sous l'œil trois bandes brunes interrompues, obliques ; le corps est gris, couvert de taches brunes : on en voit aussi sur la dorsale, qui est lisérée de brun ; une tache noire existe près de la queue.

Ce poisson est observé plus rarement que les autres parmi cette quantité de petits labres que l'on prend sur les rivages de la Crimée.

____

13.   21

CHAPITRE IV.

De quelques genres voisins des Crénilabres
et en particulier des Cténolabres.

J'ai dû séparer du genre des crénilabres ceux de ces poissons qui ont derrière les dents coniques qui bordent le devant des mâchoires, une bande plus ou moins large de dents en velours.

Parmi ceux-ci j'ai formé un premier groupe des espèces qui ne diffèrent des crénilabres que par ce seul caractère. Car ils ont du reste le préopercule finement dentelé en peigne; trois rayons épineux seulement à l'anale. Je nomme ce premier genre *cténolabre*. Il ne comprend encore qu'un petit nombre d'espèces, répandues dans l'océan du Nord de l'Europe, dans la Méditerranée et sur les côtes de l'Amérique septentrionale. La patrie d'une seule espèce m'est inconnue.

Le Cténolabre des roches.

(*Ctenolabrus rupestris,* nob.; *Labrus rupestris,* Linn.)

Ray avait reçu de Jago la figure, accompagnée d'une courte notice, d'un poisson pris sur les côtes de Cornouailles, qu'il a publiée à la suite de son *Synopsis* (p. 163, fig. 3). La tache noire, marquée sur les premiers rayons de la dorsale, et celle qui est placée sur le haut et à l'extrémité de la queue, avant les rayons de la caudale, ne peuvent laisser le moindre équivoque sur cette espèce. Jago le donnait comme le *goldsinny* des pêcheurs de Cornouailles.

Linné, de son côté, connaissait ce poisson commun dans la Baltique et sur les côtes de Norwége; il en donna une première description dans le Musée du prince Adolphe-Fréderic[1], et il l'introduisit dans le *Systema naturæ* sous le nom de *labrus rupestris;* mais sans profiter des travaux de Ray.

Ce *labrus rupestris* de Linné a été reconnu par Müller et les autres auteurs qui ont écrit sur les poissons de l'Océan septentrional ou de la Baltique. Ainsi l'auteur que nous citons en donne, dans le *Fauna danica* (t. III, p. 44, pl. 107), une figure fort reconnaissable, où on a seulement oublié de marquer les dentelures du préopercule. D'ailleurs, la description de Müller est excellente, et, à cause des opercules dentelés, il plaçait le poisson parmi les perches. On le trouve cependant sous le nom de *labrus rupestris* dans le prodrome du *Fauna danica* (n.° 382). M. Retzius le cite aussi dans son édition du *Fauna suecica* (p. 337, n.° 73) sous le nom de *perca rupestris.* Ström[2] et Pontoppidan[3] en font aussi mention.

L'espèce était donc parfaitement connue lorsque Pennant écrivit les différentes éditions de sa Zoologie britannique. Dans celle de 1769 il y introduit un *goldsinny* d'après Ray ou Jago; car il ne cite que la figure du premier et il est facile de voir que l'article de Pennant a été rédigé sur celui de Jago. Mais dans l'édition in-4.° Pennant donne sous le nom de *goldsinny* un tout autre poisson, notre *crenilabrus Pennantii*[4]; et Gmelin, d'après ces deux documens, se rapportant à deux êtres tout-à-fait différens, établit un *labrus cornubius,* être par conséquent com-

---

1. *Mus. Ad. Fr.*, t. I, p. 65. — 2. Ström, *Sund. m.*, p. 291. — 3. Pontoppidan, *Hist. nat. of.Norw.*, t. II, p. 226. — 4. *Vide supra.*

plexe et à rayer du catalogue de nos *Species*, en même temps qu'il conserve le *labrus rupestris*.

Ce qu'il y a de singulier, c'est que ce *labrus cornubius* a été, sans aucune critique préalable, appliqué par un assez grand nombre d'auteurs récens, à des poissons toujours différens de celui de Ray, et souvent même différens du second de Pennant. Nous l'avons fait remarquer à l'occasion des crénilabres, dont nous avons déjà parlé en citant les travaux de MM. Donovan, Turton, Fleming, Jenyns, Yarell et Couch.

M. Yarell aurait pu cependant faire entrer dans son Histoire des poissons d'Angleterre, et sous un article particulier, notre poisson; car il en a donné une figure dans la vignette de la page 3o1. Elle serait même à l'abri de tout reproche, si la tache des rayons de la dorsale n'y avait pas été oubliée.

M. Risso a aussi un *labrus cornubius*, mais l'espèce de la Méditerranée est différente de celle de l'Océan.

Bloch a mentionné, dans sa Grande ichthyologie, sous le nom de *lutjanus rupestris* (pl. 2o0, fig. 1), l'espèce dont il s'agit dans cet article; mais sous une enluminure un peu rude, et avec des lignes bleues sur la tête, dont Müller et Linné ne font aucune mention.

C'est aussi sous le nom de *labrus rupestris* que M. Nilsson[1] en parle. Cependant j'ai peine à comprendre comment ce savant y associe le *bergsnultra* du Voyage de Linné en Laponie; car l'auteur du *Systema naturæ* dit positivement que ce poisson avait dix-neuf rayons épineux à la dorsale et une tache noire à la base du dernier rayon mou de cette

---

1. Prod., *Ichth. Scand.*, p. 76, n.° 5.

nageoire, caractères qui ne peuvent convenir qu'à notre premier labre, et qui n'explique pas le *labrus suillus* de Linné, que cependant M. Nilsson cite comme une conséquence de cette synonymie. Car en admettant que, par une faute d'impression, il faille lire pour les nombres de la dorsale 17/9 au lieu de 9/17, comme Linné l'a écrit, ce qui dans ce renversement ne devient pas encore, suivant notre manière de compter, les nombres des rayons de la dorsale de notre poisson, ce grand homme ajoute sur les couleurs différens traits qui ne conviennent plus à notre cténolabre. Il faut d'ailleurs se souvenir que, si Linné avait voulu écrire 17/9 pour les rayons de la dorsale, cela voudrait dire, selon sa manière de formuler, huit rayons épineux et neuf mous à la dorsale, nombres qui ne s'accordent à aucune des espèces du genre.

Le corps, de forme plus alongée qu'ovale, est assez épais. La hauteur est comprise trois fois dans la distance du bout du museau à la base des rayons de la caudale, et trois fois et demie dans la longueur totale; l'épaisseur ne fait pas tout-à-fait moitié de la hauteur. La longueur de la tête fait aussi moitié de celle du tronc. La bouche est petite, peu fendue; la mâchoire inférieure dépasse un peu la supérieure; il y a en avant quatre dents en crochets, plus grandes que celles qui suivent; et derrière cette rangée une bande étroite de dents en velours. Les lèvres sont assez épaisses, en bourrelet arrondi, ne recouvrant pas les dents du premier rang la supérieure a quelques plis obliques très-fins. Le diamètre de l'œil est du quart de la longueur de la tête; l'orbite est éloigné du bout du museau d'une fois et demie ce diamètre. Quoique l'œil soit sur le haut de la joue, le cercle de son bord n'entame pas la ligne du profil. L'intervalle qui sépare les deux yeux est un peu plus grand que le diamètre n'est long, convexe d'un œil à l'autre, et presque rectiligne dans le sens longitudinal. La nuque est un peu plus relevée; le sous-orbitaire est assez grand, mince et arqué en avant;

le préopercule est large; tout le bord vertical et son angle, très-arrondi, sont très-finement dentelés. Le limbe seul est sans écailles, mais tout criblé de pores. Il y a trois rangées d'écailles derrière l'œil et cinq au-dessous sur la joue. L'opercule, le sous-opercule et l'interopercule, sont écailleux. Les ouïes sont assez bien fendues. La membrane branchiostège a cinq rayons; elle est nue, et réunie à celle du côté opposé par un isthme sans écailles et assez large.

Les deux ouvertures de la narine; sont sur le dessus de la tête, distantes l'une de l'autre : l'antérieure est entourée d'une papille tubuleuse. D'ailleurs, tout le dessus de la tête est, comme le sous-orbitaire, dépourvu d'écailles et percé d'un nombre assez considérable de pores; il en existe aussi sur les côtés.

La pectorale est insérée sous l'angle membraneux de l'opercule; elle a son angle supérieur et son bord libre arrondis.

La dorsale commence un peu en arrière de celle-ci; la portion épineuse est très-basse : la molle est un peu plus haute; les rayons simples de l'anale sont plus forts et plus hauts; la caudale est courte, à bord légèrement convexe, et à moitié couverte d'écailles; les ventrales sont petites.

B. 5; D. 17/10; A. 3/8; C. 15; V. 1/5.

Les écailles sont très-régulièrement disposées en séries sur le corps; j'en compte trente-cinq entre l'ouïe et la caudale, quatre rangées au-dessus de la ligne latérale et douze en dessous : chaque écaille est beaucoup plus longue que haute. Sa portion nue est couverte de stries concentriques très-fines; le bord radical est droit, non creusé; il y a quinze à seize rayons à l'éventail.

La ligne latérale est tracée parallèlement au dos par le sixième environ de la hauteur du tronc; elle s'infléchit sous la fin de la dorsale, et se rend à la caudale par le milieu de la hauteur du tronçon de la queue.

Nos individus conservés dans l'eau-de-vie deviennent plus ou moins pâles; mais la tache noire de la dorsale et celle du dos de la queue sont constamment très-marquées.

Müller et Linné, qui l'ont souvent vu frais, le représentent d'un gris plus ou moins verdâtre, lavé de rougeâtre, avec plusieurs bandes verticales plus foncées, qui s'effacent sur les portions inférieures; et dix ou douze lignes longitudinales et parallèles, d'un gris verdâtre, le long des flancs. Il n'y a pas d'autres taches sur le corps que les deux caractéristiques que j'ai déjà signalées.

Le foie est situé presque entièrement dans le côté gauche, où il se prolonge en un lobe long et pointu; il est concave en arrière et recouvre les replis du canal intestinal.

On voit l'œsophage descendre d'abord dans le côté gauche audessus du foie, et se porter jusqu'à la pointe de son lobe; il se courbe, remonte dans le creux du foie, puis se courbe et descend de nouveau pour revenir bientôt le long de la première anse; il se replie alors, et, en faisant une sinuosité et en se dilatant un peu, il se rend à l'anus.

La vessie aérienne est mince, argentée et moins grande que celle des crénilabres.

Nous comptons quinze vertèbres abdominales et dix-huit caudales à la colonne vertébrale. Les côtes sont grêles et petites. Le dessus du crâne est arrondi. Il n'y a point de carène transverse en arrière de la gouttière dans laquelle jouent les intermaxillaires.

Nos individus varient de trois à cinq pouces.

Nous en avons de Saint-Malo, par M. Kiener, et de Norwége, qui ont été donnés au Cabinet du Roi par M. Alexandre Brongniart.

Müller lui donne, comme dénomination vulgaire, les noms de *raatte, berg-neppe, strand-karusse, haw-karudse, söe-karudse,* et tous les auteurs de ces Faunes du Nord en parlent comme d'une espèce commune sur les côtes rocheuses.

Pendant que j'imprimais ces recherches sur le *labrus rupestris* de Linné, je reçois par l'obligeance de M. William Thompson, vice-président de la société des sciences naturelles de Belfast, une notice sur les crénilabres de l'Irlande[1], extraite du Magasin de zoologie et de botanique, n.° 11. Je trouve dans ce travail que l'auteur a fort bien reconnu le *goldsinny* de Jago, dans le *labrus rupestris* de Linné, et qu'il en a pris des individus sur les côtes de Bangor tout-à-fait semblables aux nôtres; mais que le nombre des rayons épineux de la dorsale paraîtrait varier, et que tantôt on en compte dix-sept et d'autres fois dix-huit sur la dorsale de ces poissons.

Suivant M. Thompson, M. Selby aurait aussi retrouvé et reconnu le poisson de Jago de Ray sur la côte de Barncleugh, ce qui prouve que l'espèce est assez commune dans ces mers septentrionales.

Je trouve dans le même mémoire une description accompagnée d'une figure d'un crénilabre que l'auteur nomme *crenilabrus multidentatus*, et sur lequel je reviendrai dans un de nos supplémens : il me paraît d'une espèce distincte, voisine de notre *crenilabrus melops*.

Le CTÉNOLABRE BORDÉ.

(*Ctenolabrus marginatus*, nob.)

La Méditerranée en nourrit une seconde espèce, qui a l'œil plus grand, car son diamètre fait près du tiers de la longueur de la tête; il est placé plus près du museau, qui est plus aigu. La tête est plus étroite; l'intervalle qui sépare les deux yeux n'est que des trois quarts du diamètre de l'orbite. La tête est proportionnellement plus longue; car la hauteur portée sur elle ne dépasse pas le bord du préopercule; comparée avec celle du corps, la hauteur du tronc est contenue quatre fois et deux tiers dans la longueur totale.

Il y a un rayon mou de moins à la dorsale et à l'anale.

---

1. *Contr. towards a Knowl. of the crenilabr. of Ireland*, p. 3.

D. 17/9 ; A. 3/7.

Les écailles sont plus courtes et plus larges.

Le poisson est d'une couleur plus uniforme; car je ne vois pas les traces des rayures longitudinales qui existent sur l'espèce précédente.

La tache noire du devant de la dorsale est plus noire, plus haute, et va jusqu'au sixième rayon. La dorsale et l'anale ont un fin liséré noir. Le bord de la caudale est noirâtre; la base paraît avoir été jaune; la tache noire de chaque côté de la queue existe comme dans toutes les autres espèces du genre. Il y a du noirâtre sur l'opercule et sur la base de la pectorale.

Ce sont de petits poissons de trois pouces et demi. Ils ont été rapportés de Marseille et de Toulon par M. Delalande et M. Roux.

Ce serait sans doute sous cette espèce qu'il faudrait placer le *labrus cornubius*[1] de la première édition de M. Risso; car il copie la phrase de Linné, en ne citant que l'édition in-8.° de Pennant, c'est-à-dire l'article de Ray. Ainsi M. Risso n'aurait eu que le tort de confondre deux espèces extrêmement voisines, ce qui était en quelque sorte consacré à l'époque où il écrivait son ouvrage; mais sa description est certes un mélange confus, dont plusieurs traits appartiennent à des espèces différentes. Il ne donne que quatorze rayons épineux à la dorsale, et cependant Linné lui en indique dix-sept. Comment donc a-t-il pu regarder comme identiques des êtres dont les caractères sont si distincts? Puis il parle de taches bleues à l'anus; caractères qui sont pris sans aucun doute d'autres espèces du genre des crénilabres.

Dans sa seconde édition[2] il augmente encore plus la

____

1. Ichth. de Nice, p. 267, n.° 8. — 2. *Ibid.*, t. III, p. 325, n.° 233.

13.   22

confusion de la première; car il entasse les synonymes de Gmelin et de Lacépède, sans corriger d'ailleurs aucune des erreurs que nous venons d'indiquer.

Le Cténolabre cendré.

(*Ctenolabrus cinereus*, nob.; *Labrus cinereus*, Pall.)

Nous avons encore trouvé parmi les poissons du Cabinet du Roi un de ces cténolabres, que nous avons vu avec d'autant plus de plaisir, qu'il a été déjà décrit dans le *Fauna rossica* de Pallas.

Il a le corps plus alongé que celui de l'Océan, le museau plus gros et plus rond, et l'œil plus petit que celui de la Méditerranée, les dents antérieures de la mâchoire supérieure plus grosses et plus courbées, la tache caudale beaucoup plus grande, et celle de la dorsale plus petite; car elle ne s'étend pas au-delà du quatrième rayon épineux.

D. 17/10 ; A. 3/8 , etc.

Les rayons osseux de la dorsale et de l'anale sont plus hauts que ceux des espèces précédentes. Il paraît d'ailleurs d'un brun cendré ou verdâtre uniforme.

Je n'ai vu qu'un seul individu de cette espèce, qui a été rapporté du Bosphore par M. Virlet; il l'a entendu nommer par les Turcs *tchuchur Baloc.*

Pallas[1] a décrit, sous le nom de *labrus cinereus,* une espèce qu'il signale comme n'ayant aussi que les quatre premiers rayons de la dorsale tachetés de noir. Le reste de la description s'accorde parfaitement, à l'exception du nombre des rayons épineux de cette nageoire : il n'en compte que seize.

Le poisson est long de quatre pouces.

---

1. *Faun. ross. asiat.*, t. III, p. 267.

Le CTÉNOLABRE A MUSEAU AIGU.

(*Ctenolabrus acutus*, nob.)

Parmi des poissons que M. Baillon avait reçus de Malaga, et qu'il a bien voulu donner au Muséum, j'ai trouvé un petit cténolabre assez semblable à celui de la Méditerranée

par la forme générale; mais qui paraît avoir encore le museau plus aigu, parce que la ligne du profil descend plus obliquement de la dorsale vers la bouche. Les dents sont petites et égales.

La tache caudale est plus petite, et celle de la dorsale ne s'étend que sur les trois premiers rayons; et il y a encore un rayon mou de moins à la dorsale.

D. 17/8; A. 3/8, etc.

L'individu n'a que trois pouces et demi.

Le CTÉNOLABRE IRIS.

(*Ctenolabrus iris*, nob.)

Nous avons encore reçu de la Méditerranée une cinquième espèce de ce genre.

Elle a le museau très-aigu et très-déprimé; la ligne latérale du profil inférieur presque droite, et celle du supérieur monte, par une ligne un peu concave entre les yeux, jusqu'à la dorsale, et se continue, pour redescendre par une ligne très-arquée, jusqu'à la queue, qui est beaucoup plus basse que celle des espèces précédentes. La hauteur est du cinquième de la longueur totale; la tête n'en fait que le quart. Le museau est si étroit que l'orbite entaille la ligne du front. Le diamètre de l'œil est du quart de la longueur de la tête. Le préopercule est très-arrondi et finement dentelé. Les quatre dents mitoyennes sont en petits crochets, et celles de derrière sont un peu plus grenues que dans les espèces précédentes.

La couleur est un beau rouge écarlate, avec un trait brun allant de l'œil s'évanouir sur l'épaule en traversant l'opercule. Il y a la tache noire sur le dessus de la queue, à la base des rayons de la caudale, mais il n'y en a plus sur le devant de la dorsale épineuse; elle est en quelque sorte reportée en arrière sur les trois premiers mous de la nageoire du dos. Il en existe une sur l'extrémité des rayons mitoyens de la caudale.

D. 16/12; A. 3/10; C. 13; P. 16; V. 1/5.

J'en ai des individus de quatre pouces de long, que M. Savigny a pris dans la baie de Naples. Je viens d'en recevoir d'autres individus de la Sicile, de la même taille, qui me sont envoyés par M. le prince Charles Bonaparte. Nous en avons reçu de Malte un plus petit individu, mais tout aussi bien caractérisé, par les soins du docteur Leach.

Le CTÉNOLABRE CHOGSET.

(*Ctenolabrus chogset,* nob.; *Labrus Burgall,* Schœpf.)

Le poisson décrit par Mitchill sous le nom de *labrus chogset* est aussi un cténolabre, qui a

le corps alongé, et assez semblable, par sa forme, à notre *Cten. rupestris.* Sa hauteur est comprise trois fois et trois quarts dans la longueur totale; l'épaisseur n'est pas tout-à-fait moitié de la hauteur. La tête est plus courte que cette mesure. Le profil supérieur est assez convexe; le cercle de l'orbite ne l'entame pas, quoique l'œil soit au haut de la joue; son diamètre est contenu plus de quatre fois dans la longueur de la tête. Le dessus du crâne, le sous-orbitaire et la plus grande partie de la joue sont nus; il n'y a que deux rangées derrière l'œil et trois en dessous de petites écailles couvrant le préopercule : le limbe en est nu. Le bord vertical est finement dentelé; l'opercule a un bord membraneux assez large; sur le milieu de l'os est une petite plaque d'écailles plus grandes que celles du préopercule, plus petites que celles du corps. Le bord est nu, ainsi que le sous-opercule et l'interopercule. Les lèvres sont épaisses, mais sans plis en dessous. Les six dents du milieu sont assez grosses et crochues. Les rayons antérieurs de la dorsale sont bas. Les nageoires sont arrondies.

D. 18/10 ; A. 3/9 ; C. 15 ; P. 14 ; V. 1/5.

Les écailles sont lisses, assez épaisses, peu grandes ; j'en trouve quarante-six entre l'ouïe et la caudale, six au-dessus de la ligne latérale et dix-sept au-dessous. Une écaille est plus longue que haute et n'a que dix à douze rayons à l'éventail. La ligne latérale se courbe très-peu sous la fin de la dorsale.

La couleur du poisson conservé dans l'eau-de-vie est un brun plus ou moins verdâtre, sur lequel on voit, et principalement sur les nageoires, des teintes violettes. La dorsale semble avoir conservé de petits ocelles plus pâles que le fond.

Mitchill[1], qui l'a vu frais, indique presque les mêmes teintes : un fond bleuâtre passant au vert ; les opercules plus verts, ainsi que l'anale et les ventrales ; quelquefois le dos est nuageux et varié de taches orangées.

C'est un poisson qui atteint rarement plus de huit pouces. Il a la vie très-tenace, même quand il est hors de l'eau.

C'est le *bergall* ou le *bluefish* des pêcheurs de New-York, le *chogset* des Mohegans. Il vit dans les mêmes eaux que le *tautog* (*tautoga nigra* nob., *labrus tautoga* Mitch.)

Ce nom de bergall nous a fait retrouver le *labrus burgall* de Bloch, mentionné par Schœpf dans le tome VIII des écrits des naturalistes de Berlin. Les nombres sont les mêmes.

Le docteur Mitchill cite une variété remarquable de son

---

1. Mitchill, *Phil. trans. of New-York*, vol. 1, p. 403, pl. 3, fig. 2.

chogset, qui est jaune et que l'on nomme, à cause de cela, *yellow chogset* ou *yellow bergall.* Le fond est souvent aussi orangé, ou coloré de jaunâtre teinté de rougeâtre.

Nos individus viennent de New-York par MM. Milbert et Lesueur, et nous en avons un autre qui a été pris à Terre-Neuve et donné au Cabinet du Roi par M. Le Guillou, un des chirurgiens de la marine royale, aujourd'hui embarqué sur la Zélée, conserve de l'Astrolabe, dans l'expédition de M. Dumont d'Urville.

Le CTÉNOLABRE MOUCHE.

(*Ctenolabrus uninotatus*, nob.)

Le même M. Milbert a envoyé parmi ses chogsets une espèce voisine de la précédente, dont M. Mitchill n'a point fait mention, et qui cependant s'en distingue

par un corps un peu plus trapu, la hauteur n'étant pas quatre fois dans la longueur totale. Les dents sont plus égales, plus serrées et plus petites; les dentelures du préopercule sont très-fines; le limbe en est nu, ainsi que le sous-opercule et l'interopercule. La caudale est plus arrondie; la dorsale l'est un peu moins. Les nombres sont les mêmes :

D. 18/10; A. 3/9 , etc.

La ligne latérale est un peu plus fortement déviée.

Le corps est plus vert, sans aucunes teintes bleues; la tête en a conservé de plus marquées, et sur tous nos individus je vois une tache noire sur le bas des deux premiers rayons mous de la dorsale.

Nous n'en avons pas reçu qui aient plus de quatre pouces. Ils viennent tous de New-York.

Le Cténolabre flagellifère.

(*Ctenolabrus flagellifer*, nob.)

Nous avons encore un de ces cténolabres, remarquable par les prolongemens filamenteux de la membrane qui unit les premiers rayons de la dorsale.

Le corps est plus en ovale régulier; il est plus haut et moins alongé que le précédent, et il est plus comprimé. La courbure du dos est plus grande que celle du ventre. La hauteur fait, à peu de chose près, le tiers de la longueur totale; l'épaisseur n'est que du quart de la hauteur; la longueur de la tête égale la hauteur du corps. Le museau est aigu; la ligne du front descend assez obliquement; la nuque est plus soutenue, et se relève à partir de l'orbite. Celui-ci est creusé sur le haut de la joue, entame la ligne du profil, et sa crête sourcilière est assez élevée. Le diamètre est compris quatre fois et demie dans la longueur de la tête. Le sous-orbitaire est haut et large, sans écailles, comme le dessus de la tête. Les deux ouvertures de la narine sont percées en dessus et sur le devant de l'œil, comme dans les autres cténolabres.

Le préopercule est très-finement dentelé le long de son bord vertical, qui fait un angle presque droit avec le bord horizontal. L'opercule, l'interopercule et le sous-opercule, sont couverts de très-grandes écailles, qui dépassent, comme une membrane festonnée, le bord de la fente des ouïes.

La bouche est assez fendue; les deux mâchoires sont égales : à la supérieure il y a deux fortes dents en crochets, entre lesquelles sont deux autres un peu plus petites. De l'autre côté de ces canines est la rangée de dents externes, qui vont en croissant, à mesure que l'on approche de l'extrémité de l'intermaxillaire; les dernières cependant ne sont pas en crochets.

Le maxillaire inférieur a deux fortes canines, séparées seulement par deux dents pointues, coniques, mais plus petites; puis vient le long de l'os une rangée de petites dents coniques et droites : les internes sont un peu mousses.

La dorsale a de fortes épines assez longues, et la membrane qui unit les trois premiers rayons se prolonge, près du premier et du second, en un filet mou plus long que le rayon; les autres prolongemens membraneux, quoique plus courts, sont encore assez sensibles. Les rayons mous sont plus alongés que les premiers; ceux de l'anale le sont beaucoup plus, car ils touchent à ceux de la caudale, qui est arrondie. La pectorale est petite, la ventrale est pointue.

D. 9/11; A. 3/9; C. 14; P. 13; V. 1/5.

Les écailles sont grandes et finement striées à leur surface; j'en compte vingt entre l'ouïe et la caudale, deux rangées au-dessus et cinq au-dessous de la ligne latérale, qui est fortement infléchie sous la fin de la dorsale.

Le poisson est entièrement décoloré par l'action de l'alcool; mais une tache noire s'est conservée sur le haut de la membrane, entre les deux premiers rayons de la dorsale.

Ce poisson est long de quatre pouces; j'en ignore la patrie. Il n'y en a qu'un seul individu dans le Cabinet du Roi. Quand il sera mieux connu, il est très-probable qu'on le distinguera génériquement. Il a des affinités avec nos lachnolèmes.

DES ACANTHOLABRES.

J'ai cru devoir faire un genre particulier des labroïdes à préopercule dentelé qui présentent quelques modifications dans la disposition de leurs dents. Celles de la rangée externe sont coniques et grosses, et par derrière il y en a de petites formant une bande étroite. Un second caractère consiste dans les nombreux rayons épineux de l'anale.

Ces poissons correspondent, dans les labroïdes, à nos

centrarchus de la famille des percoïdes. En les retirant des crénilabres, on précise davantage les caractères de ces différens genres. Je n'en connais qu'un petit nombre d'espèces des mers d'Europe, et dont celles de notre Océan septentrional me sont moins bien connues que celle de la Méditerranée.

L'ACANTHOLABRE PALLONI.

(*Acantholabrus Palloni*, nob.)

J'ai pu, en effet, voir plusieurs individus de l'acantholabre de cette mer. Je lui conserverai l'épithète que M. Risso lui avait donnée sous le nom de *lutjanus Palloni*, dès sa première édition, parce nous avons dans le Cabinet du Roi un poisson désigné sous cette dénomination par cet ichthyologiste dès 1812, et qu'un autre de la même espèce, et ainsi étiqueté par M. Risso, faisait partie des collections formées à Nice par M. Savigny.

Ce poisson a le corps assez régulier : sa hauteur fait le double de l'épaisseur et est comprise quatre fois dans la longueur totale ; celle de la tête égale cette même hauteur du corps. Le museau est assez obtus et arrondi ; l'intervalle qui sépare les deux yeux est convexe, et le diamètre de l'œil surpasse un peu le quart de la longueur de la tête. Le sous-orbitaire est presque entièrement audevant de l'œil. Le bord vertical du préopercule est oblique en avant, son angle est arrondi ; le bord horizontal descend un peu en dessous ; les dentelures, fines et égales, ne dépassent pas l'angle. Toute la joue, l'opercule, le sous-opercule et l'interopercule, sont couverts d'écailles ; elles avancent aussi sur le crâne jusques entre les yeux, de sorte que le bout du museau, le premier sous-orbitaire et les branches de la mâchoire inférieure, sont les seules parties de la tête qui ne soient pas écailleuses. La mâchoire inférieure paraît dépasser un peu la supérieure, surtout quand la bouche est ouverte :

13.   23

elle est d'ailleurs peu fendue. Les dents sont égales, coniques, pointues, et plus grandes au milieu que vers le fond de la bouche. La
rangée des dents internes est étroite : elles sont assez fortes; les
pharyngiennes ressemblent à celles des labres ordinaires.

La dorsale s'élève à l'aplomb de l'angle de l'opercule; elle est
soutenue par des épines roides et poignantes; la partie molle est
courte et arrondie. La caudale et l'anale le sont de même, et quelques écailles s'étendent sur leurs membranes.

B. 5; D. 20/9; A. 5/8; C. 15; P. 15; V. 1/5.

Les ventrales sont de médiocre grandeur, arrondies, et ont entre
elles une longue plaque cornée triangulaire, plus grande que celle
des pentapodes.

Les écailles du corps sont fortes, point dentelées ni ciliées. Une
écaille, séparée et détachée, montre que la portion radicale est très-
large; son bord d'insertion est festonné. Le triangle de l'éventail
a treize rayons; il est opposé à celui de la portion libre et colorée.
Je compte quarante-deux rangées d'écailles entre l'ouïe et la caudale; il n'y en a que trois au-dessus de la ligne latérale et treize
au-dessous. Cette ligne commence au surscapulaire, se recourbe
pour monter près du dos, et descend ensuite très-peu jusque sous
la fin de la dorsale, où elle s'infléchit pour se rendre de là, par
le milieu du tronçon de la queue, à la caudale; elle est composée
d'une série de points relevés en relief sur chaque écaille.

Nos individus, plus ou moins décolorés par l'action de l'alcool,
montrent une tache noire ronde sur le haut du tronçon de la
queue, en avant des rayons supérieurs de la nageoire. D'autres ont
une petite tache noire en avant, ou ont encore une tache noire à
la base des derniers rayons de la dorsale, précédée de trois ou
quatre autres, qui semblent même descendre en bandes larges et
transverses sur le dos; mais elles s'évanouissent dès qu'elles ont
atteint la ligne latérale. Je vois aussi sur un de ces individus de
Nice des traces de lignes rousses longitudinales et parallèles, au
nombre de treize sur chaque côté.

D'après un dessin colorié que M. Risso nous a communiqué,

le poisson serait bleuâtre sur le dos, noir sur le dessus de la tête, et rougeâtre, à reflets bleus et argentés sur le reste du tronc. La dorsale est jaune, tirant à l'orangé sur les rayons épineux; la caudale est verdâtre, l'anale bleuâtre; les pectorales et les ventrales sont orangées et bordées de bleuâtre.

Le foie est réduit à un seul lobe, situé plus à gauche qu'à droite de l'intestin. Cet organe est court, et ne fait que deux fortes sinuosités plutôt que de véritables replis. La vessie aérienne est grande, simple et cachée sous un repli fibreux et épais du péritoine, qui, dans le reste de l'abdomen, est mince et argenté.

Le squelette n'offre aucunes particularités remarquables; il ressemble à celui des autres labroïdes: il y a seize vertèbres abdominales et dix-neuf caudales.

Tel est le poisson que M. Risso (1.ʳᵉ éd., p. 263) dit se nommer *tenco,* et qu'il cite dans sa seconde édition (p. 319) sous le nom de *crenilabrus exoletus,* pensant alors qu'il est de la même espèce que le poisson de l'Océan septentrional. Il le dit d'une couleur rosée pâle, à reflets dorés, la gorge et le ventre étant d'un blanc mat; les traits de la ligne latérale sont jaunes; la dorsale, verte ou jaunâtre, est variée de teintes obscures; l'anale est blanche; les pectorales sont jaunâtres, les ventrales roses. Il faut remarquer que cette description est assez différente de celle que nous avons faite d'après son dessin. L'espèce vit sur les rochers peu profonds. On la trouve sur la côte en Mars et Août. M. Savigny l'a aussi rapportée de Naples; et je viens encore d'en recevoir un individu de Sicile qui m'a été envoyé par M. le prince Ch. Bonaparte.

L'ACANTHOLABRE DU NORD.

(*Acantholabrus exoletus*, nob.; *Labrus exoletus*, Linn.)

Linné avait désigné par l'épithète d'*exoletus* un labre qui lui paraissait anomal dans le genre tel qu'il l'entendait, à cause des cinq épines de son anale. Je n'ai jamais vu ce poisson de l'Océan septentrional, et cependant il me paraît être différent du précédent, car Linné ne lui compte

que dix-neuf rayons épineux à la dorsale, et il lui donne des lignes bleues sur le corps. Othon Fabricius[1], qui n'a fait que l'entrevoir une seule fois en naviguant, l'indique comme bleu et brillant.

Voici les nombres tels que Linné les a indiqués, et écrits à notre notre manière :

D. 19/8; A. 5/8; C. 13; P. 13; V. 1/5.

Ce poisson paraît très-rare, et si on le voit cité dans toutes les Faunes du Nord, il me semble en général que c'est sur la foi de Linné, Othon Fabricius excepté. Strœm[2], Müller[3], le comptent parmi leurs poissons. Le prince royal de Danemarck le nomme comme provenant des côtes occidentales de la Norwége. Outre les noms de *Blaagomme*, de *Blaastaal*, etc., communs à d'autres labroïdes, je trouve que Fabricius a indiqué, comme dénomination dans l'idiome des Groenlandais, le nom de *Keblernak*.

Müller, trompé par les rayures bleues dont le corps de ce poisson est orné, l'a cru identique avec le *labrus cœruleus* d'Ascanius, et cette erreur a été reproduite par M. Retzius, dans son édition du *Fauna suecica*, en l'augmentant encore, car il a ajouté à cette synonymie fautive

---

1. *Faun. Groenl.*, p. 166. — 2. *Sœndm.*, t. I.ᵉʳ, p. 267. — 3. *Faun. Dan.*, *Prod.*, p. 6, n.° 386.

le *striped wrasse* de Pennant, et comme variété le *labrus carneus* de Bloch, dont nous avons parlé plus haut.

Bloch et Lacépède l'ont placé parmi leurs labres : le premier sous le nom de Linné, et le second sous celui de *labrus pentacanthus.* Je trouve aussi dans l'ouvrage de M. Nilsson un *labrus exoletus;* mais comme ce savant n'a compté que dix-sept rayons épineux à la dorsale, et seulement sept mous, je me demande si le poisson était bien de la même espèce.

L'ACANTHOLABRE DE COUCH.

(*Acantholabrus Couchii,* nob.)

M. Couch a publié, dans le Recueil de M. Loudon[1] la description et la figure d'un acantholabre, qui me paraît différer de celui de Linné,

principalement par le nombre des rayons; car il a six épines à l'anale et vingt et une à la dorsale. Voici ses nombres écrits suivant notre manière :

D. 21/8; A. 6/8; C. 15; P. 14; V. 1/5.

La couleur est un brun uniforme et brillant, plus clair sous le ventre; le sourcil est noir, et une tache brune et foncée est sur le dos de la queue, à la base des rayons de la caudale. Les pectorales sont jaunes; les autres nageoires sont bordées de cette teinte.

M. Yarell[2] a reproduit d'une manière plus élégante la figure de M. Couch, et l'a donnée, ainsi que son prédécesseur l'avait fait, comme le *labrus luscus* de Linné, qui n'a cependant que trois rayons épineux à l'anale. On le trouve aussi répété dans le Traité de M. Jenyns[3]; mais ces deux auteurs n'en parlent que d'après M. Couch.

---

1. Couch, *apud Loudon, Mag. nat. hist.;* descr., vol. V, p. 18 et 742, et fig. n.° 121. — 2. *Brit. fish.,* p. 302. — 3. Jenyns, *Brit. an. Kingd,* p. 400.

Comme l'espèce n'est certainement pas le *labrus luscus* de Linné, j'ai cru devoir le dédier au zélé naturaliste qui a avancé l'ichthyologie des côtes d'Angleterre.

L'ACANTHOLABRE DE YARELL.

(*Acantholabrus Yarellii*, nob.)

Je placerai aussi dans ce genre le poisson que M. Yarell[1] a figuré et décrit d'après un individu acheté par lui au marché de Londres.

Il diffère sensiblement de tous les autres par les nombres des rayons de sa dorsale; et de celui de Linné, par les six épines de son anale.

D. 16/13; A. 6/8; C. 12; P. 15; V. 1/5.

Ce poisson était d'un noir pourpre foncé, plus clair et plus brillant sous le ventre; les lèvres et les parties antérieures de la tête couleur de chair lavée de pourpre, les nageoires bleues et les ventrales marquées de noir à la pointe.

L'individu avait neuf pouces et demi.

Cette espèce nouvelle appartient à nos acantholabres, et je me suis fait un vrai plaisir de la dédier à M. Yarell.

Il l'a regardée à tort comme le *labrus vetula* de Bloch que j'ai déterminé après l'avoir vu dans le Cabinet de Berlin.

L'ACANTHOLABRE PETITE BOUCHE.

(*Acantholabrus microstoma*, nob.; *Crenilabrus microstoma*, Thompson.)

M. William Thompson, vice-président de la société d'histoire naturelle de Belfast, vient de décrire[2] quelques

---

1. Yarell, *Brit. fish.*, p. 284. — 2. Will. Thomps., *Proceed. of zool. soc. of London*, Juin 1837, p. 55, et *Contrib. towards a knowlegde of the crenil. of Ireland*, *in Mag. of zool. and bot.*, p. 6, vol. 2, pl. XIV.

poissons des côtes de l'Irlande. J'ai trouvé parmi ces descriptions celle d'un acantholabre, que l'auteur a nommé *crenilabrus microstoma.*

Ce poisson a la forme de notre *crenilabrus melops* et des espèces voisines; c'est-à-dire qu'il a le corps plus court et plus haut que celui des autres acantholabres. Sa bouche est petite et peu fendue; les écailles paraissent plus grandes. L'auteur en a eu trois individus, sur lesquels il a vu varier les nombres des rayons de la manière suivante :

D. 19/7 ; A. 5/7 ; C. 13 ; P. 14 ; V. 1/5.
D. 19/6 ; A. 5/7 ; C. 13 ; P. 13 ; V. 1/5.
D. 20/6 ; A. 6/7 ; C. 15 ; P. 13 ; V. 1/5.

Le dos était bleu foncé; le dessus de la tête pourpre, plus noir sur le bord supérieur de l'orbite; des raies violettes et orangées longitudinales sur les joues, et verticales sous la mâchoire inférieure; le ventre, blanc argenté; la dorsale, violette, bleue à la base et bordée d'orangé; la caudale, brune, et noirâtre à la pointe; la pectorale, orangée, et portant une large tache noire à sa base.

Je ne parle de ces poissons que d'après les descriptions que j'ai indiquées plus haut. Il ne serait pas impossible que la troisième variété, citée par M. W. Thompson, fût d'une espèce particulière. Je laisse aux naturalistes qui verront ce poisson, à lever ces différens doutes, en examinant avec soin la dentition de ces individus, qui ont été pris sur les côtes d'Antrim.

L'ACANTHOLABRE VERT.

(*Acantholabrus viridis*, nob.)

Les collections faites aux Canaries par MM. Webb et Berthelot, montrent que l'océan Atlantique fournit aussi des poissons de ce genre. L'espèce que j'ai sous les yeux ressemble au crénilabre mélope.

La longueur de la tête fait le quart de celle du corps. La hauteur du tronc est le tiers de celle du corps, la caudale n'y étant pas comprise. Le propercule est finement dentelé. Les dents sont égales et serrées.

D. 17/9 ; A. 4/9 ; C. 13 ; P. 14 ; V. 1/5.

J'en ai un individu qui a cinq rayons épineux à l'anale ; d'ailleurs il n'a pas de caractères spécifiques différens.

La couleur est verte, avec des nuances jaunes sur la caudale et la portion molle de la dorsale et de l'anale.

Nos individus ont six pouces de long.

MM. Webb et Berthelot l'ont entendu nommer par les pêcheurs canariens *verde*. J'en ai fait donner une figure dans l'atlas de l'Histoire naturelle des Canaries (pl. 17, fig. 4).

CHAPITRE V.

Des Labroïdes à museau protractile et à ligne latérale non interrompue.

DES SUBLETS.

Je place dans ce chapitre un genre de *labroïdes* que M. Cuvier a établi dès la première édition du Règne animal, et qui a les plus grandes affinités avec les crénilabres, tels que je les ai caractérisés; car les mâchoires ne portent que des dents coniques disposées sur un seul rang. Mais la protractilité de leur bouche, les fait aisément distinguer des poissons de l'autre genre. Ils tiennent dans cette famille le même rang que les smaris et les gerres occupent dans la grande famille des sparoïdes; et l'on aurait pu même, pour rendre le parallélisme plus complet, faire une famille des labroïdes à museau protractile, et composées des genres *sublets* et *filous,* de même que M. Cuvier à voulu former une famille distincte, sous la dénomination de *ménides,* des spares à museau protractile. Mais comme il est contraire aux principes d'une bonne méthode naturelle de multiplier inutilement les familles, et que dans cette circonstance c'était bien le cas de les appliquer, je n'ai pas cru devoir établir un nouveau groupe. Les deux genres que je cite sont des labroïdes par tout l'ensemble de leur organisation; ils ne présentent pas ces anomalies étranges que nous avons observées dans les ménides, puisque quelques espèces de mendoles ont des dents au vomer, ce qui ne permettait plus de leur appliquer la caractéristique des sparoïdes.

13.   24

Le mécanisme à l'aide duquel ces poissons alongent leur bouche en tube, est semblable à celui des ménides. Des intermaxillaires à branches montantes très-longues et remontant sur le crâne, sont tirés en avant quand la mâchoire s'abaisse par le mouvement de bascule des maxillaires. Les sublets ont le préopercule dentelé et arrondi, les dents pharyngiennes en petits grains ronds et serrés sur les os qui les portent; la ligne latérale non interrompue; leur canal intestinal court, sans dilatation pour l'estomac, sans appendices cœcales, tous caractères qui établissent leur rang dans la grande famille des labres.

J'ai séparé les sublets des épibulus, parce que ceux-ci, ayant la ligne latérale interrompue, appartiennent à une seconde section des labroïdes.

Il semblerait que M. Cuvier ait attribué à M. Risso la première connaissance de ces poissons; cet auteur les ayant désignés, dans sa première édition de l'Ichthyologie de Nice, sous les noms de *lutjan verdâtre* (*lutjanus virescens*) et de *lutjan Lamarck* (*lutjanus Lamarckii*). Cependant je crois que l'on doit regarder comme étant de ce genre, dans lequel je n'admets encore qu'une seule espèce, le sujet de ce chapitre, le poisson que Bloch a figuré dans sa grande Ichthyologie (pl. 254, fig. 2) sous le nom de *lutjanus rostratus,* et qui lui avait été envoyé de La Haye par Vosmaër, qui en ignorait la patrie. La concavité du museau, son alongement au-devant de l'œil, les quinze rayons de sa dorsale, la ligne brune qui est peinte le long des flancs, justifient tout-à-fait ce rapprochement, quoique je doive avouer que la figure de Bloch ne serait pas très-exacte pour les traits; mais nous savons par une longue expérience que nous avons été souvent forcés de faire des rapprochements qui semblaient au premier aperçu être encore plus extraordinaires. Cette espèce a passé sous le même nom dans l'ouvrage de Lacépède. Je n'aurais pas même hésité à lui donner une synonymie plus ancienne en ne consultant que les phrases des synonymies d'Artedi. Qui pourrait, en effet, blâmer d'attribuer à nos sublets cette diagnose de son neuvième labre? *LABRUS rostro sursum reflexo, cauda in extremo circulari?* Mais la synonymie qu'il y a jointe, laisse subsister les doutes que j'ai déjà indiqués plus haut (p. 111). Malgré les assertions de M. Risso, je crois ne devoir admettre qu'une seule espèce de ce genre, celle dont je vais donner la description sous le nom suivant :

Le Sublet groin.

(*Coricus rostratus,* nob.; *Lutjanus rostratus,* Bloch, pl. 254, 2.)

Ce petit poisson a le corps plutôt parallélogrammique qu'ovalaire. En effet, la ligne du profil supérieur monte par une courbe concave jusqu'à la naissance de la dorsale, d'où elle descend, par une courbure un peu convexe, vers la queue. Celle du profil inférieur se porte, par une ligne oblique et descendante, à l'abdomen, jusqu'au-delà des points des ventrales, pour remonter ensuite à la queue. L'angle du dos est plus avancé que celui de l'abdomen, et c'est entre eux deux que l'on mesure la plus grande hauteur du corps; elle est comprise trois fois et demie dans la longueur totale, la tête égalant cette hauteur, et la caudale en en faisant la moitié. La hauteur du tronçon de la queue n'est que le tiers de celle du tronc. Quand la bouche est fermée, le museau est aigu, et la mâchoire inférieure se porte très-obliquement vers l'angle postérieur de ses branches. L'œil est placé à peu près au milieu de la longueur de la joue; il est de médiocre grandeur, son diamètre étant compris un peu plus de cinq fois dans la longueur

de la tête, et distant du bout du museau de deux fois la longueur
de ce diamètre. L'orbite n'entame pas la ligne du profil; c'est au-dessus
de cet organe que la ligne du front est le plus concave, et à cet
endroit la tête n'a pas en hauteur la moitié de sa longueur. Le sous-
orbitaire est étroit et assez alongé, un peu échancré en avant. Le
préopercule a le limbe etroit; le bord vertical et son angle, qui est
arrondi, finement dentelés : le bord horizontal est lisse. Je ne vois
sur la joue, au-dessous de l'œil, que deux rangées d'écailles. Les trois
autres pièces operculaires en sont aussi couvertes. Elles sont plus
grandes que celles des sous-orbitaires, mais plus petites que celles
du corps. Le bord membraneux est petit; la bouche est peu fendue,
mais elle est protractile.

Les branches montantes des intermaxillaires ont le double de
la longueur de la branche horizontale; et le maxillaire, petit et
élargi en palette ronde à son extrémité inférieure, a en dessous
une échancrure qui reçoit l'angle de l'articulaire de la mâchoire
inférieure, sur lequel il bascule quand celle-ci s'abaisse. Une branche
grêle, et pliée à angle droit sur cette portion inférieure de l'os
maxillaire, va rejoindre la branche montante de l'intermaxillaire,
d'où il résulte que l'abaissement de la mâchoire inférieure porte
nécessairement en avant le maxillaire et l'intermaxillaire, et fait
exécuter à la bouche son mouvement de protraction. Quand la
mâchoire inférieure se relève, elle retire, en portant l'articulaire
en arrière, le maxillaire, qui entraîne les intermaxillaires, dont les
branches glissent dans la coulisse pratiquée pour leur mouvement
entre les deux sous-orbitaires et les deux os propres du nez.

Les dents sont petites et sur un seul rang, en tout semblables à
celles de nos crénilabres; elles sont toutes implantées perpendicu-
lairement sur la mâchoire, et celles du milieu ne se portent pas
horizontalement en avant; les pharyngiennes sont de même mousses
et grenues. Les lèvres sont minces et étendues en assez larges
membranes sur les côtés de la bouche. Les deux ouvertures de
la narine sont pratiquées près de la ligne du profil, au-dessus
de l'œil : la postérieure est ovale et plus grande que l'antérieure.
La langue est libre et pointue. Les ouïes sont largement fendues;
il y a, comme à l'ordinaire, cinq rayons aux ouïes.

La pectorale est attachée sous l'angle membraneux du bord de l'opercule, un peu obliquement; ses rayons sont très-petits, et sa membrane tellement transparente qu'on la voit à peine quand elle est étalée et collée sur le corps : elle est généralement du septième de la longueur totale; mais j'ai trouvé des individus qui l'ont un peu plus longue, et dans ce cas elle est comprise six fois et demie dans cette même longueur totale.

La dorsale commence un peu en arrière de l'aplomb tiré par l'insertion des pectorales; ses rayons épineux sont bas et faibles : la portion molle se termine en pointe.

La caudale est arrondie. En avant de l'anale est un appendice charnu, conique, mousse, et percé de deux trous : l'un pour la laitance, l'autre pour l'urine.

Les ventrales sont reculées assez en arrière des pectorales.

B. 5; D. 15/10; A. 3/9; C. 13; P. 12; V. 1/5.

Il y a trente rangées d'écailles entre l'ouïe et la caudale. Une écaille a le bord radical crénelé par les extrémités des treize rayons de l'éventail. La portion nue est finement ciselée par des stries divergentes, en rayonnant du centre vers le bord, et croisées par d'autres moins fortes, circulaires et parallèles au bord. La ligne latérale est tracée sur la quatrième série d'écailles; elle est parallèle au dos, et composée d'une suite de tubulures relevées et redressées vers la dorsale.

La couleur est un rouge orangé, quelquefois lavé de verdâtre. A l'anus existe une grande tache bleue. Les pectorales sont plus ou moins rouges, les ventrales jaunes. Je vois la caudale colorée d'une belle teinte orangée chez les individus à pectorales pâles, et jaunâtre chez ceux à pectorales rouge assez foncé. Cette nageoire de la queue a le plus souvent près du bord un fin liséré noirâtre et des points de même teinte, plus ou moins effacés entre les rayons. L'anale a une très-faible couleur orange chez les individus à caudale orangée, et elle est jaune sur ceux de l'autre variété. Chez les premiers la dorsale a une tache noire, étendue sur toute la membrane réunissant les trois premières épines. Sur le reste de la portion épineuse il y a deux séries de points noirs : une près du bord, et une à la base de la nageoire. La portion molle a le tiers inférieur rougeâtre, le reste pâle et comme incolore. Sur les individus de la seconde variété, je vois la nageoire plus verdâtre et des points entre tous les rayons épineux; la tache noire sur le devant étant plus ou moins bien marquée. L'anale a une suite de petits points noirs à sa base. Ces points se montrent aussi sur la poitrine, sur le ventre, sur la queue, et en plus grande abondance sur la tête; dont le dessus de la tête est brun. Une bandelette de cette couleur traverse du bout du museau à l'œil; puis elle reprend derrière l'orbite et s'étend sur l'opercule, passe par l'angle et va finir sur les flancs, à moitié de la longueur du corps. Le dessus de la ligne latérale est noirâtre. On voit quelquefois au-dessus de la bande brune une autre argentée, mais qui ne la suit pas aussi loin.

Les nombreuses variations des teintes de ces petits poissons ont suggéré à M. Risso l'idée d'en distinguer d'abord deux espèces, et il en a même plus tard établi une troisième.

La première, qu'il a nommée

Le Sublet Lamarck
(*Coricus Lamarckii*),

a, suivant sa diagnose,

le corps gris obscur, varié de teintes dorées et argentées, et marqué de lignes ou de points rouges. Le plus grand nombre d'individus auraient le dos bleu d'outremer; les côtés teintés d'aurore argenté, parsemés de points rouge-carmin. Les nageoires sont variées de plusieurs couleurs; l'iris est doré; l'œil a l'éclat du rubis.

M. Risso en a distingué une première variété, offrant les mêmes fonds,

mais qui manque de points rouges;

et une seconde,

jaune doré, verdâtre, avec les opercules pointillés d'obscur.

La seconde espèce est

Le Sublet verdatre.

(*Coricus virescens.*)

Elle a le corps vert, varié de jaune, et la tête traversée par des lignes violettes. Le vert foncé du dos passe au doré sur le ventre; les nageoires sont d'un vert tendre; les yeux sont rouge argenté, avec l'iris doré.

Il distingue de cette seconde espèce trois variétés. Une,

chez laquelle le jaune domine;

une seconde,

où le vert s'étend sur tout le corps;

et une troisième,

qui offre un mélange de toutes les gradations du vert et du jaune, sans raies violettes.

Il a nommé la troisième espèce

Le Sublet rougeatre.

(*Coricus rubescens.*)

Son dos est brun-rouge; les côtés portent une bande longitudinale rose argenté; la base de la queue est tachetée de noir. La couleur du dos dépend de la dispersion de taches d'un brun obscur, mêlées à d'autres, couleur d'outremer, sur un beau fond rose. Le blanc argenté lavé de rose, qui s'étend sur la gorge et le ventre, est séparé de la teinte du dos par la bandelette argentée et rosée. L'iris est doré; les yeux ont l'éclat du rubis, avec des reflets argentés; les nageoires variées de jaune et de rouge. Sur les premiers rayons de la dorsale existe une tache bleuâtre, et la caudale est marquée à sa base d'un point noir très-petit. La tache de la dorsale serait moins apparente sur les femelles.

M. Laurillard, qui en a rapporté de nombreux individus

pris à Nice, et reconnus par M. Risso pour son *sublet verdâtre,* les décrit comme ayant

le corps traversé par douze raies longitudinales vertes, avec une bande d'un violet obscur, partant de la tète à la hauteur de l'œil, et se perdant vis-à-vis de l'anale ; la dorsale était bordée de rose. Une autre variété avait le dos vert obscur, les côtés jaunâtres ; la tète et les flancs traversés par une ligne brune.

Je suis étonné que cet habile observateur ne parle pas de la variété rouge, ou bleu pointillé, qui me paraît la plus abondante sur tous les points de la Méditerranée.

Ces variétés, qui ne sont pas mentionnées par M. Risso, rentreraient dans l'espèce de son sublet verdâtre, si les nombres des rayons étaient les mêmes.

A en juger d'après les nombres cités par M. Risso, le sublet verdâtre à seize rayons épineux serait très-différent des deux autres, qui n'en auraient que quatorze ; mais j'ai vérifié ces nombres sur plus de cent individus, et dans ce grand nombre je n'en ai trouvé qu'un seul ayant seize rayons à la dorsale, et cinq n'en ayant que quatorze. J'ai observé plus de trente sublets, envoyés de Nice par M. Risso lui-même, sous le nom de *lutjanus Lamarckii,* et sur tous j'ai trouvé quinze rayons épineux à la dorsale. Comme sur les individus à seize ou à quatorze rayons, je ne trouve aucun caractère qui justifie la distinction spécifique faite par M. Risso ; et que les couleurs, si variables dans les labres, ne peuvent donner des signes spécifiques, je persiste à croire que l'on doit considérer ces nombreuses variétés de teintes comme appartenant toutes à une même espèce.

Les recherches anatomiques que j'ai faites confirment aussi ces conjectures. Je trouve dans tous ces individus, quel que soit le nombre de leurs rayons, un foie assez gros, convexe en dessous, concave en dessus, pour loger dans son sillon l'œsophage et l'estomac. Ce foie, situé presque en entier dans le côté gauche de l'abdomen, donne à droite et en haut un très-petit lobule. La vésicule du fiel est très-petite. L'intestin ne fait que deux plis; la troisième anse a deux fois plus de longueur que la seconde. La rate est petite et lenticulaire, située à droite de l'intestin. Les ovaires forment deux petits corps trièdres occupant la moitié inférieure de l'abdomen, réunis largement par en bas, et contenant des œufs d'une petitesse excessive. La vessie aérienne est grande, simple, ovoïde, à parois argentées résistantes; elle contient des corps rouges très-volumineux.

Outre les parties du squelette que nous avons déjà mentionnées en décrivant l'extérieur de l'animal, j'ajouterai que la colonne épinière a trente et une vertèbres, dont treize sont abdominales, et que je n'ai pas trouvé de variations dans ce nombre, lorsque j'en observais dans celui des rayons épineux de la dorsale. Les côtes sont petites, mais assez fortes. Il n'y a que deux ou trois côtes horizontales.

Ce qui me porte encore à croire qu'il n'existe qu'une seule espèce de sublet, c'est que les pêcheurs ne distinguent pas par des noms différens ces nombreuses variétés, parées de couleurs si variées, qu'ils observent constamment. Leur nom nicéen est *sublaire.*

Ce sont des petits poissons que l'on trouve pendant toute l'année sur les côtes rocheuses et peu profondes. La femelle fraie au printemps. Leur chair est tendre, savoureuse.

L'espèce abonde dans toute la Méditerranée.

M. Delille nous l'a envoyée de Montpellier; M. Delalande, de Martigues; MM. Cuvier et Pol. Roux, de Marseille; M. Kiener, de Toulon; MM. Risso, Savigny et Laurillard, de Nice; M. le prince Charles Bonaparte, de Rome; MM. Constant Prévost et Bibron, de Sicile; M. Leach, de

Malte; M. Domnando, d'Athènes; M. Reynaud, de Napoli
de Romanie; M. Geoffroy Saint - Hilaire, d'Alexandrie
d'Égypte : M. de Laroche l'a aussi trouvée aux îles Baléares.

C'est de Naples que nous avons reçu les plus grands
individus. Ils ont quatre pouces et demi de long sur dix-
huit lignes de hauteur. Les autres n'ont pas généralement
trois pouces de longueur.

DES CLEPTIQUES.

Parra a figuré[1], sous le nom de *rabirubia genizarra,* un
labroïde que nous avons appris à connaître par les collections faites à la Martinique par M. Plée.

Nous avons reconnu que ce poisson doit être d'un genre
particulier, voisin des sublets, par la protractilité de son
museau, par les dentelures de son préopercule et par sa
ligne latérale non interrompue. La petitesse de sa bouche,
la manière dont elle rentre sous la voûte des sous-orbitaires;
ses dents sur un seul rang, mais en très-petit nombre et à
peine visibles; ses dents pharyngiennes composant, par leur
réunion, des petites lames à bord dentelé en scie; ses
nageoires verticales, couvertes en grande partie d'écailles
semblables à celles du reste du corps, sont les caractères
distinctifs de ce genre. Dès notre premier travail sur les
poissons, nous avons reconnu, M. Cuvier et moi, la néces-
sité de l'établir. Pour rappeler ses affinités avec les filous
(*epibulus*), que M. Cuvier en rapprochait trop, dans ma
manière de voir, nous avons imaginé de nommer ce genre

---

1. Parra, *Hist. de los raros marilimos de la Havana;* p. 44, Lam. 21, fig. 1.

du nom de *clepticus,* κλεπτικός étant une épithète que les Grecs donnaient aux êtres enclins à voler.

C'est ainsi que le genre a paru sous cette dénomination dans la seconde édition du Règne animal; mais on peut remarquer que M. Cuvier a négligé de donner plusieurs de ses traits caractéristiques; car, entre autres oublis, il n'a pas parlé de la dentelure du préopercule.

Nous n'avons jusqu'à présent reçu qu'une seule espèce de ce genre, dont nous ne possédons qu'un petit nombre d'individus, quoique M. Plée nous dise dans ses notes que le poisson n'est pas rare aux Antilles. En voici la description.

Le Cleptique créole.

(*Clepticus genizarra,* nob.)

Le corps est alongé et assez régulier : sa hauteur fait le quart de la longueur totale, et son épaisseur est comprise deux fois et demie dans la hauteur. La longueur de la tête est du quart de celle du corps, la caudale non comprise, qui n'est elle-même qu'un peu moins longue que la tête. La ligne du profil supérieur est convexe sur la nuque, et assez semblable à la courbure inférieure; aussi l'œil est-il à peu près au milieu de la hauteur de la tête, mais sur le tiers antérieur. L'orbite est rond, petit, son diamètre étant contenu cinq fois et demie dans la longueur de la tête. Le sous-orbitaire est une petite pièce quadrilatère, couverte d'une peau adipeuse et nue, située tout au-devant de l'œil, et dont le bord antérieur, concave en haut, devient au contraire convexe en bas; il forme avec celui du côté opposé une sorte d'ogive, dans laquelle se place et joue la mâchoire supérieure. Sur le bord supérieur et un peu oblique de cet os, est un petit sillon dans lequel on voit les deux très-petites ouvertures de la narine : la postérieure est cependant plus visible que l'antérieure. Tout le pourtour de l'œil, ainsi que le petit espace compris entre les deux narines et l'extrémité du museau, est nu. C'est la seule portion du corps qui soit sans écailles; car il y en a sur les

branches de la mâchoire inférieure, sur toutes les pièces operculaires, sur la base des nageoires impaires et même sur celle de la
pectorale. Le préopercule occupe le bas de la joue; son bord vertical
est légèrement concave, très-finement dentelé; son angle est arrondi, et sa courbe s'étend le long du bord horizontal, qui est lisse,
mince et sans dentelure. On ne distingue pas de limbe. Les écailles,
au nombre de trois rangées vers le haut du bord vertical, et de
sept vers l'angle, s'étendent jusqu'au bord, dont elles cachent les
dentelures.

On ne distingue pas sous les larges écailles de l'opercule cet
os du sous-opercule, et l'interopercule ne se reconnaît qu'à la
petitesse des écailles. Ces pièces sont lisses, sans dentelures; le bord
membraneux et l'angle de l'opercule sont assez larges. Les deux
bords de l'interopercule se touchent sous l'isthme, et la fente des
ouïes, quoique grande, ne se voit qu'à peine, tant l'appareil operculaire s'applique hermétiquement sur la ceinture de la poitrine;
en la soulevant on voit la membrane branchiostège entièrement
pliée et cachée sous l'interopercule et le sous-opercule; elle est
soutenue par six rayons branchiostèges. Les branchies, au nombre de quatre de chaque côté, sont petites. Les lames des peignes
sont très-fines, serrées, et celles des trois premières sont profondément divisées et simulent sur chaque arceau une branchie double :
les lames de la quatrième sont simples. Les râtelures de la première
externe sont formées de lames longues, serrées, dirigées en dedans,
comme pour rétrécir et protéger l'entrée de la cavité branchiale.
Les râtelures des autres branchies deviennent des lames horizontales, entrecroisées, sans aucunes dents ni épines. Les deux pharyngiens supérieurs portent cinq rangées de lames émaillées, den-
ticulées, dont les pointes sont fort aiguës et font du bord externe
de ces deux os une sorte de scie, qui joue sur un système semblable
du pharyngien inférieur, dont la tige, sans dentelures, s'avance entre
les branchies, vers le corps de l'os hyoïde.

Cette dentition, qui rentre dans celle des labroïdes ordinaires,
offre encore cependant une disposition caractéristique du genre des
cleptiques.

La bouche est extrêmement petite; mais elle peut s'alonger en un long tube par la protraction des intermaxillaires, dont les branches sont très-longues. L'ouverture est semi-circulaire, les deux intermaxillaires étant réunis en demi-cercle. La lèvre supérieure a très-peu d'épaisseur, est très-adhérente à l'os, dont la branche latérale n'a que quatre à cinq petites dents coniques; la mitoyenne seule est horizontale; elle seule dépasse un peu la lèvre, et peut se voir facilement; les autres se sentent au toucher comme de petites aspérités. Quand la mâchoire inférieure s'abaisse pour ouvrir le bouche, la branche horizontale de l'intermaxillaire seule se détache du bord de la voûte des sous-orbitaires, et l'on ne voit pas du tout les maxillaires; mais ils deviennent visibles quand on fait sortir le tube entier de la bouche : on aperçoit les branches montantes dans toute leur longueur; elles jouent sous la peau nue du devant du museau; elles remontent sur le crâne jusqu'à la hauteur du milieu de l'orbite. Le maxillaire se montre alors comme une languette plate, arrondie par en bas, mince et un peu courbée, pour se cacher entièrement dans la rétraction de la bouche sous le sous-orbitaire. La mâchoire inférieure, qui a une lèvre très-épaisse et étendue sous elle, a deux dents mitoyennes horizontales, un peu plus fortes que les deux ou trois autres, extrêmement petites, qui la suivent. Les branches horizontales sont portées assez loin en arrière; elles deviennent larges, et ont un articulaire assez grand, qui sert à faire basculer les maxillaires et attirer en avant les intermaxillaires. La langue a de la liberté dans l'intérieur de la bouche; elle est pointue et lisse comme le palais.

Quand les rayons de la dorsale sont abaissés, ils sont tout-à-fait cachés par les écailles de la base de la nageoire, qui ne font pas cependant une large gouttière, comme celle des spares. Les rayons, en se redressant, entraînent et relèvent avec eux les écailles qui les recouvrent; la nageoire devient tout-à-fait écailleuse; on ne voit que la pointe des épines, et une plus longue portion des rayons articulés. La longueur des rayons épineux augmente successivement du premier au douzième, puis les deux premiers rayons mous s'alongent un peu, et ils sont ensuite dépassés de plus du double de leur longueur, jusqu'au septième articulé, lequel est suivi de trois autres rayons, moitié plus courts que lui, ce qui rend la portion molle de l'anale pointue, puis échancrée en arrière, comme si la nageoire était coupée. L'anale est faite de même : c'est le septième et le huitième rayon mou qui sont prolongés en pointe.

La caudale est fourchue quand elle est fermée, et coupée en croissant quand ses rayons sont écartés. La pectorale est pointue, triangulaire; elle est comprise quatre fois et demie dans la longueur totale : elle n'a pas d'écailles à sa base. La ventrale est de médiocre grandeur; elle a dans son aisselle une série d'écailles pointues, et une plus longue sépare la base des deux nageoires inférieures.

Les écailles sont lisses, assez grandes; j'en compte trente-cinq entre l'ouïe et la caudale, cinq rangées au-dessus de la ligne latérale tracée parallèlement au dos le long de la sixième rangée, et dix à douze au-dessous. Chaque écaille a une base radicale quadrilatère, plus que double en surface de la portion nue; elle a un large éventail triangulaire à dix-sept rayons. La portion nue de l'écaille, vue à la loupe, montre de très-nombreuses stries longitudinales.

La ligne latérale se continue sans interruption jusqu'à la caudale; elle est formée d'une sorte de petites tubulures simples et un peu relevées.

Le poisson, décoloré par l'esprit de vin, est d'un brun olivâtre foncé sur le dos; lavé de bleuâtre, argenté et marbré de bleu sur le ventre. La caudale est violâtre; les pointes de la dorsale et de l'anale sont brunes, ces deux nageoires étant bordées de brun; la face interne de la pectorale est très-foncée.

Le foie est peu volumineux; la vésicule du fiel est assez grande, ovale, suspendue à un long canal cystique : sa plus grande portion est située dans le côté droit de l'abdomen. Le canal intestinal n'offre aucune dilatation; il descend d'abord jusqu'au tiers de l'abdomen, puis fait un petit feston, et remonte vers le diaphragme pour se porter de nouveau vers le bas; au second tiers, il revient de nouveau vers la tête : cette anse va toucher le premier pli, d'où l'intestin, en s'élargissant, se rend droit à l'anus. Son épiploon est très-gras. Les organes de la génération n'étaient pas développés.

La vessie aérienne est mince, mais très-grande. Le péritoine est argenté.

Nous en avons des individus qui ont jusqu'à dix pouces de longueur. Ils nous sont venus de la Martinique par M. Garnot; mais nous connaissions déjà l'espèce par un individu plus petit, qui nous avait été envoyé de la même île par M. Plée.

Ce voyageur le regarde comme un des poissons communs sur le rivage, et c'est même de là qu'il déduit l'origine du nom vulgaire de *Créole,* sous lequel il nous l'a envoyé. Il dit que sa chair est de bon goût, et qu'il ne dépasse pas une livre de poids.

Parra l'indique avec des couleurs plus vives que M. Plée, mais à peu près semblables : la tête est carmin obscur; le dos, plus clair, passe au rose; les côtés orangés et les pectorales noirâtres. Il le dit un poisson de hauts fonds, et très-rare dans les mers de la Havane; car le pêcheur qui lui a apporté l'individu qu'il a peint, n'en avait pas encore vu d'autres, quoiqu'il se livrât à l'exercice de la pêche depuis plus de quarante ans.

CHAPITRE VI.

*Des Lachnolèmes (Lachnolaimus), nommés vulgai-
rement aux Antilles* aigrettes ou capitaines.

Catesby, dans son Histoire naturelle de la Caroline, a
donné (t. II, pl. 15) la figure de la tête et des premiers
rayons dorsaux d'un poisson qu'il nomme *suillus,* et dont
il n'est pas question dans les auteurs systématiques, excepté
toutefois Bonnaterre, qui, dans l'Encyclopédie méthodique[1], l'a confondu avec le *labrus suillus* ou *bergsniltra*
de Linné, et en a fait ainsi un poisson des Antilles et
d'Europe. Cet oubli tient probablement à ce que sa
description est aussi incomplète que sa figure; on voit
cependant qu'il a des caractères remarquables dans la
protractilité de sa mâchoire supérieure, dans les grandes
dents qui l'arment en avant, ainsi que l'inférieure; dans
le prolongement en longues lanières des premiers rayons
de sa dorsale, dans son profil concave et dans l'intégrité
de toutes ses pièces operculaires.

Ces mêmes caractères généraux se retrouvent dans un
poisson de la Havane, décrit et représenté par Parra
(pl. 3, fig. 2), sous le nom de *perro,* c'est-à-dire *chien*
en espagnol; mais il ne paraît pas que ce *perro* soit de
la même espèce que le *suillus,* ou du moins faut-il avouer
que les descriptions de leurs couleurs, telles que les donnent
Catesby et Parra, et même les formes de leurs museaux, ne
se ressemblent guère; mais l'identité du genre n'en est pas
moins certaine.

---

1. Explic. des pl. d'ichth,, p. 109.

Nous avons vu aussi un dessin d'un poisson du même genre, fait en 1771 au Cap-Français de Saint-Domingue, et intitulé *aigrette* ou *vivaneau;* et M. Plée nous en a envoyé de la Martinique, sous le nom de *capitaine;* de Porto-Rico, sous le nom de *cotorra* (*perruche*); de Barthélemy, sous celui d'*aigrette,* et de Saint-Thomas, sous celui de *hog-fish* (*poisson cochon*), tous semblables entre eux et à ceux de Parra et de Catesby par les caractères généraux ; mais assez différens par les détails des proportions et quelques accidens de couleurs, pour être considérés comme formant-au moins quatre espèces, ainsi que nos lecteurs vont en juger.

J'ai lieu de croire cependant que Linné avait vu un poisson de ce genre dans le Musée de De Geer; car ce qu'il en dit dans sa douzième édition convient parfaitement à nos lachnolèmes. Il le décrit sous le nom de « *LABRUS FALCATUS, pinnæ dorsali analique radiis quinque primis inermibus falcata.* » Et il ajoute : « *corpus latitudine Bramæ, argenteum. Radii quinque primi e mollibus dorsalis analisque elongati, sequentibus æqualibus, unde hæ pinnæ falcatæ; dentes acuti sunt; pinnæ ventrales parvæ.* »

Le poisson venait d'Amérique , comme tous nos lachnolèmes; mais les nombres de rayons sont différens de tous ceux que nous avons observés. Les voici tels que Linné les a comptés, et écrits suivant notre méthode :

D. 7/20; A. 3/17; C. 20; P. 17; V. 1/5.

Ce poisson est devenu le *labre faucheur* de l'Encyclopédie, et il est cité sous ce nom dans l'ouvrage de Lacépède.

Tous nos lachnolèmes ressemblent à des labres propre-

13.   26

ment dits, par leurs lèvres, par l'ensemble de leurs formes, par la membrane qui descend de leurs sous-orbitaires, par les écailles de leurs joues, par les lanières de leur dorsale. Mais on les reconnaît dès l'extérieur aux prolongemens flexibles de leurs premiers aiguillons dorsaux; à leur ligne latérale parallèle au dos non interrompue; à leurs dents antérieures fortes, crochues, portées en avant et suivies d'une série de petites dents égales. Un caractère plus profond consiste dans leurs pharyngiens, qui, au lieu d'être armés sur leur totalité, comme dans les labres, de dents en forme de pavés, n'en ont que sur une petite étendue et sont couverts, sur le reste de leur surface, d'une membrane veloutée. C'est de cette particularité que nous avons dérivé leur nom générique, *lachnolème*, de λάχνη (*lanugo*) et de λαιμὸς (*guttur*); il signifie gorge laineuse, gorge veloutée.

Leur intérieur est aussi analogue à celui des labres: ils manquent de cœcums.

Il paraît qu'ils se ressemblent entre eux par les couleurs non moins que par les formes. Leurs teintes générales sont rouges, et presque tous ont une tache noire sur la base de la dorsale à son bord postérieur.

Le LACHNOLÈME AIGRETTE.

(*Lachnolaimus aigula*, nob.)

L'espèce que nous décrirons en tête du genre, est *l'aigrette* de Saint-Barthélemy.

Son corps est ovale, et assez comprimé lorsque sa bouche est rentrée et fermée. Sa plus grande hauteur, prise au milieu du tronc, est deux fois et trois quarts dans sa longueur totale, la caudale comprise, et deux fois et un quart seulement, en ne la comptant pas. Son épaisseur est deux fois et demie dans sa hauteur. La longueur de sa tête fait le quart de la longueur totale, et elle est aussi haute à la nuque qu'elle est longue; mais la bouche, en s'alongeant, ajoute plus d'un quart à la longueur de la tête, et les proportions générales changent en conséquence. La manière dont la mâchoire supérieure se porte en avant et dont l'inférieure s'abaisse dans cette protraction, donne à la physionomie de ce poisson un rapport sensible avec celle de nos *hœmulons* ou *gorettes*. Des lèvres charnues garnissent les deux mâchoires, et les sous-orbitaires sont enveloppés sous une large production de la peau, qui unit ceux d'un côté à ceux de l'autre, et sous laquelle la mâchoire supérieure se cache presque entièrement dans la rétraction. C'est même à peine si le maxillaire se montre un peu dans la protraction; il est plat, un peu élargi, et arrondi à son extrémité. La fente de la bouche, même lorsqu'elle est visible jusqu'à la commissure, ne fait qu'un peu plus du tiers de la longueur de la tête (les mâchoires censées retirées), et ne s'étend pas jusque sous l'œil, qui est à peu près au milieu de cette longueur et au quart de la hauteur. La mâchoire supérieure a en avant quatre dents alongées, crochues et terminées en pointe; et de chaque côté treize ou quatorze petites dents coniques et mousses, à peu près égales, et se montrant peu hors de la gencive. L'inférieure a aussi en avant quatre dents longues et crochues; mais les deux intermédiaires sont de moitié plus courtes de chaque côté; elle en a dix-sept ou dix-huit, coniques et courtes, un peu moins cependant que celles d'en haut. Les voiles de derrière les dents sont épais et peu larges. La langue est ovale, obtuse, peu libre; elle est, ainsi que le palais, veloutée vers sa base et sans dents; et une membrane, dont le velouté est encore plus épais, couvre les deux pharyngiens supérieurs antérieurs et les bords de l'inférieur, de sorte qu'il n'y a de dents en pavés qu'au troisième d'en haut et à la partie moyenne et postérieure de celui d'en bas. Le diamètre de l'œil est du cinquième de la longueur de la tête; l'intervalle des yeux est presque double de ce diamètre. Un léger rebord de la peau garnit le tour de l'orbite, mais sans former aucune paupière.

L'orifice postérieur de la narine est un trou assez petit, sans rebord, placé en avant de l'œil, à une distance égale à la moitié de son diamètre; l'antérieur, encore beaucoup plus petit et semblable à une piqûre d'aiguille, est à la même distance, en avant du postérieur, mais un peu plus bas; l'intervalle et le tour des yeux, et tout le museau et les mâchoires, sont couverts d'une peau sans écailles, ainsi que le limbe du préopercule; mais le crâne, la tempe, la joue et les trois pièces operculaires sont écailleux. Le préopercule est rectangulaire, et a l'angle arrondi et le bord entier. L'opercule est deux fois plus haut que long, coupé en arc peu courbé; un bord cutané le termine en angle obtus. La membrane branchiostège s'unit à sa correspondante sous l'isthme, à peu près vis-à-vis le milieu de l'œil; elles ont chacune six rayons. La quatrième branchie est tout-à-fait collée à l'épaule, de manière que l'eau ne peut passer entre elle et le corps. Il y a une demi-branchie attachée sous les os de la joue. L'aisselle est nue, et il n'y a à l'épaule ni armure ni écaille particulière. La pectorale, de forme demi-ovale et attachée au tiers inférieur de la hauteur, est d'un peu moins du cinquième de la longueur et a quinze rayons. Le premier, qui est simple, n'a que moitié de la longueur des trois suivans, qui sont les plus longs.

Les ventrales, à peu près de la longueur des pectorales, sont attachées un peu plus en arrière, l'une près de l'autre; sur leur base est un petit repli écailleux, et il y en a un impair entre elles. Leur épine est grêle et d'un quart plus courte que le deuxième rayon mou, qui est le plus long.

La dorsale commence, au-dessus de l'attache des pectorales, par trois rayons comprimés, et les termine en pointes flexibles de près de moitié de la longueur du corps; le quatrième n'a que le tiers de la longueur des autres, et il est suivi de dix autres, de moitié plus courts que lui. Entre tous ces rayons la membrane est échancrée jusqu'à sa racine; mais à chacun des dix derniers elle forme une petite lanière qui dépasse l'épine de moitié. La dixième épine reprend un peu de longueur, et des onze rayons mous qui la suivent, le quatrième et le cinquième sont les plus longs, et donnent à cette partie de la nageoire une pointe aiguë. Cette portion molle de la dorsale, dont la pointe égale en hauteur la moitié des premiers rayons épineux, n'occupe pas en longueur sur le dos moitié de l'espace qu'y tient la partie épineuse, et les deux ensemble y prennent à peu près les deux cinquièmes de la longueur totale·

L'anale commence vis-à-vis l'avant-dernier rayon osseux du dos, et a trois épines courtes et fortes, munies de lanières, comme celles de la dorsale; et dix rayons mous, dont le troisième et le quatrième forment aussi une pointe aiguë, égale à celle de la nageoire supérieure.

Les écailles du corps s'étendent un peu sur les bases de ces nageoires, et les aiguillons de la dorsale peuvent, jusqu'à un certain point, se cacher entre elles.

La portion de queue derrière la dorsale et l'anale est du sixième de la longueur totale, et un peu moins haute que longue. La caudale a ses deux angles prolongés en pointes aiguës; leur longueur est de plus du cinquième du total; dans le milieu elle n'en a que le huitième. On y compte quatorze rayons, dont les deux extrêmes sont sans branches.

D. 15/11, dont cinq filets ; A. 3/10 ; C. 14 ; P. 15 ; V. 1/5.

Les écailles sont grandes, ovales, plus longues que larges, à peu près lisses dans leur partie visible, membraneuses et très-finement striées sur leur limbe. L'éventail prend les deux tiers de la longueur et a dix-sept ou dix-huit stries. Celles qui couvrent la racine de la caudale, sont plus alongées que les autres; il en est de même de celles de la joue. La ligne latérale, à peu près parallèle au dos, occupe en avant le tiers de la hauteur, et se marque sur chaque écaille par une élevure linéaire et simple, qui occupe moitié de la longueur. Les nageoires n'ont aucunes écailles.

Dans la liqueur il paraît entièrement d'un brun pourpré, avec une tache ronde et d'un brun foncé à la base postérieure de la dorsale. Mais M. Plée[1], qui l'a vu et dessiné vivant, lui donne des

---

1. Barthélemy, n.° 22, fol. 106, de Porto-Rico.

couleurs plus belles et plus variées: le dos, selon lui, est rouge, les flancs d'un rouge nuancé de blanc, la mâchoire inférieure blanche; sur la tempe et sur la joue se voient de petits traits obliques bleus; les longs rayons épineux de la dorsale sont très-rouges, et la tache de l'angle de cette nageoire très-noire.

A l'ouverture du corps du lachnolème, l'abdomen paraît petit; on voit les viscères qui servent à la digestion et à la génération, renfermés dans une cavité un peu plus longue que haute, très-étroite, et dont les parois sont tapissées par un péritoine argenté brillant, assez mince sur les muscles du ventre, mais qui s'épaissit beaucoup sous le dos, excepté à l'endroit où il laisse passer les vaisseaux qui se rendent à la vessie aérienne. Celle-ci, par son volume, fait plus que doubler la capacité de la cavité que l'on a vue d'abord.

Le canal intestinal est un tube alongé, simple, sans dilatation sensible qui fasse l'estomac. A son entrée près du pharynx l'œsophage est très-plissé; ces plis ne se portent pas loin en arrière, et la muqueuse est couverte de petites cellules hexagonales, formées par la réunion des papilles élevées sur sa surface. Cette disposition est la même sur toute la veloutée de l'intestin. Vers le tiers de sa longueur il y a un étranglement, puis l'intestin fait quelques ondulations, et ensuite un repli très-court, après lequel il se courbe de nouveau et se rend droit à l'anus, en augmentant beaucoup de largeur. Une valvule charnue, épaisse, en forme de bourrelet, sépare le rectum du reste de l'intestin; elle répond à la hauteur du premier repli.

La rate est petite, ovale, aplatie, suspendue au-dessus de l'intestin vers le second repli.

Les laitances sont médiocres, rejetées vers l'arrière de l'abdomen; les sacs sont ovales, alongés, et se prolongent en un canal peu étroit qui débouche derrière l'anus.

La vessie natatoire est très-grande : elle s'étend depuis les branchies jusque dans les muscles de la queue, où elle pénètre assez loin par les deux cornes à base très-large, qu'elle envoie en arrière. Sa tunique propre est membraneuse et d'une grande ténuité;

celle que lui fournit le péritoine est épaisse, fibreuse, très-solide, et donne de fortes brides qui s'unissent intimement avec les aponévroses des muscles latéraux, de manière que la vessie adhère aux côtes avec beaucoup de force. Vers le haut, cette tunique de la vessie adhère aux apophyses transverses des vertèbres, qui sont grosses et élargies, pour donner de plus grandes attaches encore à cette tunique, qui brille d'un bel éclat argenté.

Les reins sont renflés antérieurement entre les branchies et la vessie aérienne; ils deviennent sous la colonne vertébrale un simple filet, qui descend entre les fourches de la vessie natatoire, et qui se renfle de nouveau en un bulbe unique, qui débouche immédiatement dans la vessie urinaire; celle-ci est grande, en ovale alongé, un peu comprimé, et étendue depuis l'anus jusqu'en avant de la bifurcation du sac des laitances.

Nous ne pouvons rien dire du foie, qui était détruit; mais nous avons pu juger que ce viscère doit être très-petit dans ce poisson.

L'individu que nous décrivons est long de onze pouces, et en a quatre de hauteur.

L'*aigrette* de Saint-Domingue, dont je n'ai qu'un dessin peu correct pour la partie de la queue, me paraît cependant, d'après les rayons de sa dorsale et la forme de sa tête, appartenir à la même espèce que celle de Saint-Barthélemy.

La note qui accompagne le dessin dit que l'individu était long de deux pieds, que l'espèce porte aussi le nom de *vivaneau,* sans doute à cause de sa couleur rouge, semblable à celle du vrai vivaneau (*mesoprion*), et que c'est un excellent poisson, dont la chair est blanche comme du lait, et d'un goût délicieux.

Le Lachnolème capitaine.

(*Lachnolaimus dux,* nob.)

Le lachnolème envoyé de la Martinique par M. Plée, et qui se nomme *capitaine* dans cette île, ressemble à celui de Saint-Barthélemy pour les formes;

mais son quatrième rayon dorsal n'est que d'un tiers plus court que le troisième, et, au contraire, les pointes de ses trois nageoires verticales ne sont ni si alongées ni si aiguës. Dans la liqueur il paraît entièrement aurore, avec la tache noire à la dorsale, des teintes noirâtres au bord de l'anale, et une triple série de points noirâtres sur la membrane de la caudale, dont celle de la base est plus large.

D'après la description de M. Plée, dans l'état frais il est rouge et a les nageoires jaunes.

Le lachnolème capitaine a le foie petit; le canal intestinal simple, onduleux, et faisant en outre deux replis très-courts dans sa longueur; peu avant de déboucher à l'anus, une valvule assez épaisse indique le rectum, qui est très-large. Son diamètre a plus que le double de celui de l'intestin. La veloutée n'a que de petites rides irrégulières et inégales.

Nous n'avons pas vu la vessie aérienne de cette espèce, parce qu'elle était détruite.

Cet individu est long de huit pouces.

Ses dents antérieures, surtout celles d'en bas, sont beaucoup moins longues à proportion que dans celui de Saint-Barthélemy; mais il paraît jeune.

M. Plée assure qu'il y en a à la Martinique de vingt-cinq à trente livres pesant, qu'ils y sont peu communs, et qu'on les y recherche à cause de la bonté de leur chair.

Le LACHNOLÈME A GROUIN DE COCHON.

(*Lachnolaimus suillus*, nob.; Catesb., XV.)

Un des lachnolèmes envoyés de Saint-Thomas, sous le nom de *hog-fish*, me paraît répondre mieux que tous les autres à la figure de Catesby.

C'est une femelle, longue d'un peu plus de deux pieds; son museau est plus alongé et plus concave à proportion que dans les précédents; sa tête n'est que trois fois et deux tiers dans la longueur totale, prise jusqu'au bout des longues pointes de la caudale. Ses dents antérieures sont très-fortes, excepté les deux intermédiaires d'en bas; outre la rangée de petites de chaque côté, il y en a à la face interne de chaque mâchoire deux ou trois rangs irréguliers et elles y sont encore plus petites. Sa dorsale n'a que trois rayons alongés; le quatrième est aussi court que les dix qui le suivent. Au contraire, les angles de sa caudale s'alongent en pointes étroites et aiguës, plus longues que le reste de la mâchoire, et qui, à elles seules prennent près du sixième de la longueur du poisson.

A l'état sec la couleur paraît d'un gris fauve. La tache de la dorsale est petite; la moitié de la caudale, du côté de la base, est couverte d'une large bande verticale noirâtre, qui se prolonge sur les bords jusqu'aux extrémités de ses pointes. La membrane de sa dorsale est noire à sa base, et du pied de ses trois premiers rayons part une bande noirâtre, qui se porte, en s'affaiblissant, jusque vers l'œil et au-delà sur les côtés du museau. Sur chaque flanc, au-dessus de la pointe de la pectorale, est une tache oblongue et noirâtre. La pectorale même est jaune. La ventrale et le bord antérieur de la dorsale et de l'anale sont teints de noirâtre.

Dans le frais, d'après les notes qui nous sont fournies par M. Plée et par M. Ricord, l'espèce a le bord des écailles rouge et la base jaunâtre; le dessus de la tête pourpré; les deux côtés de sa mâchoire inférieure d'un rouge de sang très-vif, les écailles de la joue d'un bleu clair sur un fond orangé, couvert de petites

13.

27

rivulations rouges; la portion épineuse de la dorsale brune; ses longues pointes rouges ou orangées, avec des filets brunâtres; la seconde dorsale bordée sur le devant de gris foncé, et de rouge sur le haut; la base est verdâtre, les pectorales jaunes; les ventrales noires à la pointe, et jaune tacheté de rouge à la base; la caudale a la moitié noire et le croissant jaune; les pointes sont noires, son iris rouge.

Il ajoute que ces couleurs sont sujettes à varier; mais on voit que ce qu'il en dit, joint à ce que nous y avons observé, s'accorde assez bien avec la description et la figure de Catesby.[1]

M. Plée assure que la chair de ce poisson est très-estimée, et qu'on le trouve en abondance parmi les rochers des petites Isles-Vierges. L'individu qu'il nous a envoyé est, dit-il, des plus grands. Catesby en a vu de bien supérieurs, car il leur attribue une longueur de trois et de quatre pieds.

Cette espèce se retrouve aussi à Saint-Domingue, d'où M. Ricord nous en a rapporté un bel individu, aussi grand que celui qui a servi à notre description. Il a tous les caractères que nous avons signalés sur le poisson de Saint-Thomas.

Le LACHNOLÈME PETIT CHIEN.

(*Lachnolaimus caninus*, nob.)

Les mers des Antilles nourrissent une quatrième espèce de lachnolèmes, qui atteint à une taille assez considérable.

Elle n'a que les trois premiers rayons alongés en lanière, qui atteignent, en les abaissant, à la tache de la base de la dorsale. Le

---

1. Catesby n'avait vu que la partie antérieure du poisson, et à ce qu'il paraît déjà un peu altérée. Il indique bien le rouge de la bouche, les petites taches bleues des joues, le brun du devant du museau, le jaune de la pectorale, le noir de la dorsale et des ventrales; mais il peint le dos d'un brun pourpré, et dit que le ventre était tacheté de jaune.

quatrième rayon est court et devient une forte épine. Le museau est beaucoup moins prolongé. La mâchoire supérieure a au milieu quatre très-grosses dents coniques et pointues; et, à l'inférieure, des quatre plus grosses les deux externes dépassent les autres. Le long des mâchoires il n'y a qu'une rangée de dents. Il est probable que cette disposition aura fait donner à l'espèce le nom de *perro* par les Espagnols de la Havane.

Le corps est rouge, plus uniforme, sans tache sur les flancs, sans brun sur la dorsale et sans pourpré sur la nuque.

Nous avons pu faire sur le squelette de cette espèce les observations suivantes :

La crête interpariétale est très-haute et se divise antérieurement en deux petites, qui sont divergentes et se portent sur le devant des frontaux antérieurs, pour laisser glisser entre elles les branches montantes des intermaxillaires. Il y a deux autres petites crêtes sur la région mastoïdienne. La colonne vertébrale a douze vertèbres abdominales et dix-sept caudales; la dernière, en éventail, est large et sans apophyse latérale.

Nous avons connu cette espèce d'après un individu mâle, long de dix pouces, que M. Plée a recueilli à Saint-Thomas. Mais nous en avons aussi des individus plus petits, qui ont été donnés au Muséum par M. L'Herminier, et d'autres, plus grands, dont un de vingt-deux pouces, rapportés de Saint-Domingue par M. Ricord. Nous considérons encore comme de la même espèce un petit individu long de quatre pouces, que nous avons observé parmi les poissons de la collection de Montpellier.

Cette suite d'individus montre que tous ont les mêmes rayons dorsaux, et dans les mêmes proportions; que les dents antérieures s'alongent avec l'âge, et qu'il en est de même des pointes de la dorsale, de l'anale et des fourches de la caudale. Ainsi cette nageoire est coupée carrément dans le plus petit de nos individus; elle est échancrée dans ceux de moyenne taille, et elle devient, dans le grand poisson de Saint‑Domingue, tout aussi profondément fourchue que la caudale du *Lachn. suillus.*

La figure de Parra représente fort exactement (pl. 3, fig. 2) l'individu que nous devons aux recherches de M. Plée; elle manque également de noir sur la queue, de taches aux flancs, et n'a que trois filamens de couleur fauve comme le corps, où les bords des parties molles de la dorsale et de l'anale sont seuls teints de rose.

L'auteur assure que sa chair est suspecte.

Le LACHNOLÈME PERROQUET.

(*Lachnolaimus psittacus*, nob.)

M. Plée, qui paraît avoir regardé tous les lachnolèmes comme identiques, en décrit un de Porto‑Rico,

d'un rouge rose, qui, outre la tache noire de l'angle de la dorsale, en a une autre, plus petite, à l'angle correspondant de l'anale, laquelle s'efface après la mort.

Les colons espagnols de cette île ont donné à ce poisson, à cause de ses belles couleurs, le nom de *cotorra,* qui signifie perruche. Comme nous ne l'avons pas vu, nous ne pouvons pas dire jusqu'à quel point il ressemble aux autres ou en diffère pour les caractères de forme, ou s'il doit être d'une espèce à part; mais la tache de son anale nous le fait soupçonner; il est le seul sur lequel on trouve ce caractère.

CHAPITRE VII.

Des Tautogues (Tautoga, nob.).

J'ai employé, à l'exemple de Mitchill, le nom qui se terminait, par une heureuse euphonie, en une désinence latine, pour faire connaître un nouveau genre de la famille que je traite dans ce chapitre.

Les tautogues sont des labroïdes dont le caractère générique consiste dans la double rangée de dents sur les deux mâchoires, et dans le nu de la peau épaisse et sans écailles, qui couvre l'opercule, le sous-opercule et l'interopercule; il n'y en a même que fort peu sur le préopercule.

Ce genre semble nous conduire aux girelles, dont la joue est toute nue.

Nous ne possédons dans nos collections qu'une espèce de l'Atlantique, qui offre d'assez nombreuses variétés, et qui fournit, sur les côtes des États-Unis d'Amérique, une pêche abondante; nous pensons même qu'il n'y a qu'une seule, quoique Mitchill en ait distingué une seconde dans son premier Essai sur les poissons de New-York, dont il n'a plus parlé dans son grand mémoire. Mais la mer des Indes en nourrit plusieurs autres qui offrent toutes le même caractère générique.

Le TAUTOGUE NOIR.

(*Tautoga nigra,* Mitch.)

Ce poisson, qui porte à New-York le nom de *black-fish* (poisson noir), dénomination qui lui est commune avec le centropriste noir (*centropristis atrarius,* nob.), et quelques autres encore, de familles très-différentes, tels que des silures, n'est pas du nombre de ceux que Garden fit connaître à Linné; aussi ne le trouve-t-on pas dans le *Systema naturæ,* ni dans l'édition de Gmelin, quoique cet éditeur aurait pu l'y placer d'après la description fort exacte que Schœpf en a donnée dans son mémoire sur les poissons du nord d'Amérique.[1]

Cette description a servi à Bloch[2] pour introduire l'espèce dans son Système posthume, sous le nom de *labrus americanus.*

Mitchill a mentionné ce labroïde[3], d'abord dans son premier Essai sur l'histoire des poissons de New-York, publié en 1814, et où il le considère comme d'un genre particulier, qu'il désigne sous le nom de *tautoga,* latinisant ainsi le nom vulgaire des pêcheurs de Rhode-Island. Le même auteur en a parlé ensuite plus au long, sous le rapport de ses habitudes et des différentes observations que les Américains ont faites sur un poisson si connu d'eux, mais sans mieux signaler ses caractères zoologiques, dans son grand travail sur les poissons de New-York, inséré dans le premier volume de la Société littéraire et philosophique de cette ville pour l'année 1815. Il y place notre poisson parmi les labres, sous le nom de *labrus tautoga,* sans rappeler le travail de Schœpf, ni l'emploi qu'en avait fait Bloch.

Ayant appris à connaître les caractères génériques de ce poisson, nous adopterons, pour ne pas introduire de nouveaux noms, celui que Mitchill avait déjà employé; mais l'établissement du genre et de ses rapport ssera évi-

---

1. *Beschreib. Nord-Amer. Fische, von Joh. Dav. Schœpf, in Naturforsch. Fr.,* t. VIII, p. 156. — 2. Bloch, édit. Schn., *Syst. posth.,* p. 261, n.° 80. — 3. *Report of Sam. Mitch., on the fish. of New-York,* p. 23.

demment notre œuvre. Nous allons en justifier par la description suivante.

Le corps du tautogue est alongé, comprimé et du double plus haut de l'avant que de l'arrière. C'est au-devant de la dorsale qu'il a le plus de hauteur: elle est contenue trois fois et un tiers dans la longueur totale. Le profil descend vers l'extrémité du museau par une courbe assez soutenue et relevée en bosse au-devant des yeux. Ces organes sont petits; le diamètre n'est guère que du huitième ou neuvième de la longueur de la tête, qui est comprise trois fois et deux tiers dans la longueur totale du corps. On ne distingue pas le sous-orbitaire sous la peau épaisse et sans écailles qui le recouvre.

Le préopercule est grand, à angle arrondi, à bords lisses et sans aucunes dentelures; on n'y aperçoit point de limbe. L'opercule est large, échancré en arrière, bordé par une membrane épaisse, qui s'étend sur tout l'os et sur le sous-opercule, ainsi que sur l'interopercule et sur la mâchoire inférieure.

Les deux ouvertures de la narine sont percées dans le haut de la joue, au-devant de l'œil. L'antérieure, qui est au tiers postérieur de la distance entre le bord antérieur de l'œil et le bout du museau, est petite et tubuleuse; la seconde est un grand trou ovale, près de l'œil. Le museau est très-gros et renflé.

La mâchoire inférieure est un peu plus courte que la supérieure. Les lèvres, et surtout celle d'en haut, sont très-épaisses, et n'offrent que peu de plis, à la manière des labres ordinaires; elles sont garnies de nombreuses papilles. Les dents sont fortes et coniques, et disposées sur deux rangs; les quatre antérieures, tant en haut qu'en bas, sont les plus grosses, celles de la rangée interne les plus petites: les pharyngiennes sont globuleuses comme celles des labres.

Le surscapulaire est recouvert par la peau épaisse de la tête, et qui s'étend aussi sur l'huméral. Il y a des pores assez visibles et peu nombreux sur le haut de la tempe. L'huméral a la forme d'un large triangle.

La pectorale est un grand éventail arrondi, dont la longueur égale la moitié de la hauteur du corps; elle est attachée sous les deux tiers de cette même hauteur. Les ventrales sont reculées sous la moitié de la pectorale. La dorsale est au contraire un peu plus avancée que la base de la nageoire de la poitrine; elle est basse, et ne commence à s'élever un peu que sur la portion molle, qui est arrondie. La longueur totale de la nageoire égale la moitié de la longueur du poisson, et la portion molle n'a pas le tiers de la longueur de la dorsale. L'anale répond au premier rayon mou de celle-ci; elle est arrondie en arrière, mais un peu plus haute. La caudale est coupée carrément.

B. 5; D. 17/10; A. 3/8; C. 13; P. 17; V. 1/5.

Les écailles sont minces, nombreuses, plus petites sur le dos que sur les côtés entre l'ouïe et la caudale : on en compte de soixante-cinq à soixante-dix, et quarante à quarante-cinq dans la hauteur. Une écaille, vue isolée, montre plus de longueur que de hauteur; la portion recouverte est presque triple de la partie visible; l'éventail est composé de quatorze rayons, qui entament à peine le bord radical. Il y a un groupe de très-petites écailles noyées dans la peau sur le haut du préopercule et sous le sur-scapulaire; toutes les autres parties de la tête en sont dépourvues; il y en a de très-petites sur la membrane de la dorsale et de l'anale, et quelques-unes, un peu plus grandes, s'avancent entre les rayons de la caudale : celles que suit la ligne latérale sont plus étroites. Cette ligne est parallèle à la courbe du dos, tracée à peu près par le tiers de la hauteur, sur la treizième rangée d'écailles, et infléchie sur la queue, qu'elle traverse par le milieu : elle n'est pas interrompue.

La couleur des individus conservés dans l'eau-de-vie est d'un brun uniforme, rougeâtre sur le dos et blanchâtre sous le ventre. La mâchoire inférieure est blanche avec quelques grosses taches noirâtres; un d'entre eux, long de treize pouces, a de grandes marbrures noirâtres sur un fond brun pâle. D'autres individus montrent le dessous de la membrane branchiostège très-noir.

Mais, selon Mitchill, le poisson frais a le dos et les côtés noirs, à reflets bleuâtres, comme la corneille; les lèvres, la mâchoire inférieure et le ventre étant blancs.

L'anatomie du *tautoga* ressemble à celle des labres proprement dits. Le cœur a, comme à l'ordinaire, la forme d'une pyramide quadrangulaire, dont l'arête inférieure est arrondie, et dont l'angle antérieur et inférieur est fort aigu; l'oreillette est médiocre, et le bulbe de l'aorte peu renflé. Le foie est très-volumineux; le lobe gauche est divisé en deux forts lobules, chacun plus gros que le droit; la vésicule du fiel, attachée à celui-ci, est longue, cylindrique, peu large; le canal cholédoque rampe sur le foie, y reçoit de nombreux vaisseaux cystiques, et se renfle un peu avant de déboucher dans l'estomac. La veloutée de cette portion du canal alimentaire et de tout le reste du tube digestif, est garnie de papilles élevées, minces et placées dans le sens de la longueur de l'intestin, comme de nombreuses plicatures.

Vers la moitié de la longueur de la cavité abdominale, le diamètre de l'estomac diminue; l'intestin fait un premier pli, et il se porte vers le diaphragme jusque dans la fourche du foie. Il se plie de nouveau, descend au-delà de la crosse de l'estomac, revient encore sur lui-même, remonte à droite de l'estomac jusqu'à la hauteur du premier pli, se contourne de nouveau, et à cet endroit le diamètre augmente de près du double. Une valvule épaisse, à quelque distance du dernier pli, marque le rectum, dont la largeur est presque double de celle de l'intestin, qui précède la valvule.

La rate est sur l'estomac, entre les deux laitances; elle est ovoïde, grosse et d'un tissu dense.

Les laitances occupent les deux tiers postérieurs de l'abdomen; elles sont cylindriques, un peu amincies en avant.

La vessie aérienne est très-grande, un peu échancrée à la partie antérieure, qui est grosse et renflée; l'autre extrémité est pointue. Les reins sont peu volumineux; ils débouchent presque immédiatement dans une grande vessie urinaire, qui n'est marquée par aucun renflement particulier.

L'étude du squelette nous montre que le dessus du crâne ressemble plus à celui des percoïdes qu'aux labres, dont nous avons

13. 28

déjà traité. En effet, en arrière de la partie convexe du front, entre les yeux, s'élève une crête osseuse, impaire, triangulaire, qui descend sur la région occipitale, sans la dépasser. De chaque côté sont deux autres crêtes, moins saillantes, qui divisent le dessus du crâne en trois fosses assez profondes. La portion du maxillaire, cachée par le sous-orbitaire, est épaisse et élargie en une palette demi-ovale; l'angulaire de la mâchoire inférieure est très-fort, l'huméral élargi. Derrière l'angle de l'opercule une plaque trapézoïde donne de son angle antérieur et inférieur une lame pliée en gouttière, dont le bord interne se recourbe en arrière et forme la ceinture osseuse de la poitrine. Le cubital est en arc à large courbure; il est surmonté du radial, percé d'un grand trou ovale. Le coracoïdien est très-large et épaissi en avant.

Je compte seize vertèbres abdominales et dix-huit caudales : la dernière est élargie en deux plaques flabelliformes, et porte les principaux rayons de la caudale; les supérieurs et les inférieurs sont attachés aux apophyses épineuses de la pénultième et de l'antépénultième. Les côtes sont longues, fortes et ont de longues apophyses horizontales. Le premier interépineux de l'anale est assez fort.

Nous avons reçu ce poisson du marché de New-York par les soins de M. Milbert et de M. Hyde de Neuville, alors ministre de France aux États-Unis. Nos plus grands individus ont dix-huit pouces de longueur. Il atteint, selon Mitchill, jusqu'à dix ou douze livres de poids et même davantage. Il abonde sur les côtes de l'État de New-York, et il paraît sur le marché sous le nom de *black-fish*, nom qui lui est donné à cause de la couleur noire de son dos et des flancs. Mais les pêcheurs mohegans le nomment dans leur patois *tautog*.

Le tautog vit parmi les roches, les récifs et les fonds rocailleux des côtes de Long-Island; et nous venons aussi de le recevoir de l'embouchure de l'Hudson par M. le comte de Castelnau. Il ne remonte jamais dans les rivières comme le saumon ou l'esturgeon. Le docteur Mitchill ajoute à ces détails les particularités suivantes :

Le tautog n'est pas originaire de la baie de Massachussets, mais il s'y est beaucoup multiplié depuis que les pêcheurs l'y ont porté; et aujourd'hui le marché de Boston est aussi amplement fourni de ce poisson que celui de New-York. Sa chair est si bonne et si recherchée pour la table, qu'on la vend dans cette dernière ville de huit à douze *cens* la livre. Sa vie est très-tenace : on peut le garder long-temps hors de l'eau, et souvent on porte dans les marais, pour les y nourrir et les y engraisser, ceux qui ne pèsent encore que deux à trois livres. Il paraît qu'il est sensible au froid, et qu'il entre en une sorte de somnolence, plus commune à un grand nombre de poissons qu'on ne le croit généralement; et Mitchill assure que le tautog refuse alors toute nourriture. Il ajoute qu'une membrane adventive vient fermer l'anus; mais ce fait n'a probablement pas été suffisamment bien observé. Le poisson reprend de l'appétit dès l'apparition du printemps. L'époque de la floraison du *dogwood* (*cornus florida*, Lin.) est la saison que l'on regarde comme favorable pour amorcer le *black-fish*. Si ce cornouiller aux grandes fleurs manque dans l'endroit, les pêcheurs portent leur jugement d'après la végétation du châtaignier. On conserve même ces traditions dans des vers populaires cités par Mitchill. [1]

---

1. *When Chestnut leaves are as big as thumb-nail*
Then bite Black-fish without fail;
But when Chestnut leaves are as long as a span
Then catch Black-fish, if you can.

L'appât ordinaire du *tautog* sont des mollusques voisins des myes ou des vénus et des crustacés.

Mitchill en distingue plusieurs variétés.

L'une, son

TAUTOGA FUSCA,

a le fond de la couleur brun, avec des bandes ou des zones de même couleur.

Une seconde est son

TAUTOGA RUBENS,

qui a des nuages rougeâtres, donnant cette teinte générale à tout le corps du poisson.

Une troisième, que Mitchill a désignée par une épithète plus vague, sous le nom de

TAUTOGA ALIA,

aurait encore d'autres mélanges de nuances ou de taches.

Cet auteur distinguait encore dans son premier Essai un *tautoga cœrulea,* qu'il disait être plus rare, ne dépassant jamais sept à huit pouces anglais, se trouvant dans les mêmes eaux que le *black-fish,* se nourrissant des mêmes animaux et incommode aux pêcheurs, parce qu'il enlève l'appât des haims apprêtés pour le *tautog* ordinaire. Il vit long-temps hors de l'eau, quoiqu'il ait moins de ténacité vitale que l'autre. Mitchill n'en a plus reparlé dans son grand mémoire sur les poissons de New-York.

Il me paraît probable qu'il a jugé que ce n'en était aussi qu'une simple variété, et, en effet, les nombres des rayons sont toujours les mêmes : peut-être aussi que sous le nom de *blue-fish* il l'a indiqué parmi ses variétés de son labre chogset.

Le Tautogue a bandes.

(*Tautoga fasciata,* nob.; *Labrus fasciatus,* Bl., 290; *Labrus fuliginosus,* Lacép.)

Les mers de l'Inde ont aussi leurs tautogues. En voici un de l'Isle-de-France, figuré par Bloch, observé auparavant par Commerson, et qui, malgré ses couleurs tranchées, par lesquelles on pouvait si facilement le caractériser, a reçu plusieurs noms, et a été méconnu des naturalistes.

Son corps est court et en ovale régulier; sa hauteur fait le tiers de sa longueur, et son épaisseur le tiers de sa hauteur. La courbure du dos et celle du ventre sont assez régulières et semblables. La hauteur du tronçon de la queue n'est pas tout-à-fait la moitié de celle du corps. La tête a un *facies* assez semblable à celui de nos carpes; sa longueur est comprise trois fois dans celle du tronc, en n'y comptant pas la caudale, dont la longueur égale à peu près la moitié de celle de la tête. L'œil est placé sur le haut de la joue; il est petit et rond; son diamètre ne fait que le septième de la tête; il est éloigné du bout du museau de trois longueurs de diamètre, et on en mesure près de quatre sous lui. Le sous-orbitaire antérieur est caché sous la peau nue qui le couvre; elle est percée d'un assez grand nombre de pores : les autres pièces osseuses qui complètent le cercle de l'orbite sont lisses et sans rugosité. Les deux ouvertures de la narine sont petites, égales, et toutes deux un peu tubuleuses. Les lèvres sont très-épaisses: la supérieure a huit à neuf plis; l'inférieure est étendue en deux ailes très-larges de chaque côté des branches de la mâchoire. Deux canines droites projetées en avant, saillent de chaque mâchoire, qui porte le long du bord des dents courtes et coniques. A l'angle il y a une canine dirigée en avant; il n'y a pas de dents sur le rang interne. Les voiles membraneux, supérieur et inférieur, sont très-développés. La langue est libre au fond de la bouche; sa pointe est large et arrondie.

Il y a un petit groupe d'écailles sous la joue et derrière la tempe. Le reste du préopercule, son limbe, l'opercule, le sousopercule et l'interopercule, sont couverts par une peau sans écailles. L'opercule a quelques stries, son bord membraneux, surtout à l'angle, est assez grand. Les deux interopercules se touchent sous l'isthme, sans être cependant très-larges. La portion épineuse de la dorsale est plus basse que la molle; la caudale est arrondie, surtout aux angles; la pectorale est peu pointue; le premier rayon de la ventrale est prolongé.

D. 9/11 ; A. 3/11 ; C. 15 ; P. 13 ; V. 1/5.

Les écailles sont assez grandes, finement ciselées; il y en a vingt-six entre l'ouïe et la caudale, cinq au-dessus de la ligne latérale, et onze au-dessous. Cette ligne est droite jusque vers l'extrémité de la dorsale, où elle s'infléchit pour se rendre ensuite à la caudale par le milieu du tronçon de la queue; elle est formée d'une série de tubulures non rameuses.

Le poisson conservé dans l'esprit de vin offre, sur un fond blanc, cinq larges bandes brunes; la première descend en écharpe derrière l'ouïe, et prend la base de la pectorale; la seconde vient du quatrième rayon épineux; les deux autres descendent sous la portion molle de la dorsale : la dernière couvre la queue. Les nageoires sont toutes plus foncées que les bandes, et elles ont une teinte violette. Les pectorales seules sont blanches, avec une grande tache noire à la base; à l'extrémite de la ligne latérale il y a une petite tache noire de chaque côté de la queue.

On voit sur la tête et sur l'anale des traces de bandes effacées. Derrière l'œil il y a aussi une tache brune.

Nous connaissons les brillantes couleurs de ce poisson par la description que M. Dussumier en a faite sur le frais, et par un dessin que M. Théodore Delisse nous en a envoyé de l'Isle-de-France.

Le poisson frais a la tête bariolée de lignes vertes, et de bandes roses bordées de bleu, qui produisent un très-agréable assortiment de couleurs. En avant de l'œil on voit trois raies longitudinales vertes et trois bandes roses; le dessous de la gorge est jaune; la nuque, d'un beau vert, a des taches roses; l'opercule, qui devient plus jaunâtre, a quatre grandes taches roses irrégulières; le fond du corps est blanc jaunâtre; les bandes brunes ont une teinte rougeâtre; la dorsale épineuse est jaunâtre; la portion molle est moitié jaune, moitié noirâtre; l'anale est toute noire; la caudale, jaunâtre, est bordée de noir; les ventrales sont très-foncées, les pectorales sont jaunâtres.

Tel est le poisson que Commerson avait vu à l'Isle-de-France, au mois de Décembre 1769, et dont il a laissé dans les manuscrits deux descriptions et un dessin. L'une d'elles, faite avec grand soin, a été employée par M. de Lacépède, et est devenue son *labrus fuliginosus*, sans rien changer à la diagnose du compagnon de Bougainville. L'autre est moins complète; Commerson renvoie à son dessin fait au crayon noir et rouge, et dont il avait sans doute reconnu le peu d'exactitude, quant aux couleurs, attendu que la description et le dessin avaient été pris sur un individu peu frais, et dont les couleurs étaient déjà altérées; car dans cette description il a soin de mettre en note : *vide infra ad labrum fuliginosum, capite ex viridi, etc., in recentiore specimine descriptum.* Lacépède a fait graver ce dessin en le réduisant et en le donnant, comme une espèce distincte, sous le nom de *labre malaptéronote;* mais il a reproduit encore une troisième fois cette même espèce dans un autre genre : car il n'est pas possible de douter que le *labrus fasciatus* de Bloch (pl. 290), qui est devenu le *spare zonéphore* dans Lacépède, ne soit de la même espèce. Bloch a toutefois représenté trop d'écailles sur la joue, et il a fait monter trop haut les écailles sur les nageoires verticales; les nombres sont les mêmes, et la distribution des couleurs convient très-bien à notre poisson.

C'est aussi le *sparus quinquefasciatus* de W. Bennett (*Fish of Ceyl.*, n.° 23); les Cingalais le nomment *panoogirawah*.

Mais il est une autre synonymie, à laquelle on est assez loin de s'attendre, car ce poisson a déjà été vu par Thunberg, et décrit sous le nom de *mullus fasciatus*.[1] La figure qu'il en donne fournit les élémens nécessaires pour reconnaître cette espèce sous ce nom, si éloigné de tous ses rapports naturels. On ne peut concevoir pourquoi cet élève de Linné n'a pas classé cette espèce dans le genre des *labres*. M. Lacépède, en employant cette note de Thunberg, a fait reparaître encore notre poisson une quatrième fois sous le nom de *spare méaco*.[2]

J'avais cru que l'on devait aussi en rapprocher le *sparus anchorago* de Bloch, pl. 177; mais j'avoue que ce rapprochement ne me paraît pas possible; en même temps je suis obligé de dire que j'ignore tout-à-fait à quelle espèce il faut rapporter cette figure, qui est peut-être celle d'un labre ou d'un cossyphe.

Commerson et M. Dussumier s'accordent à regarder notre tautogue comme un poisson rare des rivages rocheux de l'Isle-de-France; ce dernier et M. W. Bennett le donnent comme un bon poisson pour la table.

Les individus de Commerson et de M. Dussumier ont un pied de long. M. Julien Desjardins nous en a aussi envoyé de plus petits : ils n'offrent aucunes différences

---

1. Thunberg, Voy. au Jap., IV, p. 351, pl. 314.
2. Lacépède, IV, p. 160.

dans les couleurs. Un individu de cette espèce faisait aussi partie des collections faites à l'Isle-de-France par les compagnons de M. le capitaine Duperrey.

Le Tautogue de Mertens.

(*Tautoga Mertensii*, nob.)

Je ne crois pas qu'il faille regarder comme une variété du précédent', le poisson que M. Mertens nous a fait connaître par le dessin, dont voici les principaux traits caractéristiques.

La tête est verte, avec trois bandelettes étroites, longitudinales : deux au-devant de l'œil : la troisième naît de l'angle de la bouche; elles sont roses bordées de bleu. Il y a sur les opercules et derrière l'œil cinq autres taches roses alongées, dont les trois supérieures sont aussi bordées de bleu. Les lèvres sont de la même couleur que les taches, mais sans liséré. Il y en a aussi de bleues sur la nuque. Le corps est traversé par cinq larges bandes brunes. La dorsale est jaunâtre, avec trois raies longitudinales bleues, dont une suit le bord. L'anale est violette, bordée d'un trait rose entre deux lisérés bleus. La pectorale et les ventrales ont les rayons jaunes : il en est de même de la caudale, dont la membrane est brune.

Les nombres des rayons sont les mêmes.

D. 9/11; A. 3/11; C. 13; P. 13; V. 1/5.

Le dessin représente un poisson long de sept pouces et demi. M. Mertens dit que les individus vivent isolés parmi les rochers de l'archipel des Carolines. L'espèce me semble intermédiaire entre celle que j'ai décrite dans l'article précédent, et celle de la mer Rouge, dont je vais parler.

13.   29

Le TAUTOGUE A SIX BANDES.

(*Tautoga sexfasciata*, nob.; *Halichores sexfasciatus*, Rupp.)

La mer Rouge nourrit une espèce voisine de celles-ci
par la distribution des couleurs, qui offrent cependant
quelques différences; mais elle s'en distingue, parce que
la joue est couverte sous l'œil d'un bien plus grand nombre
d'écailles; le sous-orbitaire est plus petit; les os sont plus
rugueux, surtout l'interopercule, qui est plus étroit; la dorsale et
l'anale sont plus hautes; la caudale est plus longue et plus large;
les ventrales sont un peu plus alongées.

Le dos est rougeâtre et le ventre est bleuâtre : ces teintes sont
traversées par six bandes brunes ou noirâtres. Il n'y a pas de
rayures sur les joues ni sur les opercules. Sur la nuque, derrière
l'œil, il y a des taches bleues.

La dorsale est rayée longitudinalement, et la caudale verticalement, de traits carmins sur un fond gris rosé. L'anale est brune
comme les bandes verticales du corps, avec un liséré noirâtre.
Les pectorales et les ventrales sont jaunes.

J'en ai un individu d'un pied de long; il nous a été
envoyé par M. Botta.

M. Ruppel a trouvé cette espèce sur le marché de
Djedda pendant le mois d'Août; il l'a, avec raison, distingué du *labrus fasciatus* de Bloch, qui était alors classé
parmi les cheilines, quoique ceux-ci se distinguent de nos
tautogues parce que leur ligne latérale est interrompue, et
que leur opercule et leur préopercule sont couverts de
grandes écailles semblables à celles du corps. M. Ruppel
avait cru devoir placer cette nouvelle espèce de poissons
dans le genre qu'il avait nommé *halichores*, et dont il a
malheureusement fondé le caractère sur la présence de la
dent saillante en crochet de l'angle de la mâchoire. Ce

caractère appartient à toute la famille des labroïdes : nous l'avons vu se montrer dans des labres, dans les cossyphes, dans les malacanthes, etc.; beaucoup de girelles, que M. Ruppel réunit à ses halichores, ont aussi cette singulière dent; les scares en sont également pourvus. On voit donc que nous n'avons pu nous servir de ce caractère pour faire une nouvelle coupe générique. Si M. Ruppel avait fait attention à la position des écailles de la joue, et qu'il en eût tiré sa diagnose, l'espèce qui nous occupe n'aurait pas été rangée avec les autres girelles, qu'il a réunies sous le nom de *halichores,* et le genre eût été établi d'après un caractère zoologique digne d'être noté. En se rappelant ce que j'ai dit au commencement de ce chapitre, on voit d'ailleurs que Mitchill avait déjà fait cette coupe pour l'espèce que nous avons décrite la première dans ce genre.

Le Tautogue aux grandes lèvres.

(*Tautoga melapterus,* nob.; *Labrus melapterus,* Bl., 285.)

MM. Kuhl et Van Hasselt ont envoyé de Java au Musée royal de Leyden, sous le nom de *cheilinus macrocheilus,* un tautogue, remarquable en effet par l'épaisseur de ses lèvres. J'aurais même été tenté de conserver ce nom à l'espèce, si elle n'était pas déjà nommée depuis long-temps par Bloch.

Sa hauteur fait le tiers de la longueur du tronc. La caudale, coupée carrément, est contenue sept fois et deux tiers dans cette même longueur; celle de la tête est comprise trois fois et deux tiers dans la distance du bout du museau à l'extrémité de la nageoire de la queue. L'œil est petit, et situé sur le haut de la joue, mais bien au-dessous de la ligne du profil; son diamètre est du septième de la longueur de la tête, et du cinquième de la hauteur; il est éloigné du bout du museau de trois distances de diamètre. Le premier sous-orbitaire est une grande plaque oblongue, attachée obliquement au-devant de l'œil, deux fois plus haute qu'elle n'est large; les autres sous-orbitaires forment un grand arc au-dessous de l'œil : leur surface est toute rugueuse. A une distance égale à la largeur de l'œil, sur le haut de l'angle antérieur du premier sous-orbitaire, est l'ouverture antérieure de la narine, qui est petite comme un trou d'aiguille, et derrière elle en est une autre, grande et ronde.

La bouche est assez protractile. Les lèvres sont charnues et très-épaisses; la supérieure a sept gros plis : l'inférieure n'en a que deux, mais elle est étendue en deux larges voiles de chaque côté de la bouche. L'épaisseur des lèvres ne laisse presque rien voir des os qui les portent, ni même des maxillaires, qui sont cachés dans la rétraction de la bouche en totalité, et dans la protraction dans leur plus grande partie, par le voile adipeux du sous-orbitaire.

Les deux dents mitoyennes d'en haut et d'en bas sont coniques, pointues, recourbées; elles sont longues, suivies de onze à douze dents coniques et courtes, et qui diminuent à mesure qu'elles sont plus près de l'angle, où il n'y a pas de dents saillantes. Il y a quelque écailles sur la joue. Le limbe du préopercule et les trois autres pièces operculaires sont nus. Le bord membraneux de l'opercule est large et étendu en un lobule assez grand. On voit aussi quelques petites écailles sur la tempe.

Il y a vingt-sept rangées d'écailles entre l'ouïe et la caudale, quatre rangs au-dessus de la ligne latérale et onze au-dessous, en les comptant à la plus grande hauteur du corps. La ligne latérale est formée d'une série de tubulures relevées sur chaque écaille, non branchues, et elle n'est pas interrompue.

La dorsale a ses premiers rayons très-bas; les derniers mous ont leur hauteur double de celle des antérieurs. Les ventrales sont très- pointues. La caudale a le bord un peu concave.

D. 9/11; A. 3/11; C. 13; P. 13; V. 1/5.

Quelques petites écailles sont étendues en ligne entre la base des rayons de la caudale. Le premier rayon épineux de l'anale est si petit qu'on ne le voit que par la dissection.

Dans l'eau-de-vie le poisson paraît brun, éclairci sous le ventre; la lèvre supérieure est foncée, l'inférieure blanchâtre; la dorsale et l'anale ont une teinte violette rembrunie; la caudale est plus pâle: elles sont tachetées ou rayées de petits traits bleuâtres. On voit sur le bord de l'anale deux traits foncés, séparés par une bandelette blanchâtre, et, extérieurement, une autre bandelette de même couleur, lisérée de noirâtre; les nageoires paires sont décolorées.

Mais sur le poisson frais les couleurs sont bien vives et très-agréablement distribuées : nous le jugeons par le beau dessin que MM. Kuhl et Van Hasselt avaient envoyé de Java. Le dos et le dessus de la tête est peint en brun rougeâtre de lie de vin; la joue et les opercules sont orangés; une grande tache verte colore le sous-orbitaire; au-dessus et au-devant de l'œil il y a deux traits verts, un autre sur la tempe, et des rivulations de même couleur sur l'opercule, sur le sous-opercule, sur l'interopercule et sur le pré-opercule, lequel a en outre des points verts près des mâchoires; et on voit, au milieu de ces traits onduleux et verts, d'autres, en plus petit nombre, d'un beau bleu d'outremer. Les écailles des flancs sont vertes, bordées d'un croissant bleu d'azur, et d'un second, extérieur, très-foncé. Sous le ventre le fond est rosé, et les écailles n'ont plus qu'une seule bordure bleu pâle. La caudale est verte; la dorsale et l'anale sont rouge violacé, rayées et tachetées de bleu. La ventrale est rougeâtre et sans taches.

Bloch (pl. 285) a donné une mauvaise figure de ce poisson, que j'ai vu à Berlin, sous le nom de *labrus melapterus,* nom qui convient en effet assez bien à l'animal desséché; mais il a oublié d'abord les écailles de la joue, il a donné une couleur imaginaire au corps, il a rendu la caudale trop noire, il a mal compté les rayons épineux, qui sont trop grossis; cependant il a bien rendu les caractères des dents, surtout des inférieures, et en général, malgré les défauts, on peut encore reconnaître l'espèce dans cette mauvaise figure.

Le Tautogue veiné.

(*Tautoga tesselata*, nob.; *Labrus tesselatus*, Bloch, pl. 291, fig. 2.)

Si l'on s'en rapporte à la description et à la figure de Bloch, je pense qu'il faudra placer parmi ces tautogues le poisson que cet auteur avait reçu comme originaire des mers de Norwége, par les soins de son ami Spengler.

Les nombres des rayons diffèrent assez de ceux de toutes les autres espèces.

Sur un fond violet, qui devient argenté sous le ventre, le corps et la tête sont marqués de taches brunes, anastomosées entre elles.

D. 17/10; A. 9/3; C. 16; P. 16; V. 1/5.

Bloch ne donne que quatre rayons à la membrane branchiostège; mais il y a tout lieu de croire qu'il y a erreur dans ce nombre.

Je n'ai jamais vu ce poisson. S'il vient des mers du Nord, il doit y être rare.

CHAPITRE VIII.
Des Malacanthes.

Ce genre est un de ceux qui prouvent le mieux avec quelle incurie, et même avec quelle infidélité, Bloch nous a transmis les documens qu'il trouvait dans les papiers de Plumier. L'archipel des Antilles produit une espèce à laquelle nos colons de la Martinique ont transporté le nom de *vive*. Le savant minime en avait laissé une figure fort exacte, dont l'original existe encore à la Bibliothèque du Roi, et que M. de Lacépède a fait graver, tome IV, planche 8, figure 1; mais Bloch, s'imaginant que ce devait être la figure d'une coryphène, lui a fait arranger, sur la planche 175, le profil du museau en demi-cercle, et a nommé en conséquence le poisson *coryphœna Plumieri.* Lorsqu'il composa son Système posthume (p. 299), il reconnut cette faute et la rejeta sur son dessinateur, et il y exprima même l'opinion que ce poisson pourrait bien être un labre; mais dans l'intervalle M. de Lacépède, quoique possédant la figure non altérée, n'en avait pas moins laissé l'espèce dans les coryphènes (t. III, p. 201), en quoi il a été imité par Shaw, pendant que Schneider, trouvant une autre figure de ce poisson dans Parra (pl. 13, fig. 1), où elle est appelée *matejuelo blanco,* en faisait un double emploi[1] et plaçait ce poisson dans les spares, sous le nom de *sparus oblongus.* Enfin, une espèce du même genre, dessinée dans la mer des Indes par Commerson, et associée par lui à ses cheilions, en formait deux dans

----

1. Bloch, *Syst. posth.*, p. 283.

M. de Lacépède : l'une, d'après la figure (t. III, p. 527, et pl. 28, fig. 2) sous le nom de *labre large raie*, et l'autre, d'après la description (t. IV, p. 304), sous celui de *tænianote large raie*.

Les malacanthes ne sont pas des coryphènes, quoiqu'ils semblent participer à quelques-uns des caractères de ce genre, par la longueur de leur dorsale et de leur anale, et que les nageoires ont leurs rayons presque aussi flexibles. Cependant c'est à la famille des labroïdes qu'ils appartiennent véritablement.

Nous les plaçons dans le voisinage du genre singulier des *lachnolèmes*, à cause de leur joue couverte d'écailles et de leur ligne latérale non interrompue, et parce que la flexibilité de leurs rayons semble être déjà annoncée dans les prolongemens filamenteux de ceux de la dorsale de nos *capitaines*.

Leur caractère le plus apparent consiste dans leur longue nageoire dorsale, où, parmi de très-nombreux rayons, il n'en est que trois ou quatre en avant qui soient simples; encore sont-ils quelquefois tout-à-fait flexibles : tous les autres sont branchus. C'est de cette mollesse de leurs rayons épineux du dos que nous avons dérivé le nom de *malacanthe* (de μαλακός, mou, et d'ἄκανθα, épine). Ils ont d'ailleurs le corps alongé, peu comprimé; les écailles petites; l'anale presque aussi longue que la dorsale; les autres nageoires médiocres; la tête oblongue; le front peu convexe; l'œil médiocre et placé en arrière; la bouche assez fendue; les lèvres charnues. Chacune de leurs mâchoires a une rangée de dents, parmi lesquelles il en est de fortes et crochues; mais leur palais et leur langue n'en ont aucune. Sous ces divers rapports ils se rapprocheraient de plusieurs labres, auxquels ils tiennent aussi par des intestins sans cul-de-sac stomachal et sans cœcums; mais ils en diffèrent par leurs dents pharyngiennes, qui sont en cardes en haut, et qui n'en offrent en pavés qu'au pharyngien inférieur, encore y sont-elles accompagnées de dents en carde; enfin l'épine assez forte de l'angle de leur opercule est aussi un de leurs caractères essentiels.

Nous ne connaissons jusqu'à présent que deux espèces de ce genre : l'une des mers d'Amérique, l'autre de celles des Indes.

Le Malacanthe de Plumier.

(*Malacanthus Plumieri,* nob.; *Coryphœna Plumieri,* Bl., 175; *Sparus oblongus,* Bl. Schn.)

Le malacanthe d'Amérique est alongé.

Sa longueur totale, avec la caudale et ses pointes, comprend huit fois et demie sa hauteur, et sans cette nageoire près de sept fois. La longueur de sa tête y est quatre fois et deux tiers, et elle est deux fois aussi longue que haute. L'épaisseur, aux pectorales, fait les deux tiers de la hauteur. Il résulte de là que les lignes du dos et du ventre sont presque droites, et celles du profil et de la gorge très-peu arquées. Le crâne, le front et le museau forment une surface très-légèrement convexe, et qui a en largeur entre les yeux les trois cinquièmes de la hauteur de la tête. Le diamètre de l'œil est du sixième de la longueur de la tête; il en occupe le quatrième sixième, fort près de la ligne du profil. La bouche est fendue, et prend les trois cinquièmes de la distance du bout du museau à l'œil. Les lèvres sont épaisses, charnues; le maxillaire est petit, caché sous les replis de la peau, qui ne laisse rien paraître non plus du sous-orbitaire. L'orifice antérieur de la narine, pratiqué à moitié de la distance de l'œil à l'extrémité du museau, est petit, rond, entouré d'un léger rebord; l'autre, ouvert au tiers de la distance entre le premier et l'œil, est petit, ovale et sans rebord.

La mâchoire supérieure a en avant six fortes dents pointues, entre lesquelles en sont deux petites, puis de chaque côté une rangée de quinze petites, coniques et pointues, et à l'angle une forte, un peu dirigée en avant. A la mâchoire inférieure il y en a en avant six et deux petites, à peu près comme en haut, mais un peu moindres; et puis de chaque côté cinq crochues, pointues, comprimées, qui vont en grandissant jusqu'à la cinquième; la sixième est de moitié plus petite, et après elle il en vient dix ou douze très-petites, et enfin, à l'angle, une plus forte, un peu dirigée en avant, bien moindre cependant que celle qui lui correspond à la mâchoire supérieure. Les deux mâchoires ont toute leur partie antérieure derrière leurs six dents de devant garnie d'une rangée en velours ras et serré. Les voiles maxillaires sont minces, mais assez larges. Le palais est lisse; la langue est également désarmée, petite, plate, un peu pointue, et assez libre. Le préopercule est entier et a l'angle arrondi, le bord montant vertical, et le limbe peu distinct. La longueur de l'opercule est d'un peu moins du quart de celle de la tête; il forme avec le sous-opercule une pièce deux fois aussi haute que longue; l'épine qui termine son angle est plate, mais forte et assez pointue. Les ouïes sont bien ouvertes, mais leurs membranes s'unissent ensemble vis-à-vis l'angle du préopercule, et enveloppent l'isthme sans s'y attacher; car il ne se fixe lui-même à leur face interne que sous l'œil. De chaque côté sont six rayons assez forts; le premier est plat et caché sous le sous-opercule, les suivans sont à découvert, et le sixième est fort rapproché de son correspondant de l'autre côté. Les arceaux des branchies n'ont que de petits tubercules lisses sur deux rangs. Les pharyngiens ont des dents en velours, si ce n'est le rang interne des inférieurs, où elles sont en petits pavés, et l'antérieur des supérieurs, où elles sont en crochet. Les branchies ont leurs lames fendues jusqu'à moitié; la dernière n'est séparée de l'épaule que dans un petit espace. Il y a une petite demi-branchie adhérente à l'os qui porte l'opercule. L'épaule n'a point d'armure, et est même sans écailles dans l'aisselle et un peu au-dessus. La pectorale est aussi large que longue, et serait arrondie, sans une pointe assez

aiguë que forme son sixième rayon; elle en a en tout seize, dont le
peremier est simple et court : ils croissent jusqu'au sixième et
décroissent ensuite. Cette nageoire n'a que le neuvième de la
longueur totale; elle s'attache au-dessous du milieu de la hauteur.

Les ventrales sont d'un tiers plus courtes, aussi un peu pointues;
leur membrane s'attache à l'abdomen par le tiers de sa base; leur
épine n'a que moitié de leur longueur et n'est pas très-forte.

La dorsale commence vis-à-vis la base des pectorales par cinq
rayons simples, mais flexibles, dont le premier est à peine du
dixième de la hauteur du corps. Le cinquième n'a qu'un tiers en
sus; il est suivi d'un sixième, simple, mais articulé, et de cinquante-
cinq autres, tous articulés et branchus, excepté le dernier, qui
n'a point de branches; c'est donc en tout soixante et un rayons,
formant une nageoire qui, dès le dixième ou le douzième, prend et
conserve moitié de la hauteur du corps.

L'anale commence vis-à-vis la pointe de la pectorale; elle est à
peu près de même hauteur que la dorsale, et a cinquante et un
rayons, dont le premier seul est simple et sans branches.

Ces deux nageoires finissent vis-à-vis l'une de l'autre, et ne
laissent entre elles et la caudale qu'un espace du dix-huitième de la
longueur totale, à peu près aussi haut que long; mais qui n'a pas
en épaisseur moitié de sa hauteur.

La caudale a dans son milieu le douzième à peu près de la
longueur du reste du poisson; mais les rayons supérieurs et inférieurs s'alongent, et les extrèmes forment deux pointes grêles et
deux fois plus longues que la partie moyenne.

Une peau nue recouvre le front, le museau, les mâchoires, les
lèvres, le limbe du préopercule, l'interopercule, le dessous de la
gorge et la membrane des ouïes; mais il y a des écailles sur le crâne,
la tempe, la joue, l'opercule, le sous-opercule et la poitrine, ainsi
que sur tout le corps : les nageoires n'en ont point, si ce n'est de
très-petites entre les bases des rayons de la caudale. Ces écailles
sont au nombre de plus de cent soixante entre l'ouïe et la caudale,
et de près de cinquante sur une ligne verticale. Leur forme est
elliptique; leur base, tronquée carrément, a huit ou dix très-petites

crénelures, et des sillons qui ne se réunissent pas en éventail. Leur partie externe, vue à une forte loupe, a le milieu pointillé, les côtés striés, et le bout un peu dentelé : aussi laissent-elles sentir quelque âpreté quand on les touche d'arrière en avant. La ligne latérale occupe à son origine le quart supérieur de la hauteur, et demeure à peu près droite et parallèle au dos sur toute sa longueur; elle ne se marque que par une légère élevure sur chaque écaille.

Ce poisson est agréablement varié de jaune et de lilas ou de bleuâtre. En avant de l'œil et sur la tempe, le jaune et le lilas sont disposés en lignes longitudinales. Sur l'opercule il y a des marbrures jaunes sur un fond lilas. A la dorsale le fond est d'un lilas rougeâtre, avec trois séries longitudinales de taches jaunes, et un liséré d'un lilas plus foncé. L'anale est à peu près de même. La caudale est jaune, et a le bord postérieur bleuâtre et transparent, et un liséré bleu aux bords supérieur et inférieur. Dans nos individus le corps paraît brunâtre en dessus, blanchâtre en dessous; mais d'après la figure de Plumier il aurait, au moins dans certains temps, la partie dorsale jaune, irrégulièrement ondée de lilas ou de bleu. Cette figure donne aussi à la dorsale une teinte rouge uniforme, assez différente de ce que nous observons. L'enluminure est assez bien rendue sur la planche n.° 175 de Bloch, qui ne pèche que par la trop grande convexité du museau; mais sa description, qu'il n'a pu faire que d'après la figure, est beaucoup plus fautive, surtout par les nombres des rayons qu'il donne. Voici ceux que nous avons comptés nous-mêmes sur la nature.

B. 6; D. 6/55; A. 1/50; C. 17; P. 16; V. 1/5.

Nous avons fait sur cette espèce les observations anatomiques suivantes :

Le foie du malacanthe est très-petit, et ne forme qu'un seul lobe quadrilatère placé sous l'œsophage. Les canaux biliaires se réunissent de plusieurs points à sa face concave; mais il n'y a pas, à proprement parler, une vésicule du fiel distincte. Le canal cholédoque est assez long; il débouche dans le duodénum en arrière du pylore.

L'entrée de l'œsophage est très-large; l'estomac est un sac assez grand, peu alongé, arrondi en arrière; les parois sont minces, et à l'intérieur on ne voit de plis ou des rides longitudinales que dans le fond de l'estomac; le pylore est percé à la moitié de la longueur de l'œsophage et de l'estomac, mesurés ensemble; son ouverture est large, pourvue d'une valvule charnue, hérissée de papilles assez épaisses, qui rétrécissent l'entrée.

L'intestin n'est pas très-long; il se replie trois fois et fait quelques ondulations dans l'intervalle de ses plis. Une valvule épaisse et charnue est à l'entrée du rectum, qui se dilate lorsqu'il débouche à l'anus. Le fond de l'estomac répond à la hauteur de l'anus; mais la cavité abdominale s'étend en arrière de plus du double encore, pour loger les organes de la génération, de la sécrétion de l'urine, et plus de la moitié postérieure de la vessie natatoire.

L'individu que nous avons disséqué était un mâle. Les laitances étaient très-peu développées; elles sont placées dans le fond de la cavité abdominale, en avant des reins et au-dessus de la vessie urinaire. Un long canal, placé sur cette vessie et se dirigeant en avant, verse la laitance par un trou percé derrière le rectum.

La vessie natatoire est très-grande; elle commence un peu en arrière du diaphragme, et s'étend tout le long du dos, jusqu'au dix-neuvième rayon de l'anale; elle est protégée en arrière par les premiers cercles osseux, dont nous allons parler plus bas en décrivant le squelette. Sa membrane propre est très-mince et argentée. Au-dessous d'elle, le péritoine prend une épaisseur considérable et un tissu fibreux très-dense.

Les reins forment deux longs rubans d'un assez beau rouge, placés de chaque côté de l'épine; ils se réunissent en arrière, au-delà de la vessie natatoire, dans le cône osseux. Ils débouchent dans la vessie urinaire, placée en partie au-dessous d'eux dans le cône, et elle se porte en avant sous les laitances, ayant la forme d'un sac étroit, alongé, à parois minces et blanches; elle se rétrécit en un tube de très-petit diamètre, avant de déboucher derrière l'ouverture des organes génitaux.

Nous avons trouvé dans l'estomac de ce poisson des débris de crustacés.

A ce que nous avons déjà vu des pièces osseuses, en faisant la description externe du poisson, nous ajouterons que

la colonne vertébrale du malacanthe est composée de vingt-trois vertèbres; elles sont alongées, excepté la première, dont le corps n'a que la moitié de la longueur des suivantes; leur articulation est très-lâche : ce qui rend les mouvemens latéraux de ce poisson très-faciles. Les douze premières vertèbres portent des côtes; les neuf premières paires sont libres par leur extrémité inférieure : les trois autres se réunissent et forment un cône osseux, qui reçoit l'extrémité de la vessie aérienne et les reins.

L'anus répond à la fin de la quatrième vertèbre, et l'on ne commence à trouver les interépineux de l'anale, articulés avec les apophyses épineuses inférieures des vertèbres, qu'au vingtième rayon de cette nageoire.

L'apophyse transverse de la vertèbre caudale est assez forte.

Notre plus grand individu, qui vient de Saint-Domingue, est long de quinze pouces : la figure de Plumier en a dix-huit.

M. Plée nous en a envoyé un plus petit de la Martinique, et nous en avons trouvé un autre de la même île dans les collections de feu M. Richard.

Son poids est souvent de trois livres et plus.

Suivant M. Ricord, l'espèce est commune pendant toute l'année à Saint-Domingue ; mais on ne l'y mange pas.

Nous la voyons aussi se porter sur les côtes du Brésil : M. Blanchet, que nous avons déjà cité tant de fois, en a envoyé de nombreux et beaux échantillons au Musée de Genève, qui a bien voulu en céder à celui de Paris.

Comme nous l'avons dit, les colons français des Antilles nomment ce malacanthe *vive,* et les habitans actuels de Haïti lui ont conservé ce nom. M. Plée l'explique d'après l'habitude que l'on suppose à ce poisson de charrier, avec beaucoup de travail, des pierres et des roches pour se faire un abri dans le fond de la mer. Il est plus probable qu'il vient simplement des rapports de forme et de couleur qu'on lui aura trouvés avec la *vive* d'Europe (*trachinus draco*), et que l'histoire sera née du nom, comme il est arrivé bien souvent.

Parra, qui l'appelle (p. 22, et pl. 13, fig. 1) *matejuelo blanco,* n'en rapporte rien de semblable. Il assure qu'à Cuba l'on n'en mange point. A Saint-Domingue on en fait peu de cas, selon M. Ricord. M. Plée nous dit, au contraire, qu'à la Martinique il est estimé. Ces différences peuvent tenir à la nature des fonds où on le prend. Il se pêche soit dans des nasses, soit à la ligne.

Le Malacanthe a large raie, ou Tubleu de l'Isle-de-France.

(*Malacanthus tæniatus,* nob.; *Labre large raie,* et *Tænianote large raie,* Lacép.)

Cette espèce a été décrite et représentée à l'Isle-de-France par Commerson, en Octobre 1769. Elle est rare dans cette mer, et je ne sais si le nom de *tubleu,* que Commerson lui donne, est un nom vulgaire, ou s'il a été imaginé par le voyageur. M. de Lacépède, suivant son usage, a tiré deux espèces des documens laissés par Commerson : la figure lui a fourni son *labre large raie* (t. III, p. 527, et pl. 28, fig. 2), et la description, son *tænianote large raie* (t. IV, p. 304); tandis que par une erreur contraire il a rapporté à ce tænianote (t. IV, pl. III, fig. 2) la figure d'un poisson tout différent, même par le genre et par la famille; car c'est un de nos *apistes* (*ap. tænianotus,* nob.).

On a dû se demander souvent, comment M. de Lacé-pède a pu être conduit à tant de doubles emplois et à tant de confusions, qu'il lui aurait été si facile d'éviter, en rapprochant même rapidement les matériaux dont il faisait usage; mais on se l'expliquera, lorsque l'on saura qu'il a composé son livre à la campagne, où les troubles de 1793 l'avaient forcé de se cacher pour soustraire sa tête vénérable à l'échafaud révolutionnaire; qu'il travaillait non pas sur les manuscrits originaux, ou sur les poissons eux-mêmes qui étaient à sa disposition, mais sur des notes qu'il avait prises en différens temps, et qui ne lui présen-taient plus d'idées complètes; et même dans l'occasion présente il est encore plus excusable qu'en bien d'autres, parce que les dessins que Commerson a laissés de son *tubleu,* ne portent point de nom ni de renvoi à la des-cription, et qu'une lecture assidue et répétée du manuscrit pouvait seule en faire reconnaître l'identité.

Quant à la figure d'apiste, j'avoue que je ne comprends pas comment elle se trouve mêlée à cette histoire : le moindre coup d'œil suffisait pour juger qu'elle n'a point de rapport à la description de la page 304.[1]

Ce *tubleu* n'est pas du nombre des espèces conservées en nature par Commerson, et nous n'aurions pu en parler que d'après la description et les figures de cet observateur, si M. Dussumier n'avait pas été assez heureux dans ses re-

---

1. Peut-être est-ce une distraction et a-t-il voulu écrire *tænianote triacanthe;* mais une question non moins difficile est de deviner comment il a pu associer ce triacanthe, qui est vraiment un apiste, genre voisin des scorpènes, avec le large raie, qui est manifestement de la famille des labres.

cherches pour nous envoyer le poisson. Depuis M. Desjardins nous en a procuré de la même île, et MM. Quoy et Gaimard l'ont aussi rapporté de leur voyage.

Nos exemplaires sont parfaitement conservés; mais ils manquent de leurs viscères.

Cette espèce ressemble beaucoup, par sa forme alongée, par la force de l'épine operculaire, par le nu du dessus de la tête, également aplatie, par les petites écailles sur le préopercule, au malacanthe des mers d'Amérique; mais elle en diffère par la forme des dents et parce que la caudale est à peine fourchue: quelques différences existent dans les rapports de proportion des diverses autres parties : aussi allons-nous donner une description détaillée de cette rare espèce.

La tête, plus longue que celle du malacanthe de Plumier, n'est que du quart de la longueur totale.

L'œil est situé sur le haut de la joue, sans que l'orbite entame la ligne du profil, et à peu près au milieu de la distance entre le bout du museau et la pointe de l'opercule : le diamètre fait le septième de la longueur de la tête; et trois fois et demie ce diamètre fait la distance qui sépare l'œil de l'extrémité du museau. La fente de la bouche est un peu moins du tiers de la longueur de la tête. Les dents sont sur une bande assez large et en velours, sur le devant des mâchoires : celles du rang externe seules, un peu plus fortes, se continuent avec la rangée unique de dents courtes, mais coniques, des côtés de la bouche. Elles augmentent de force en approchant de l'extrémité de l'intermaxillaire : la dernière est même plus forte, et rappelle la disposition que nous avons signalée dans le plus grand nombre des labroïdes, et qui est plus manifeste dans le premier de nos malacanthes. Le palais et la langue sont lisses et sans aucunes dents; les deux voiles, supérieur et inférieur, sont larges; les lèvres sont épaisses et charnues, mais peu plissées en dessous.

Les deux ouvertures de la narine sont rapprochées l'une de l'autre; l'antérieure est sur la seconde moitié de l'intervalle de l'œil au bout du museau, et n'est qu'un petit trou semblable à une piqûre d'épingle; la postérieure est une fente longitudinale.

On doit déjà pressentir que le sous-orbitaire est un os long et étroit, à cause de la longueur et de l'étroitesse du museau. Le préopercule est assez grand; son angle est ouvert et arrondi; le bord montant est incliné en arrière, et l'inférieur est dirigé obliquement et en bas vers l'angle de la mâchoire inférieure.

L'opercule a la forme d'un pentagone irrégulier. Le bord antérieur est caché sous le postérieur du préopercule, sans atteindre jusqu'à l'angle inférieur; de la terminaison de ce bord en commence un second, dirigé obliquement d'avant en arrière, et qui va rejoindre le bord inférieur postérieur, en faisant avec lui un angle assez aigu et rentrant, ou un arc convexe en avant. Le bord postérieur supérieur est un peu festonné en ⌇⌇⌇⌇⌇, et se réunit au précédent, en donnant de leur angle la pointe osseuse operculaire, qui atteint jusqu'au milieu de l'huméral, et qui est très-acérée. Le sous-opercule est une lame étroite, taillée suivant la courbe du bord de l'opercule. L'interopercule suit de même le bord de celui-ci; il est un peu plus large en arrière; entre lui et les deux os postérieurs de l'appareil operculaire, il y a une petite pièce triangulaire, mince, mobile, que je regarde comme démembrée de l'interopercule, et qui a donné une forme pentagonale à l'os qui porte l'épine.

Nous avons dit que le préopercule est en partie couvert d'écailles : il en est de même de toute la partie de l'opercule qui est au-dessus de la pointe. On voit quelques points écailleux sur le sous-opercule; mais l'interopercule, le limbe du préopercule, les mâchoires, la membrane branchiostège, le sous-orbitaire, et le dessus de la tête jusqu'au bord postérieur de l'orbite, sont recouverts d'une peau épaisse sans écailles. Le dessus du crâne entre les yeux a deux fois la largeur du diamètre de l'œil, et le bout du museau est de moitié plus étroit.

Les ouïes sont largement fendues; la membrane branchiostège

est cependant réunie à celle du côté opposé, sous toute la portion inférieure de la tête. Les rayons sont cachés par l'épaisseur de la peau, de manière à n'être vus que par la dissection. Ils sont forts, au nombre de cinq, et le dernier, couché sous l'opercule, est aplati et arqué.[1]

Les branchies sont au nombre de quatre, et il y en a une rudimentaire sous le haut de l'opercule. Les râtelures des arcs branchiaux sont de petits tubercules rugueux. Les dents pharyngiennes sont en cardes pointues et coniques.

Le tronc est arrondi de l'avant et comprimé vers la queue; sa plus grande hauteur aux pectorales est du septième de la longueur totale : derrière les deux grandes nageoires impaires elle n'est que du vingtième. L'épaisseur aux pectorales surpasse la moitié de la hauteur. Ces nageoires ont le bord supérieur arqué, leur terminaison pointue, et le bord inférieur sinueux et très-convexe en dessous. Les rayons sont larges et plats, au nombre de dix-sept; le premier seul est simple et de moitié plus court que le plus long, qui mesure à peu près le huitième de la longueur totale.

L'huméral se montre au-dessus de la pectorale en une plaque demi-ronde, dont le bord supérieur va rejoindre, sous le bord membraneux de l'opercule, le scapulaire, qui est en partie caché sous l'ouïe. On ne voit qu'un peu du bord arqué de sa portion supérieure. Le surscapulaire est seul couvert d'écailles. Le bas de l'huméral forme une large ceinture, entièrement recouverte par l'ouïe, et qui ne se voit qu'en soulevant l'opercule.

La ventrale a les deux tiers en longueur de la pectorale, elle est étroite, et insérée sous le ventre un peu en arrière de celle-ci. Son épine osseuse est poignante, quoique grêle et collée tellement au premier des cinq rayons branchus, qu'on ne la juge bien qu'après l'avoir séparée avec le scalpel.

La dorsale commence un peu au-delà de la pectorale; elle se

---

1. Commerson porte le nombre a six dans la description, d'ailleurs fort exacte, qui existe dans ses manuscrits. Il y a ici erreur, je les ai comptés avec soin des deux côtés de la membrane; le nombre est celui que je donne.

continue sur toute l'étendue du dos, s'élevant un peu vers l'arrière.
On lui compte quarante-sept rayons, dont les quatre premiers
sont simples et moins flexibles, quoique grêles, que ceux du
malacanthe d'Amérique. Le sixième est simple, mais articulé : les
autres sont tous branchus.

L'anale a trente-huit rayons, dont le premier, très-flexible,
est simple : il répond au seizième de la dorsale. Ces deux nageoires
atteignent aussi loin l'une que l'autre, et le tronçon de queue
qu'elles laissent derrière elles, est du quinzième de la longueur
totale. La caudale de ce poisson a le bord droit quand elle est
étalée, et légèrement concave quand les rayons sont à moitié
rapprochés.

B. 5; D. 4/43; A. 1/38; C. 17; P. 17; V. 1/5.

Les écailles sont petites et légèrement rudes au toucher. Je
compte cent vingt-cinq rangées entre l'ouïe et la caudale, et une
trentaine dans la hauteur. Vue isolée, une écaille a la forme
rectangulaire; plus des deux tiers de sa surface est recouverte;
la portion nue a le bord libre cilié, la surface grenue : le bord
radical a trois fortes épines d'insertion.

La ligne latérale est marquée par une suite de tubulures,
et commence au-dessus de l'ouïe par le quart de la hauteur;
elle s'abaisse peu à peu, et, arrivée au milieu de la longueur du
corps, elle se rend à la caudale par le milieu de la hauteur du
tronc.

Dans la liqueur, le poisson paraît brun sur le dos, au-dessus de
la ligne latérale. Cette teinte se fond par lignes parallèles, plus
effacées sur l'argenté des côtés, qui devient très-pur et très-brillant
sous le ventre. Une large bande, égalant le quart de la hauteur,
part de l'aisselle de la pectorale et se rend à l'extrémité de la caudale. Cette bande, brune à son origine, paraît être composée de
neuf traits rapprochés, qui, au milieu du corps, se réunissent pour
ne plus former qu'une bande beaucoup plus foncée, et presque
noire à la queue. Elle s'élargit un peu en dessous, sur le bas de
la caudale, de manière à donner une sorte de talon, qui ne couvre
que la base de la nageoire. Cette singulière disposition est constante

dans tous les individus que j'ai sous les yeux, et elle est aussi représentée sur les différens dessins qui nous sont parvenus.

Les nageoires semblent avoir été jaunes.

Mais Commerson, dont la description est si exacte, sauf la légère erreur qu'il a commise sur le nombre des rayons branchiostèges, nous donne la description suivante des couleurs, faite sur le poisson frais.

La couleur de la tête et du dos est d'un brun bleuâtre. Une large bande noire comme de l'encre, règne en ligne droite depuis la pectorale jusqu'à la caudale. Le dessous du corps est blanc. La dorsale a toute la moitié de sa base brune, celle du bord blanche; l'anale est blanche comme le ventre. La caudale a sa partie supérieure brune, comme le dos : le noir de la bande latérale se répand sur le reste de sa surface, excepté une large tache blanche, demi-circulaire, qui occupe son bord au milieu de sa moitié inférieure. Le blanc de l'abdomen s'étend aussi un peu sur la base de cette partie. Les pectorales sont brunâtres à l'extérieur, et bleuâtres à leur face interne.

Notre individu est long de seize pouces; celui décrit par Commerson, et le seul qu'il ait vu, était long de quinze pouces et demi, et pesait dix-sept onces. On lui a dit que la chair de ce poisson était peu estimée. Son estomac contenait de très-petites coquilles et des fragmens de lythophytes.

Nous ne pouvons donner aucun détail sur l'anatomie de ce poisson, puisque les individus que l'on nous a envoyés manquaient des viscères abdominaux.

M. Desjardins nous a dit dans une note que le nom vulgaire de ce poisson, à l'Isle-de-France, est *sans-culotte*.

Nous avons d'ailleurs à regretter que ce savant et zélé observateur n'ait pas eu le temps de nous donner d'autres détails sur cette rare espèce. C'est une lacune qu'il aura le soin de remplir aussitôt qu'il aura l'occasion de publier quelque notice scientifique sur ce labroïde.

L'espèce n'est pas confinée autour de l'Isle-de-France : MM. Quoy et Gaimard en ont observé au hâvre Dorey de la Nouvelle-Guinée une variété, qui a sur le milieu du dos une tache jaunâtre.

Nous la signalons à cause de la petite différence des couleurs que ces naturalistes ont indiquée. Ce poisson, dont ils ont donné une figure, planche 20, figure 3, et une description, tome III, page 701, de la Relation du voyage de l'Astrolabe, en le regardant comme le labre large raie de Lacépède, est peint de couleur bleu d'azur sur le dos et sur le ventre; cette teinte aurait sur la tête des reflets de carmin, qui ne sont pas exprimés sur la planche; la bandelette longitudinale est noire, l'anale a le bord jaunâtre; sur le dos il y a une tache oblongue jaunâtre, rayée de trois traits bruns longitudinaux. Le nom de cette espèce, au port Dorey, est *insoronobar*.

J'ai pu vérifier sur le poisson son identité avec celui de l'Isle-de-France. Je ne doute pas qu'il soit de la même espèce, malgré la phrase un peu obscure rédigée par les naturalistes qui en ont fait la diagnose.

NB. Je ne parle pas ici de l'*Aspidonte* que M. Quoy a figuré, pl. 19, fig. 4, dans la Zoologie de l'Astrolabe, parce que j'ai reconnu en faisant ce travail que ce petit poisson, qui n'a que trois rayons aux ventrales et les ouïes ouvertes par une fente linéaire et verticale, est de la famille des blennies, et voisin de nos Blennechis. Trompé alors par la ressemblance des couleurs, j'avais pensé qu'il avait des affinités avec notre malacanthe de la mer des Indes.

CHAPITRE IX.

Des Cheilions.

Commerson, en observant avec tant de soins les poissons de l'Isle-de-France, y vit une ou deux espèces voisines l'une de l'autre, ayant beaucoup d'affinité avec les labres, mais s'en distinguant, suivant la méthode linnéenne, par l'absence de prolongemens cutanés auprès des rayons épineux de la dorsale. Ils offraient d'ailleurs un autre caractère dans la nature molle de tous ceux qui sont simples à la nageoire. Cet habile naturaliste consigna ces observations dans son journal, et donna provisoirement à ces poissons le nom générique de *cheilion,* le faisant dériver du grec χεῖλος (lèvre), pour rappeler les affinités que ce genre, qu'il se proposait d'établir, avait avec les labres. Il donne d'ailleurs la description de deux espèces, l'une faite avec le plus grand détail, l'autre comparativement, et un peu plus courte. Ces matériaux ont paru pour la première fois dans le quatrième volume de l'Histoire des poissons de Lacépède, qui en a fait un extrait, et qui a publié ce genre en méconnaissant les rapports que leur avait si bien assignés Commerson : car il le place à côté des genres *harpé, pomatome* et *léiostome,* que nous avons démontré être des doubles emplois d'espèces bien connues, et classées dans des familles différentes les unes des autres; il le rapprochait du genre *pimeleptère,* qui est un squammipenne et tout aussi éloigné des cheilions.

Lacépède d'ailleurs ne se doutait pas, en copiant Forskal, qu'il plaçait dans ses labres un poisson de ce genre des cheilions , et même tellement voisin de celui de l'Isle-de-France, que j'ai beaucoup hésité à l'en distinguer.

Le *labrus inermis* du naturaliste danois n'est en effet autre chose qu'un cheilion; toutefois nous devons observer que Commerson n'a pas présenté les vrais caractères du genre qu'il projetait, imbu qu'il était des caractères linnéens.

Ils consistent dans la forme particulière des intermaxillaires. Ces os sont en effet élargis et chargés en dedans de granulosités que l'on n'observe chez aucun autre labroïde. Les dents de la rangée externe ne sont pas moins caractéristiques; car elles sont triangulaires, comprimées et tranchantes, comme celles de certaines sphyrènes, ou des *cybiums* dans la famille des scombéroïdes. Les deux dents mitoyennes sont en crochets, et l'espace entre toutes ces dents est rempli par d'autres, petites, coniques, et constituent ainsi l'armure de la mâchoire inférieure. L'égalité des dents de la mâchoire supérieure, sauf les deux mitoyennes, est aussi très-particulière. La mollesse et la flexibilité de tous les rayons est non moins caractéristique; mais elle ne serait pas seule suffisante. La ligne latérale non interrompue sert également à distinguer ce groupe de labroïdes à rayons mous et à ligne latérale interrompue, comme on le voit dans le *labrus malapterus* de Bloch. Les cheilions ont aussi quelques écailles rares sur l'opercule, tandis que le poisson auquel je le compare en ce moment, a la joue nue comme la girelle.

On voit donc que les cheilions avoisinent les malacanthes, qu'ils ont encore les rayons plus mous que le tubleu de l'Isle-de-France, et qu'ils sont intermédiaires entre les labres et les girelles.

M. Cuvier, qui n'avait pas examiné les dents ni les intermaxillaires de ces poissons, a cru que la seule flexibilité des rayons ne pouvait être un caractère assez important pour faire de ces espèces un genre distinct. C'est ce qui explique comment il a dit dans le Règne animal, que les cheilions n'étaient que des labres très-grêles, dont les épines dorsales sont flexibles. Il aura sans doute été trompé par l'inexactitude de la figure du Voyage de l'Uranie.

Je commencerai par décrire les espèces connues de Commerson, et je parlerai ensuite de celles qui ont été découvertes depuis.

Le CHEILION DORÉ.

(*Cheilio auratus,* Commerson, Lacép., t. IV, p. 433.)

Ce poisson, que nous venons de recevoir de l'Isle-de-France par M. Dussumier en très-bon état, est distinct de celui des Sandwich, rapporté par MM. Quoy et Gaimard. L'individu de ces voyageurs était le seul que nous ayons eu alors à notre disposition, et à l'aide duquel nous avons reconnu la description de Commerson. Nous le crûmes identique avec son poisson, et nous le déterminâmes ainsi dans la collection du Muséum. C'est là ce qui explique comment ce poisson a paru, sous le nom de *cheilion doré,* dans le Voyage de l'Uranie, bien que nous le distinguions aujourd'hui de celui auquel nous réservons le nom du premier naturaliste qui l'a fait connaître.

Le corps est très-alongé et presque arrondi. La hauteur fait à peine le huitième de la longueur totale; l'épaisseur a près des deux tiers de la hauteur. La tête est longue, car elle n'est comprise que trois fois et demie dans la longueur totale. Son museau est pointu, arrondi à l'extrémité, prolongé, par la saillie des inter-maxillaires, au-devant des sous-orbitaires; il a beaucoup de ressem-

13. 32

blance avec celui d'une sphyrène, même par la disposition des dents de la mâchoire inférieure; mais le palais est lisse et sans dents, et la nature des intermaxillaires devient tellement caractéristique qu'on ne peut s'y méprendre.

L'œil est de grandeur médiocre, situé au milieu de la longueur de la joue; le cercle de son orbite touche presque, mais n'entame pas la ligne du profil; son diamètre est du huitième de la longueur de la tête. Le premier sous-orbitaire a le bord supérieur droit et alongé; l'inférieur est convexe, et son angle postérieur prolongé en pointe, qui va rejoindre les autres osselets du sous-orbitaire. Le préopercule est grand, à angle bien marqué, quoique arrondi. Le bord inférieur est oblique un peu vers le bas, ce qui augmente la largeur de la joue. L'opercule est triangulaire, alongé, et agrandi par son angle membraneux. Sur le bord supérieur, près des sur-scapulaires, il y a une rangée d'écailles, et une autre existe le long du bord inférieur. Cette rangée semble séparer d'une manière plus nette le sous-opercule, qui est étroit, alongé et sans écailles. L'interopercule est de même en triangle oblong, sans écailles; il touche sous l'isthme à celui du côté opposé. La bouche est bien fendue. Le maxillaire reste tout entier caché sous le bord membraneux du sous-orbitaire. Les intermaxillaires ne sont pas protractiles, tant est courte leur branche montante. La lèvre supérieure est peu épaisse et a deux à trois plis longitudinaux; l'inférieure est plus large et collée le long de la branche de la mâchoire, comme dans la plupart de nos labroïdes; son bord est sinueux, à cause de l'élargissement qu'elle a peu après la symphyse.

Les dents sont petites, coniques, serrées le long du bord externe de l'intermaxillaire. J'en compte trente-sept, qui diminuent graduellement jusqu'à l'angle de la mâchoire. A l'extrémité antérieure de l'os il y a une forte canine crochue, presque trois fois plus grosse que la dent qui la suit. Ce qui est remarquable dans le poisson, c'est que cet intermaxillaire est élargi en dedans, sur les deux tiers antérieurs de sa longueur, en une plaque osseuse, granuleuse, et qui forme, en touchant à celle du côté opposé, une sorte de voûte osseuse à toute la partie antérieure de la bouche;

d'ailleurs il n'y a point de dents ou granulations sur le vomer, ni sur les palatins, qui sont reculés en arrière pour laisser la place nécessaire à l'étendue des intermaxillaires.

A la mâchoire inférieure les dents sont plus grandes et plus écartées. Près de la symphyse il y a d'abord une première canine de chaque côté, semblable aux dents en crochets de la mâchoire supérieure; puis vient un groupe de quatre petites dents coniques, crochues, et grandissant à mesure qu'elles sont plus postérieures; ensuite une grosse dent en triangle isocèle, comprimée, tranchante, et semblable à celle de certaines sphyrènes ou de nos *cybiums*. Après un intervalle sans dents, une autre canine, en triangle et très-pointue, plus grande, suit celle dont je viens de parler; un espace sans dents sépare celle-ci de deux autres, semblables pour la taille et la forme à la première; enfin, une série de cinq petites coniques termine cette denture.

Le voile supérieur du palais est très-petit, à peine visible : l'inférieur est très-large; derrière lui est une langue libre, pointue et lisse. Les pharyngiens sont petits et couverts de dents rondes et comme granuleuses; l'inférieur a la tige longitudinale en ovale alongé. Les râtelures des branchies sont courtes et dirigées en dehors. Les ouïes sont largement fendues. Il y a six rayons branchiostèges.

Les deux ouvertures de la narine sont près de l'œil; la postérieure a une distance égale au diamètre de l'orbite : elle est petite, mais visible à l'œil nu; l'antérieure est d'une petitesse extrême et percée sur une petite papille : il faut la chercher avec soin pour la voir.

La dorsale commence un peu en arrière de l'angle de l'opercule; les premiers rayons sont simples, aussi mous que ceux qui sont divisés en branche à leurs extrémités. L'anale a de même trois rayons simples et mous; elle commence sous le second rayon articulé de la nageoire du dos. La caudale est peu arrondie. La pectorale est courte; elle est contenue plus de dix fois dans la longueur totale; elle est tronquée obliquement. La ventrale est petite, arrondie; son rayon simple est mou.

B. 6; D. 9/13; A. 3/12; C. 15; P. 11; V. 1/5.

Les écailles sont assez grandes et demi-ovales : j'en compte quarante-quatre entre l'ouïe et la caudale, et dix-sept dans une rangée verticale au milieu. La portion radicale est plus large du double que la portion visible. La surface est très-finement striée par des ciselures parallèles au bord. L'éventail a trente-six rayons, marqués par des stries très-fines.

La ligne latérale est tracée droite, et elle descend un peu obliquement de l'angle de l'opercule au milieu de la queue, de sorte qu'à sa naissance il n'y a que cinq rangées d'écailles au-dessus d'elle, et qu'au milieu ou aux deux tiers du tronc, il y en a huit ou neuf.

La couleur des individus conservés dans l'eau-de-vie est d'un jaune plus ou moins doré, avec une série de points noirs sur l'arrière de la ligne latérale, plus marqués à mesure qu'ils sont plus près de la caudale.

M. Dussumier, qui l'a vu frais, dit que les écailles du dos sont verdâtres, bordées de jaune; que les flancs et le ventre sont argentés. La tête, jusqu'au bord membraneux des opercules, est jaune orangé pâle ; les nageoires ont leurs rayons de cette même teinte, et la membrane transparente.

Le canal intestinal ne fait que deux ou trois sinuosités. La vessie aérienne est grande, quoiqu'elle n'occupe que la moitié postérieure de la cavité abdominle.

Nos individus ont quinze à seize pouces de longueur; ils nous sont venus de l'Isle-de-France, par MM. Desjardins et Dussumier. M. Leschenault a trouvé l'espèce à Bourbon.

Tous ces individus sont plus petits que ceux de l'Isle-de-France; l'inégalité des dents est fort bien exprimée, et la ligne latérale est plus brune, avec les points noirs plus marqués.

Commerson dit que la chair du poisson est d'un assez bon goût, mais qu'on ne le mange pas à l'Isle-de-France, à cause de son peu de fréquence sur le marché. *Sapore*

*haud illaudabilis, sed infrequentia parùm usurpatus.
Caro albissima.*

M. de Lacépède a traduit cette phrase tout différemment,
en disant que ce poisson de bon goût n'est pas recherché
à l'Isle-de-France, à cause de son abondance sur le marché
de l'île.

M. Quoy, dans la Relation du voyage de l'Uranie, a
copié cette erreur de Lacépède, et a cru devoir en inférer
que, s'il n'avait pas rencontré le cheilion sur le marché de
l'Isle-de-France, c'est qu'il n'y paraissait que très-rarement
pendant les mois de Mai, Juin et Juillet, qu'ils avaient
passés à Maurice.

Commerson l'appelle le *jaunet* de l'Isle-de-France, mais
sans dire positivement s'il entend sous cette dénomination
parler d'un nom vulgaire.

Le CHEILION VERT ET BLEU.

(*Cheilio cyano-chloris*, nob.)

Nous avons aussi retrouvé une seconde espèce de
cheilion dans les collections faites à l'Isle-de-France
par M. Dussumier.

Elle ressemble beaucoup à la précédente, mais elle a le sous-
orbitaire plus lisse, les rayons de la dorsale plus forts et moins
flexibles; la ligne latérale rameuse.

D. 9/13; A. 3/12; C. 13; P. 11; V. 1/5.

Dans la liqueur, tout le poisson paraît brun noirâtre, cette teinte se
dessinant par taches sur les écailles blanches du ventre. La dorsale
et l'anale sont transparentes, mais laissent encore voir des taches:
fraîches, elles sont tout autres. Les voici telles que M. Dussumier
nous les indique : le dos est vert olive foncé; les côtés sont verts,

avec une tache bleue sur chaque écaille; le dessus de la tête est de la même teinte que le dos, mais les opercules sont plus clairs; le ventre prend une teinte bleue, et le dessous de la gorge est blanc; une tache noire est sur le tiers antérieur du corps, et elle est surmontée de trois points rouges.

On ne voit plus qu'une faible trace de la tache noire sur le poisson conservé dans l'eau-de-vie. La dorsale et l'anale sont variées de vert clair et d'orangé. La caudale a ses rayons verts et la membrane rosée; les pectorales et les ventrales sont blanches et transparentes.

Nous ajouterons à ces observations quelques autres, que nous prenons d'un dessin qui nous a été envoyé de l'Isle-de-France par M. Théodore Delisse. Elles me semblent indiquer que les individus offrent entre eux des variétés assez notables.

Ce dessin représente le poisson vert sur la moitié supérieure du corps, et bleuâtre à reflets argentés en dessous. Il est couvert d'un réseau jaunâtre, formé par la réunion des traits déliés qui bordent chaque écaille. Ce réseau s'évanouit sur le dessus du dos, où le jaune se perd dans le vert foncé de cette partie, et sur le ventre, où les traits deviennent blanchâtres.

Les deux taches latérales sont de couleur orangée. L'antérieure est la plus petite, et répond à la pointe de la pectorale. Le sous-orbitaire, les lèvres et le dessous de la tête sont azurés; le dessus du crâne, le bord du préopercule et tout l'opercule sont verts. Un trait jaune descend de l'angle de la bouche vers la jonction de l'interopercule avec le sous-opercule. Un autre petit trait, de même couleur, va de l'angle du préopercule au bord de l'opercule.

La pectorale est olivâtre, pâle à sa base. Les ventrales ont un peu plus de jaunâtre. La dorsale est transparente, avec de nombreuses vermicellures jaunes; l'anale, aussi pâle, a cinq à six taches jaunes très-peu colorées sur la hauteur de la membrane, entre chaque rayon. Ceux de la caudale sont verts; la membrane blanche a de fines vermicellures orangées ou rougeâtres.

L'individu a treize pouces de long; il a été donné à M. Dussumier par les pêcheurs sous le nom de *tassard marron*. Ce nom de *tassard* est généralement appliqué dans nos colonies aux poissons à dents tranchantes, et particulièrement à nos *cybiums*. Il est assez curieux de voir que les pêcheurs ont déjà fait ce rapport.

Le CHEILION BRUN.

(*Cheilio fuscus*, Comm., Lacép., t. IV, p. 433.)

La description du second cheilion de Commerson me paraît encore différer de ces deux espèces.

La forme du corps est tout-à-fait semblable à celle du cheilion doré.

D. 9/14 ; A. 3/11 , etc.

Commerson dit que la couleur n'offre rien de remarquable; qu'elle est brune ou plombée, devenant plus pâle sur les côtés et blanchissant sous le ventre. La dorsale est ferrugineuse, variée de taches blanches et lenticulaires. Les taches de l'anale sont plus nombreuses et y deviennent confluentes. La caudale est d'un brun verdâtre, et les ventrales sont blanches : les pectorales ont une teinte brune très-claire.

Commerson a observé ce poisson dans les barques des pêcheurs de l'Isle-de-France, au mois d'Octobre 1769; il était long de dix pouces et demi.

Le CHEILION DE FORSKAL.

(*Cheilio Forskalii*, nob.; *Labrus inermis*, Forsk.)

Un autre cheilion, connu aussi à peu près à la même époque où Commerson observait les siens à l'Isle-de-France, est celui dont Forskal a laissé une description, qui a été publiée sous le nom de *labrus inermis*. Voici

ce qu'on peut tirer de Forskal pour en faire les caractères
de cette espèce.

Le corps, très-alongé, est vert, traversé par une bandelette de
points noirs, le long de la ligne latérale. Au-dessus, la teinte
devient plus brune; en dessous, elle est plus pâle et tachetée de
blanc. Sur la tête et les joues on voit des points violets. Toutes les
nageoires sont verdâtres.

Je viens de retrouver ces traces de couleur, surtout les
taches du ventre et les lignes violettes des joues, sur un
poisson que M. Lefebvre nous a rapporté de Suez.

L'espèce se distingue aussi de celles de l'Isle-de-France par ses
dents plus égales et par ses premiers rayons de la dorsale, qui sont
plus courts, plus grêles, et paraissent un peu moins flexibles.

D. 9/13 ; A. 3/12, etc.

L'individu a huit pouces de long; mais Forskal en a
vu qui avaient un pied de longueur et deux pouces de
hauteur.

Les pêcheurs donnent à ce poisson le nom de *ghassek*.
Bonnaterre et Lacépède l'ont fait paraître dans leur genre
labre, en empruntant au langage des Arabes la dénomination
de l'espèce qu'ils nommèrent *labre hassek*.

M. Ruppel a aussi vu ce poisson à Djedda et à Massawah;
mais il ne l'a pas reconnu dans la description de Forskal,
bien que celle publiée par le célèbre voyageur de Francfort soit en tous points conforme à celle du naturaliste
danois. M. Ruppel[1] a nommé son poisson *labrus fusiformis*,
épithète aussi peu caractéristique dans ce genre, que celle
de Forskal; aussi n'ai-je pas cru devoir conserver l'une
ou l'autre.

---

1. Ruppel, *Neue Wirbelthiere zu der Faun. abyss.*, p. 7, pl. 1, fig 4.

Le CHEILION DEMI-DORÉ.

(*Cheilio hemichrysos*, nob.; *Cheilio auratus*, Quoy, Uranie,
p. 274, pl. 54, fig. 2.)

MM. Quoy et Gaimard ont rapporté, comme nous l'avons dit tout à l'heure, un cheilion des îles Sandwich, qu'ils ont confondu avec le cheilion doré de Commerson et de Lacépède.

Il s'en distingue par un museau plus aigu, un œil plus grand, des rayons dorsaux plus fins et très-flexibles. La bouche est moins fendue, et les dents sont plus égales et plus fines. Il paraît dans la liqueur être d'un brun rougeâtre uniforme, avec une série de points noirs le long de la ligne latérale depuis l'opercule jusqu'à la caudale. Le bas de l'opercule et la poitrine sont argentés.

Suivant M. Quoy, le poisson frais est brun sur la moitié supérieure du corps, et jaune doré sur l'inférieure. Les pectorales, les ventrales, l'anale et la caudale, brillent de cette belle couleur; mais la dorsale est d'un brun très-pâle.

Les nombres des rayons sont voisins de ceux des autres espèces.

D. 9/14; A. 3/12.

Nous en avons de sept pouces de long. Le nom des pêcheurs de Sandwich, est selon M. Quoy, *irou*.

J'ai dit comment ce poisson n'est pas le cheilion doré de Lacépède et de Commerson; mais je dois faire remarquer que sur la planche citée le dessinateur a couvert d'écailles l'opercule, comme celui de nos labres, tandis qu'il n'y en a que le long du bord par lequel il touche au sous-opercule.

Je retrouve aussi cette espèce dans un bel individu long d'un pied, que MM. Eydoux et Souleget viennent de rapporter du même archipel; il est jaune orangé, avec une suite de gros points noirs bien marqués le long de la ligne latérale.

Le Cheilion vert.

(*Cheilio viridis*, nob.)

Les mers de l'archipel de Vanikoro ont fourni aux mêmes naturalistes une nouvelle espèce de cheilion, facile à reconnaître à la forme des dents :

celles, qui dans les autres espèces sont saillantes et en crochets à l'extrémité du museau, sont dans celle-ci à peine visibles à la mâchoire supérieure, quoiqu'elles soient encore distinctes des autres dents à l'inférieure. Les dents latérales sont plus égales, proportionnellement plus grosses à la mâchoire supérieure, plus petites et plus égales à l'inférieure. Il y a peu d'écailles le long de l'opercule. La bandelette latérale est assez foncée, surtout vers la queue. La ligne latérale est rameuse.

D. 9/13 ; A. 3/12, etc.

M. Quoy nous apprend, par le dessin fait sur le poisson sortant de l'eau, que le dos est vert-pré brillant, le ventre vert jaunâtre tacheté de bleu, le dessus de la tête de la couleur du dos ; les joues ont des teintes rougeâtres, des rayures bleues, dont une est tracée de l'angle du museau au milieu du bord du préopercule. La dorsale est grise, avec deux rangées de taches brunes ; l'anale est plus jaunâtre ; la caudale est verdâtre : les nageoires paires sont transparentes.

Ce poisson n'est pas rare à Vanikoro. Les voyageurs en ont vu d'un pied et demi de long. Les indigènes l'ont nommé *fénéou*.

Le Cheilion petite bouche.

(*Cheilio microstoma*, nob.)

Je trouve encore parmi les poissons du Muséum un petit cheilion dont j'ignore la patrie : il vient probablement de l'Inde, car il faisait partie de la collection du stadhouder de Hollande.

La forme générale est celle de nos cheilions; mais la bouche est sensiblement moins fendue; l'œil est plus grand; la couleur est uniforme et sans aucune tache, même le long de la ligne latérale; la caudale et les ventrales sont d'un orangé assez vif sur les rayons.

Ce petit poisson n'a pas tout-à-fait quatre pouces.

Le CHEILION RAYÉ.

(*Cheilio lineatus,* nob.)

Ce n'est qu'avec doute que je place ici ce joli poisson, dont nous devons la connaissance à un officier de l'expédition de l'Astrolabe, M. Gressien, qui en a donné le dessin à M. Quoy. Ce naturaliste l'a publié dans la Zoologie de l'Astrolabe, tome III, page 719, et planche 19, figure 2, de l'atlas des poissons; mais sous le nom impropre de *malacanthe rayé.*

Il a le dos bleu; le ventre jaune doré, rayé longitudinalement de traits roussâtres. La tête est bleue, passant au verdâtre sur le museau, et rayée comme le corps. La base de la dorsale est jaune, puis elle a une raie bleue tachetée de gros points noirs carrés; cette bandelette est surmontée d'une série de taches rouge de brique, carrées; et enfin sur un fond jaune passant au brun sur le devant, et à l'orangé sur l'arrière, on voit six à sept lignes brunes, longitudinales et étroites. Le premier rayon de la dorsale est prolongé en filet. L'anale est courte, jaune, avec trois traits rouges ou orangés, parallèles à la base de la nageoire. M. Quoy les dit bleus, mais la planche les représente comme je l'indique ici. La caudale est lancéolée et de couleur bleue, bordée de jaune orangé. Les pectorales et les ventrales sont jaunes.

Il est évident que ce poisson, originaire du port du roi George, est un des plus élégamment colorés qu'on puisse voir, et il me paraît encore inconnu des naturalistes; mais il est facile de juger que le dessinateur n'était pas zoologiste, et que les caractères de l'espèce ont été mal rendus. Il est possible que ce soit une girelle ordinaire : ce ne peut toutefois être un malacanthe, comme l'a cru M. Quoy.

____

DU MALAPTÈRE,

et en particulier du MALAPTÈRE RÉTICULÉ.

(*Malapterus reticulatus*, nob.)

Je place à la suite des malacanthes et des cheilions, un genre qui tient de ces deux par des caractères communs, qui l'empêchent de rentrer soit dans l'un soit dans l'autre. Je n'en ai vu qu'un seul exemplaire sans ses viscères, et sur lequel je n'ai eu aucuns renseignemens.

Le corps est alongé, comprimé; sa hauteur, qui est égale à la longueur de la tête sans le lobule membraneux de l'opercule, est du cinquième de la longueur totale. La bouche est petite, à dents mitoyennes plus longues; les autres, coniques, sur un seul rang, sans élargissement des intermaxillaires. Le préopercule est couvert d'écailles; l'opercule en a sur son bord comme celui des cheilions : les autres pièces n'en ont pas.

La dorsale a tous ses rayons mous et flexibles : il y a des appendices membraneux à la pointe de chaque rayon. Le sous-orbitaire est étroit; le bord membraneux de l'opercule est très-prolongé, jusqu'au-delà de l'aisselle de la pectorale; la dorsale commence au-delà de l'insertion de cette nageoire; le tronçon de queue, derrière elle, est court; la caudale est coupée carrément avec ses angles arrondis; les ventrales sont petites : leur épine est faible.

D. 18/14; A. 3/18; C. 15; P. 12; V. 1/5.

Les écailles sont lisses et molles : il y en a trente-sept rangées entre l'ouïe et la nageoire de la queue; il y en a trois au-dessus et onze au-dessous de la ligne latérale, qui n'est pas interrompue.

La couleur est brune sur tout le corps, avec un réseau noir, dont la maille entoure chaque écaille. Les nageoires sont verdâtres, bordées de noir.

Ce poisson n'a pas six pouces de long. Il vient des îles Juan-Fernandez, et il a été donné au Cabinet du Roi par M. Gay.

On voit qu'il a les rayons flexibles des cheilions, sans en avoir les dents, qui ressemblent à celles des labres. Il a, comme eux et les malacanthes, les opercules écailleux, mais il manque de l'épine operculaire de ceux-ci. La mollesse de ses rayons et les écailles de l'opercule empêchent d'en faire un tautogue. Enfin, il ne peut être placé parmi les girelles.

CHAPITRE X.

Des Girelles.

Nous voici arrivés à un des genres les plus nombreux en espèces de la famille des labres, et qui contient les poissons parés des couleurs les plus variées et les plus brillantes, je crois, entre tous les habitans des eaux. Celles de nos mers ne le cèdent nullement par leur éclat aux espèces des régions intertropicales. Toutefois ces animaux sont caractéristiques des pays chauds : c'est tout au plus si une seule s'avance vers le Nord, jusque sur les côtes d'Angleterre ou de France; déjà dans la Méditerranée nous en comptons trois ou quatre, et nous les voyons même sortir de ce bassin de l'Europe méridionale, et s'avancer dans l'Atlantique jusqu'aux Canaries, où elles vivent avec d'autres qui commencent cette nombreuse série de girelles des mers chaudes du globe.

Je réunis avec M. Cuvier, sous le nom de *girelle,* tous les labroïdes à ligne latérale non interrompue; à dorsale munie de rayons épineux roides et piquans; dont la tête entière, c'est-à-dire, le sous-orbitaire, le préopercule et les autres pièces operculaires, le dessus de la tête et les mâchoires, sont dépourvus d'écailles. Leurs dents sont coniques, plus fortes en avant; et derrière cette rangée externe il y en a de tuberculeuses ou de grenues en nombre variable, qui dans quelques espèces se succèdent avec l'âge, augmentent la largeur de la surface émaillée des deux mâchoires, et nous conduisent lentement à ce que nous observerons dans les scares, et dont nous avons déjà eu un premier vestige dans les *cheilions.*

Les pharyngiens de toutes les girelles sont conformés comme ceux des labres proprement dits.

Certaines espèces ont dans l'angle de la bouche une dent dirigée en avant; mais ce caractère spécifique est tout aussi variable dans ce genre que dans tous ceux des autres labroïdes dont nous avons déjà parlé. Cette observation nous a conduits à supprimer le genre *halichores*, que M. Ruppel a récemment publié dans ses Nouvelles recherches sur les animaux vertébrés de la Faune africaine, et que nous avons déjà signalé, dans notre article du *tautoga sexfasciata*, qu'il confondait avec ces girelles à défenses.

Ceux de nos lecteurs habitués aux recherches ichthyologiques, savent déjà que M. Cuvier a démontré, dès sa première édition du Règne animal, que le genre *hologymnose*, établi par Lacépède, doit rentrer dans celui dont nous nous occupons; car il n'est qu'un double emploi du labre cerclé, également décrit sur les dessins ou les manuscrits de Commerson, lequel poisson est une de nos girelles. Il faut aussi y réunir, comme l'a déjà fait M. Cuvier, le genre *coris* de Lacépède, fondé de même sur les matériaux de Commerson, quoique la crête élevée de ce poisson lui donne un aspect un peu différent des autres girelles, et qu'il semble nous conduire vers les xyrichthys.

Ces poissons sont littoraux, vivent parmi les roches madréporiques, où ils trouvent en abondance des mollusques, des oursins et autres animaux à test dur, qu'ils brisent facilement avec les dents fortes et coniques, soit des mâchoires, soit des pharyngiens.

Le nom de *julis,* sous lequel M. Cuvier décrit ce genre,

est l'épithète d'un des labres de Linné, qui l'avait tiré d'Artedi pour l'appliquer à l'espèce du *Systema naturæ*, qui comprenait alors les différentes variétés de nos mers. Il y a peu de probabilité, pour ne pas dire davantage, que le poisson désigné chez les Grecs sous le nom de ἰουλὶς, fût un de nos labres. Du moins rien de ce que les auteurs en disent ne justifie cette conjecture. On trouve dans Aristote (l. IX, c. 2) une seule fois le nom de ἰουλίδες, cité comme un des poissons qui vont en troupe avec les thons et les autres saxatiles. Athénée rapporte (l. VII, c. 15, p. 304) que Dorion recommande dans son Traité des poissons, de faire bouillir les ἰουλίδες dans de la saumure, et il lui donne, selon Numenius, l'épithète de *vorace*.

Il n'y a dans ces traits, ni dans ce qu'en rapportent les autres auteurs, rien qui puisse faire connaître ce que les anciens entendaient sous ce nom, ainsi que je l'ai déjà remarqué pour les labres.

La Girelle commune.

(*Julis vulgaris*, nob.)

Il paraîtrait que du temps de Rondelet la girelle était plus rare sur les côtes de Provence que de nos jours, car il dit qu'elle y est à peine connue; aussi la figure que nous trouvons dans son ouvrage (l. VI, c. 7, p. 180) est-elle mauvaise, mal caractérisée et difficile à appliquer à l'une ou l'autre de nos variétés. Il n'en est pas de même de celle de Salviani[1] : elle représente certainement notre première espèce, bien caractérisée par sa tache noire. C'est

---

1. Salviani, *De aquat.*, p. 219, fol. 85.

encore elle que donne Aldrovande (l. I.er, chap. 7, p. 39), quoique sa figure soit plus grossière que celle de l'auteur romain.

Willughby[1] l'a vue aussi à Gênes, et c'est d'après ces renseignemens que ce poisson, originaire de la Méditerranée, a pris place dans Artedi; cependant Linné l'a fait venir d'Amérique, dans le prodrome du tome second du prince Adolphe, et je crois qu'il a confondu quelque espèce étrangère, peut-être notre *J. psittaculus,* avec lui; car il parle d'une ligne rouge sur la dorsale, que je ne trouve pas dans notre poisson d'Europe.

Bloch (pl. 287, fig. 1) en a donné une figure d'une enluminure peu exacte, et qui a été faite d'après une de ces nombreuses variétés que nous conservons dans l'eau-de-vie.

La girelle est un poisson très-commun dans la Méditerranée, et dont on trouve un grand nombre de variétés, que quelques zoologistes ont essayé de séparer en espèces, Elles font l'ornement des marchés des ports de cette mer; car leurs couleurs, très-variées, ne le cèdent en rien, par leur éclat et leur beauté, aux poissons les plus brillants que les mers des tropiques nous envoient.

Nous allons commencer par décrire la variété à tache noire et à bandelette orangée, à bords dentelés, parce que nous croyons qu'elle a été le type du *labrus julis* d'Artedi.

Le corps de la girelle est alongé; sa plus grande hauteur est vers la sixième épine de la dorsale, et elle n'est que du cinquième de la longueur totale. La ligne du dos et celle du ventre convergent l'une vers l'autre, de sorte que la hauteur de la queue a les deux cinquièmes de celle du tronc, dont l'épaisseur est comprise deux

---

1. Willughby, *De pisc.,* p. 324.

13. 34

fois et demie dans la hauteur. Les lignes dorsale et ventrale du profil se courbent et se rapprochent assez promptement vers le bout du museau, qui est cependant encore très-pointu.

La tête n'est pas contenue tout-à-fait quatre fois dans la longueur totale. L'œil est de grandeur médiocre, arrondi et éloigné du bout du museau du tiers de la longueur de la tête. L'intervalle entre les yeux est bombé, arrondi et égal au diamètre de l'œil. Le sous-orbitaire est peu visible sous la peau épaisse qui le recouvre. Le bord du préopercule descend verticalement ; l'angle qu'il fait avec le bord horizontal est arrondi. Le bord membraneux de l'opercule se prolonge en une languette libre, charnue et arrondie, semblable à celle que nous avons déjà vue sur les pomotis. L'interopercule est mince et large, et touche celui du côté opposé sous l'isthme de la gorge, de façon que la membrane branchiostège est entièrement invisible, si on n'écarte pas les ouïes.

La bouche est peu fendue et très-peu protractile. Le maxillaire est petit et tout-à-fait caché sous le bord du sous-orbitaire. L'intermaxillaire est mince et n'a que des branches montantes médiocres. Les dents sont simples et coniques sur le rang externe ; les quatre antérieures sont alongées et courbées, et comme de vraies canines ; les autres, plus courtes, ont l'air d'entailler le bord de l'os, comme le feraient les dents d'une scie. A l'extrémité de la mâchoire, dans l'angle de la bouche, il y a une dent alongée, comme une petite défense, semblable à ce que nous avons vu dans plusieurs de nos labres étrangers. Sauf cette dernière dent, celles de la mâchoire inférieure sont semblables à celles de la supérieure. Les deux mâchoires portent derrière cette rangée quelques dents rondes et grenues. Les ouïes sont peu fendues, parce que la membrane branchiostège est réunie à celle du côté opposé, sous toute l'étendue de l'isthme de la gorge. Les rayons branchiostèges sont au nombre de six. Les peignes des branchies sont médiocres, et les râtelures antérieures fort courtes. Des groupes de villosités épaisses et nombreuses garnissent en haut et en bas l'entrée du pharynx. Au milieu de ces villosités on voit, comme dans les labres proprement dits, les deux plaques supérieures des dents pharyngiennes obtuses, et la plaque triangulaire inférieure. Celle-ci porte en arrière une dent globuleuse, beaucoup plus grosse que les autres.

La dorsale commence à la fin du premier quart de la longueur totale, et son étendue sur le dos égale la moitié de celle du corps. Ses rayons sont grêles et flexibles; le premier rayon épineux est plus haut que le second, celui-ci l'est plus que le troisième, lequel dépasse un peu les six qui suivent. A la suite de ces neuf rayons épineux on en compte douze branchus.

L'anale commence sous le premier rayon mou de la dorsale; ses trois épines sont faibles. Les douze rayons mous composent une nageoire qui s'étend sous la queue, ainsi que la dorsale le fait en dessus. La caudale est coupée carrément; les pectorales et les ventrales sont médiocres.

B. 6; D. 9/12; A. 3/12; C. 14; P. 13; V. 1/5.

Les écailles sont petites : on en compte près de quatre-vingts entre l'ouïe et la caudale; elles sont très-minces et paraissent lisses. A la loupe on aperçoit de fines granulations et quelquefois des stries divergentes et longitudinales. Vue isolément, une d'elles paraît oblongue; sa portion radicale est plus que deux fois plus grande que la partie nue. L'éventail se compose de quinze à seize stries, qui rayonnent d'un point qui n'est pas placé au milieu de l'écaille. La ligne latérale part de l'angle supérieur du surscapulaire, remonte jusque sous le troisième rayon de la dorsale, et, après avoir fait une légère courbure, elle suit une ligne droite, parallèle au dos, tracée par le septième de la hauteur du corps. Arrivée sous le dixième rayon mou de la nageoire, elle s'infléchit brusquement, descend, sans s'interrompre, jusque sur le milieu de la hauteur de la queue, qu'elle traverse ensuite en ligne droite, et sur laquelle elle s'efface un peu avant de toucher à la caudale. Elle se compose d'une série de petits tubes relevés en saillie sur les écailles que cette ligne parcourt. L'extrémité de chaque tube est ouverte, et montre ainsi l'orifice d'un petit pore.

Nous avons des girelles très-fraîches, pêchées à Toulon, et qui paraissent encore avoir très-bien conservé leurs couleurs. Le sommet de la tête et le dos est d'un beau brun mêlé de bleu et de rougeâtre;

au-dessous de cette teinte brille une large bandelette à bords dentelés d'un beau rouge orangé : elle naît sur l'opercule et s'évanouit sur la queue. Au-dessous de la raie, et à partir de l'épaule, jusque sous les premiers rayons mous de la dorsale, le milieu des côtés est coloré par une bande bleu foncé, presque noire, qui forme une grande tache oblongue sur les côtés du corps du poisson. Cette tache se prolonge, jusqu'auprès de la queue, en une bande colorée de bleu d'outremer, plus ou moins rembrunie par le brun doré qui s'y trouve mêlé. Le dessous du corps est blanc d'argent. Une raie bleu d'outremer le plus vif naît de l'angle de la bouche, traverse la joue, se marque à l'angle de la pectorale, et se prolonge, en diminuant de ton, le long du bord inférieur de la tache bleu foncé des côtés.

L'angle supérieur du bord membraneux de l'opercule porte une petite tache bleu foncé. Le haut des joues est mordoré ; les lèvres sont mélangées de jaune, de rouge, et bordées de violet.

La dorsale est olivâtre mêlé de rouge et lisérée de bleu clair. Une grande tache bleu foncé colore le milieu de la membrane qui réunit les trois premiers rayons. Une bandelette rouge plus ou moins orangé, suit la base de la nageoire un peu au-dessous du dos. L'anale a le pied de ses rayons coloré en violet. Au-dessus de cette bande on voit une raie orangée, teinte d'olivâtre ; puis il y a une bande lilas, qui est suivie d'une autre, plus large, d'un bel orangé, laquelle est bordée de violet. La caudale est olivâtre.

Les pectorales et les ventrales ont quelques teintes rougeâtres.

Ces couleurs diffèrent peu de celles qui sont indiquées par les observateurs qui ont vu des girelles sortant de l'eau. Suivant M. Risso et M. Laurillard,

le dos est vert mêlé de bleuâtre ; la bande latérale est rouge orangé, la tache des côtés bleu noirâtre ; le ventre est argenté, glacé d'outremer ; la tache de la dorsale est bleue, bordée de rouge de minium très-vif ; le reste de la nageoire a la moitié inférieure verdâtre, la supérieure rougeâtre, bordée de bleu pâle. L'anale offre quatre bandes ainsi colorées : celle qui est près du corps, est orangé pâle ;

celle qui lui est inférieure, rose violet; la troisième, qui est la plus large, est orange; et la quatrième forme un liséré bleuâtre à la nageoire. La caudale a ses deux bords bleuâtres. Au-dessous et au-dessus de ces lignes en sont deux autres, rousses pâles : le milieu seul de la nageoire est verdâtre.

M. Risso mentionne une variété que les chaleurs de l'été font paraître sur les côtes de Nice,

et qui a le dos vert foncé, l'abdomen argenté, et les nageoires rouges.

Nous en avons une autre variété parmi celles que M. Bibron a rapportées de Messine.

La bandelette dentelée est du plus beau jaune doré; le ventre est rougeâtre, à reflets jaunes ou dorés, et les nageoires sont rouges.

Cette variété s'est reproduite avec des nuances plus pâles sur celles qui nous sont venues de Négrepont, et que nous devons à M. Virlet.

Toutes ces variétés ont constamment la tache latérale noire alongée. Cette tache s'efface chez quelques individus, de manière à établir des passages insensibles entre ce que M. Risso a établi comme la girelle ordinaire et les individus qu'il a voulu grouper en une espèce particulière, dont nous donnerons la description.

Outre ces individus, qui nous sont venus de Toulon par M. le duc de Rivoli et par M. Kiener, nous en avons eu de Nice, par M. Laurillard; de Naples, par M. Savigny; de Messine, par M. Bibron; d'Iviça, par M. de Laroche; de Malaga, par M. Baillon; de Napoli de Romanie, par M. Reynaud; et des différens points de la Morée, par MM. Bory de Saint-Vincent et Virlet.

Son anatomie diffère peu de celle de nos labres.

Elle a le foie petit, le canal intestinal médiocre, une vessie aérienne assez grande, le péritoine mince, peu brillant.

Les vertèbres abdominales sont au nombre de douze, et les caudales de dix-neuf.

Ses noms vulgaires sur les côtes de la Méditerranée sont *donzellina* ou *zigurella,* à Venise *donzella,* à Marseille *dovella,* à Livourne *zigorella,* à Candie *afdella,* à Naples et à Rome *manchina di re,* dans l'île de Rhodes *zillo.* Selon M. Virlet, les Grecs modernes lui donneraient le nom de ίϱλο, ce qui semblerait justifier le rapprochement que les auteurs de la renaissance ont fait de la dénomination des anciens à ce poisson. Selon M. Risso, elles se nomment à Nice *girella.* Leur chair est blanche, de bon goût et facile à digérer. Ces beaux poissons fréquentent les bords couverts d'algues marines sur les rochers.

Si l'on s'en rapportait à MM. Donovan et Yarell, il paraîtrait que la girelle se trouve sur nos côtes; mais l'on va voir que leur figure représente une espèce différente.

Une autre variété nous a été apportée de Naples par M. Savigny. Je ne lui trouve d'autres différences de formes que dans la brièveté des premiers rayons de la dorsale : ils ne dépassent pas les autres. Quant aux couleurs, elles sont peu autrement distribuées.

La moitié supérieure du corps est brun foncé; ce brun se termine par une ligne droite, tirée par le bord inférieur de l'orbite jusque sous le milieu de la queue; le reste du corps est blanc argenté. Une bandelette peu distincte et orangée sépare le brun du dos en deux parties égales. Il n'y a plus de trace de trait bleu d'outremer et de tache bleu noirâtre sur les côtés.

La dorsale a du noirâtre sur sa partie antérieure; elle est grise dans sa plus grande partie, bordée de jaune et lisérée de violet. L'anale paraît avoir été rougeâtre et de même lisérée de violet.

Nous en avons un individu qui est long de sept pouces. Cette variété a été aussi observée à Nice par M. Laurillard. L'individu qu'il nous a procuré est entièrement décoloré.

Je crois qu'il faut encore rapprocher de cette dernière variété un poisson rapporté de Lancerote par MM. Webb et Berthellot.

Il a les couleurs distribuées de même; mais les trois premiers rayons dépassent beaucoup les autres. L'épaule et le bas de l'opercule sont colorés en rouge carmin vif. La dorsale et l'anale sont jaunâtres, sauf la teinte noirâtre de la membrane des rayons antérieurs. La caudale a une grande tache noire, le bord est jaunâtre, ainsi que les ventrales.

L'individu a huit pouces de longueur.

Je vois que Pallas ne parle pas de la girelle dans son *Fauna rossica*.

La Girelle Giofredi.

(*Julis Giofredi*, Riss.)

Après ces variétés je crois pouvoir distinguer une seconde espèce, qui ne le cède en rien, pour la beauté des couleurs, à la précédente. Elle offre plusieurs variétés, et elle paraît tout aussi commune dans la Méditerranée.

Quoique les formes soient très-semblables à celles du *julis vulgaris*, la girelle Giofredi paraît avoir le corps un peu plus arrondi, la dorsale plus basse : ses premiers rayons épineux ne dépassent pas les suivants; ils sont aussi plus roides. Les nombres sont les mêmes :

D. 9/12 ; A. 3/12, etc.

Conservée dans l'eau-de-vie, elle paraît brune sur la moitié supérieure, blanchâtre sur la moitié inférieure du corps; une tache bleue existe à l'angle de l'opercule, et toutes les nageoires sont pâles. Mais M. Laurillard l'a peinte à Nice; et ses couleurs, au sortir de l'eau, sont distribuées en une teinte uniforme et d'un beau rouge de vermillon sur le dos, et par quatre bandes longitudinales : une première, brun olivâtre, commence au bout du museau, est interrompue par l'œil et par la tache bleue de l'opercule; elle s'évanouit sous la fin de la dorsale. Une seconde bande commence en bleu pâle sur les lèvres, traverse la joue, et prend sur l'épaule une teinte violette qu'elle conserve jusqu'à la caudale. Au-dessous est une bande jaune, aussi longue, aussi large que la précédente, et enfin une quatrième, blanche, teinte de bleuâtre, colore le ventre. La dorsale n'a point de tache, et est jaunâtre, lisérée de bleu. L'anale a la même bordure, mais sa base est plus rougeâtre; les pectorales sont rosées, les ventrales bleuâtres, et la caudale vert olivâtre.

M. Risso donne à peu près les mêmes couleurs à son Giofredi. Le dos est, dit-il,

d'un beau rouge de corail, dégradé en jaune doré sur les côtés, et passant à l'argenté sous le ventre. La dorsale est rouge , les ventrales bleuâtres, les pectorales jaune pâle, la caudale rouge mêlé de jaune et de vert.

Nous avons des individus qui ont sept pouces de long. Il nous en est venu de Nice, de Toulon et de Messine.

Parmi les individus de Toulon, nous en avons trouvé qui ont

la moitié supérieure du corps d'un très-beau brun rougeâtre passant au violet, et jaunâtre devenant blanc argenté sur le ventre, avec huit ou dix petites lignes formées d'une série de points rouges; les nageoires dorsale, anale et caudale, sont d'un beau rouge carmin; les pectorales sont violettes, et les ventrales ont du jaunâtre.

Quand le violet du milieu des côtés est glacé d'argent, ce qui arrive très-souvent, cette variété devient la première mentionnée par M. Risso. Les individus chez lesquels le jaune domine sur les côtés, et qui ont la caudale bordée de bleu, se rangent dans la seconde variété de cet auteur.

Nous en avons reçu de Toulon, de Naples, de Messine, de Morée et de Malaga.

M. Laurillard nous en a rapporté deux autres variétés, plus éloignées que la précédente de ce que nous donnons pour type du *julis Giofredi*.

La première a les couleurs distribuées en cinq bandes longitudinales. La supérieure, sur le haut du dos, est un brun verdâtre mêlé de rougeâtre, surtout vers la tête; la seconde, tracée au-dessus de la ligne latérale, en partant de l'œil, est d'un vert glauque. La troisième, d'un brun violâtre, s'étend du bout du museau à l'origine de la queue. La quatrième, aussi longue que la troisième, est blanc lavé de verdâtre. La cinquième colore le ventre en jaune orangé. La dorsale a la base jaune, le milieu rouge et le bord blanc; l'anale est rouge, lisérée de blanc; la caudale est mêlée de jaune, de rouge et de vert.

L'individu est long de trois pouces.

La seconde variété a le manteau vert, marbré de grandes plaques brunâtres; la dorsale a du vert à la base, et le reste rouge liséré de bleu : l'anale porte trois bandes; une supérieure, jaune verdâtre; une moyenne d'un brun rougeâtre, et le bord bleu clair.

Je ne vois pas que les auteurs aient, avant M. Risso, distingué cette espèce.

La GIRELLE COQUETTE.

(*Julis festiva*, nob.)

On a pu remarquer que toutes ces variétés, dont nous avons vu plus de trente individus, ont la membrane qui unit les rayons antérieurs de la dorsale rembrunie, et souvent même assez foncée; mais elles n'ont jamais de tache isolée sur cette nageoire. Nous croyons devoir distinguer, comme espèce, la girelle dont M. Garnot nous a

13.   35

envoyé la peinture faite sur le vivant; comparée à la précédente, elle se reconnaît

parce qu'elle a une tache bleue triangulaire entre le second et le troisième rayon de la dorsale; et elle se rapproche cependant du Giofredi, parce que les rayons de sa dorsale sont égaux, et qu'elle manque de tache sur les flancs. Elle lui ressemble encore par la couleur rouge du dos, par la tache bleue de la pectorale et de l'opercule; mais elle paraît en différer, par son ventre d'un beau rose vif; par une première bandelette, composée de petites lunules bleu noirâtre, étendue depuis l'angle de l'opercule jusque sur la queue, et par une seconde bande jaune, semée de points rouges, qui prend naissance dans l'aisselle de la pectorale, et qui va jusque sur la queue. Toutes les nageoires sont rouges : la caudale seule est bordée d'orange. L'iris est rougeâtre; il y a quelques nuances bleues sous la gorge et sur le limbe du préopercule.

Cette girelle a été prise à Brest, sur la fin de Mai 1826. Elle est confondue par les pêcheurs avec le labre varié, sous le nom de *coquette*.

L'individu a près de neuf pouces de longueur.

C'est bien évidemment à cette espèce qu'il faut rapporter le *labrus julis* de Donovan[1], qui est, je pense, reproduit par lui dans M. Yarell, et qui se trouve aussi cité, d'après le même document, dans Fleming et dans Jenyns. Il venait des côtes de Cornouailles.

La GIRELLE ÉLÉGANTE.

(*Julis speciosa*, Risso.)

Nous avons trouvé dans les collections faites à Naples par M. Savigny, et à Messine par M. Bibron, des girelles de l'espèce nommée par M. Risso *julis speciosa*.

---

1. Donov., *Brit. fish.*, t. IV, pl. 96.

Elle a les mêmes formes et les mêmes proportions que les girelles précédentes; mais ses couleurs sont arrangées par bandes verticales rouges sur un fond jaune. La dorsale a une grande tache noire sur ses premiers rayons, qui ne dépassent pas les suivans. La base de la nageoire paraît jaune; la partie supérieure grise, bordée de blanc. L'anale a sur un fond jaune une bande violette sur le milieu, et un liséré de même couleur. Le haut de la caudale est vert mêlé de rougeâtre, et le dessous jaune olivâtre.

Nos individus atteignent six pouces.

M. Risso regarde cette espèce comme moins abondante que les autres girelles. Il donne

au dos un rouge-brun; des bandes jaune d'or alternant avec d'autres, incarnats, sur les flancs. La tête est ornée de lignes rouges et de bandes jaunes sur un fond argenté; la dorsale fauve, bordée de rose, avec une grande tache bleu indigo, entourée d'un cercle aurore. L'anale traversée de deux bandes jaunes; une tache bleue dans l'aisselle des pectorales; les ventrales blanchâtres.

Elle vit parmi les coraux de la côte de Nice, et se montre en Juin et en Juillet.

Cette espèce entre dans l'Atlantique, et on la trouve à Madère. Nous en avons reçu des individus parmi les poissons de cette île, donnés à M. Cuvier par sir R. Brown.

Nous en avons vu aussi un individu long de huit pouces et demi parmi les poissons recueillis aux Canaries par MM. Webb et Berthellot. Il offre cependant cette particularité que les trois premiers rayons de la dorsale sont plus hauts que les suivans. Je compte vingt bandes verticales sur les flancs. La tache de l'opercule et de l'aisselle est bien marquée. La caudale est tout-à-fait rembrunie vers le haut.

La Girelle paon.

(*Julis pavo*, nob.; *Labrus pavo*, Hasselquist.)

Une belle espèce, répandue dans toute la Méditerranée, et qui a été fort exactement décrite par Hasselquist[1], sous le nom de *labrus pavo*, est restée pour ainsi dire ignorée des naturalistes jusqu'à ces derniers temps, très-probablement à cause de la confusion que Linné a faite de cette description du voyageur en Syrie avec ce qu'Artedi entendait rapporter au *pavo* de Salviani. Il en résulte que le *labrus pavo* de Linné doit être rayé de nos *species;* mais que, pour conserver le travail bien fait d'Hasselquist, on peut donner à notre poisson l'épithète de *pavo,* ce qui servira à faire oublier la confusion de M. Risso à l'égard de cette même espèce.

Bloch, à la vérité, avait bien reconnu l'erreur commise par Hasselquist, et il changea le nom spécifique en celui de *syriacus;* mais il ne fit pas remarquer que le *labrus pavo* de Linné était devenu un être complexe à supprimer.

M. de Lacépède a suivi les erreurs de Linné et d'Hasselquist, sans y rien corriger, et il a fait la description de son labre paon d'après la description du naturaliste danois.

Ce poisson, si brillant de couleur, n'avait été remarqué par aucun des écrivains sur la Méditerranée avant Hasselquist, quoique Solander l'avait déjà décrit et dessiné dès 1769 à Madère; mais sa description, comme son dessin, sont restés ingnorés jusqu'à nos travaux.

M. Risso, dans la première édition de son Ichthyologie de Nice, publia cette espèce, en la confondant avec un tout

---

1. *Iter Palest.*, p. 344, n.° 77.

autre poisson de la mer des Indes, le labre hébraïque de Lacépède; espèce d'ailleurs assez mal déterminée, comme on le verra plus tard. Dans sa seconde édition, M. Risso, profitant de notre travail, rectifia la fausse application de nom de Lacépède, et changea son nom spécifique en celui de *girelle turque,* parce que cette espèce serait, suivant lui, connue à Nice sous le nom de *girella turca.*

Elle commence la série nombreuse des girelles à tête grosse, à museau court et arrondi, à pectorales tachetées de noirâtre, à caudale fourchue. Elle tient à ces poissons des mers équatoriales parés de vives couleurs, par le brillant des siennes.

Le corps est arrondi de l'avant, de façon que la hauteur aux ventrales, plus que double de celle de la queue, fait le quart de la longueur totale. La longueur de la tête est dans les mêmes proportions, comparée à celle du corps. La nuque est soutenue; l'œil est petit; la peau qui couvre les joues est épaisse; les deux dents du milieu dépassent les autres, qui sont disposées sur un seul rang.

La dorsale commence à l'aplomb de l'angle de l'opercule. Ses premières épines sont très-basses. L'anale répond au troisième rayon mou de la dorsale, et elle ne la dépasse pas en arrière. La caudale est courte; les deux ou trois rayons qui la bordent se prolongent en cornes, et la rendent échancrée. La pectorale est arrondie; les ventrales sont petites.

B. 6; D. 8/13; A. 3/11; C. 13; P. 15; V. 1/5.

Les écailles sont minces et assez grandes : il y en a une trentaine entre l'ouïe et la nageoire de la queue. Chaque écaille isolée est pentagonale, à bord membraneux, entièrement et finement striée, de manière à ce que sa portion radicale soit peu différente de la portion libre. La ligne latérale, tracée en droite ligne près du dos, s'incline sous la fin de la dorsale, et reprend par le milieu de la hauteur de la queue; elle est formée par une série de petits tubes obliques, relevés sur chaque écaille.

M. Savigny, qui l'a vue fraîche à Naples, l'a peinte d'un beau vert doré sur le corps, et rouge-brun sur la tête. Des rivulations partent de l'œil et se portent en avant par trois raies droites, sur le bas de l'opercule par une seule bandelette divisée, sur le préopercule, l'interopercule et sur la tempe, par une ligne plus courte et moins divisée. Sur chaque écaille un trait rougeâtre vertical relève le fond uniforme du corps. La dorsale est verte et a une très-large bande bleue qui la recouvre presque en entier. L'anale est bleue à la base, verte près le bord : ces deux raies séparées par une bandelette blanche.

La caudale, verte, a ses deux pointes rougeâtres. La pectorale est blanchâtre ou verdâtre, avec une tache bleu foncé sur la pointe des rayons supérieurs, et du jaune à la base. Les ventrales sont verdâtres; elles offrent souvent derrière les pectorales une bande transversale oblique d'un vert uniforme, parce que les écailles n'ont pas dans cette région de traits rougeâtres et verticaux; quelquefois il en manque un plus grand nombre d'espace en espace, de façon qu'il y a des individus dont le corps est traversé par quatre ou cinq bandes verticales vertes. Souvent ces individus ont une grande tache bleue sur le dos et au-dessous de la fin de la dorsale épineuse : d'autres ont trois ou quatre de ces taches.

Les pêcheurs de Naples ont assuré à M. Savigny, que les mâles prennent pendant le temps du frai des bandes rouges plus ou moins vives sur le bord de ces bandes vertes.

M. Risso donne à sa girelle turque des couleurs peu différentes et non moins brillantes.

Le corps est, dit-il, d'un vert tendre à reflets dorés, traversé sur les opercules par une bande bleu céleste, bordée de rouge vif de chaque côté. La tête est brune, ornée de raies bleu indigo, divisées en mille sens. Sur le devant de la dorsale il y a une tache jaune doré, et du noir sur la pointe de la pectorale.

M. Risso se trompe quand il ne donne à cette espèce

que cinq rayons à la membrane branchiostège, et un seul rayon épineux à l'anale.

Nous en avons de nombreux individus venus de Nice, de Sicile, de Morée; M. de Laroche a rapporté l'espèce d'Iviça, et elle s'est trouvée aussi avec ses variétés dans la collection des poissons de Madère, donnée à M. Cuvier. Ces individus nous ont facilité la détermination du *labrus lunarius* de Solander. Il ne lui compte, comme M. Risso, que cinq rayons branchiostèges; mais on doit observer que le troisième et le quatrième sont tellement rapprochés qu'il faut y faire attention, sans quoi il est très-aisé de les prendre pour un seul. Le reste de la description s'accorde parfaitement : il avait même remarqué les variétés à dos tacheté, et la figure confirme encore ce que nous prouve la description. C'est suivant Solander le *peixe verde* des Portugais de Madère, et elle porte aussi ce nom aux îles Canaries, ainsi que nous l'apprennent MM. Webb et Berthellot. Mais nous ne croyons pas que ce soit le *labrus lunaris* de Linné. En effet, le naturaliste suédois cite Gronovius[1], dont la figure montre une tache oblongue sur le milieu de la pectorale. Nous verrons plus bas à quelle espèce nous la rapporterons.

La taille de nos girelles paons varie jusqu'à six pouces.

Nous venons nous-même de donner une belle figure de cette girelle dans l'atlas ichthyologique des poissons des Canaries, pour la publication duquel M. Webb montre de nouveau avec quelle générosité il emploie sa fortune aux progrès des sciences naturelles.

---

1. Mus. icht., tabl. VI, fig. 2.

La Girelle de Sainte-Hélène.
(*Julis Sanctæ Helenæ.*)

L'Atlantique nourrit, près des côtes de Sainte-Hélène, une girelle voisine de la précédente : un premier individu en a été rapporté au Cabinet du Roi par feu Sonnerat, et cette même espèce y a été retrouvée par MM. Quoy et Gaimard.

Elle a le museau plus pointu, sans avoir cependant la tête plus longue. L'occiput est beaucoup moins relevé. Les pointes de la caudale, et surtout celles des ventrales, sont plus longues.

B. 6; D. 8/15; A. 3/12; C. 14; P. 14; V. 1/5.

Les écailles sont plus finement striées. La ligne latérale est un peu moins près du dos, et composée de trois branches divergentes, partant du centre de chaque écaille.

La couleur du dos est verte, et tranche nettement avec le blanc argenté des côtés et du ventre; une bandelette rougeâtre borde le dos le long de la base de la dorsale; des traits verticaux, rapprochés et roussâtres, pâles sur le ventre, traversent les écailles; la pointe supérieure de la pectorale est noirâtre; la dorsale a aussi une tache bleue noirâtre sur les trois rayons antérieurs, le reste est coloré en violet peu foncé; un trait fin et noirâtre la parcourt par le milieu de la hauteur des rayons. Les couleurs de l'anale paraissent être les mêmes que celles de la dorsale; la caudale, orangée ou rougeâtre, a les longs rayons colorés en violet : la ventrale a les mêmes couleurs.

Nous en avons un individu qui a près de dix pouces de longueur.

La Girelle de Lesson.
(*Julis Lessonii.*)

Une autre petite espèce, rapportée du même endroit par MM. Lesson et Garnot, a la tête plus longue que celle de la girelle de Sainte-Hélène; elle fait le tiers de la longueur du corps, sans y comprendre la caudale, qui est courte et arrondie. Les écailles sont très-finement et très-fréquemment striées; elles s'étendent plus haut sur la dorsale et sur l'anale. Les arbuscules de la ligne latérale sont plus divisés. Les nombres sont également différents.

B. 6; D. 8/14; A. 3/12, etc.

Quoique décoloré, l'individu montre encore quatre ou cinq lignes longitudinales brunes le long de la partie supérieure des flancs, une petite tache noirâtre sur le devant de la dorsale, et une ligne noirâtre longitudinale sur le milieu de cette nageoire, qui paraît avoir été jaunâtre. La pointe pectorale est brune. Trois ou quatre lignes obliques blanchâtres partent de l'œil, et se dirigent sur la joue : la postérieure atteint le dessus de l'angle de l'opercule. Le bord des écailles, coloré autrement que le fond, forme sur le corps un réseau étendu.

Le poisson que je décris est un mâle, dont les laitances pleines sont divisées en un grand nombre de petits lobules. Le foie est très-petit. La vessie aérienne, très-mince, occupe tout le haut de l'abdomen.

L'individu est long de cinq pouces.

La Girelle de l'Ascension.

(Julis Ascensionis, Q. et G.)

Une autre petite espèce des côtes de l'Ascension, voisine des précédentes, et que nous devons aux compagnons de l'expédition commandée par M. d'Urville,

a le corps un peu plus étroit, le museau encore plus aigu, la caudale carrée et sans pointe : les écailles sont très-finement striées.

D. 8/14; A. 2/13; C. 14; P. 13; V. 1/5.

Sur un fond vert, le corps porte deux petits rubans étroits et longitudinaux, d'une belle couleur rouge, dont le supérieur naît sur le front, au-devant de l'œil, passe sur l'occiput et borde le dos au pied des rayons de la dorsale; le second part du même endroit, est interrompu par l'œil, se prolonge sur le milieu des côtés, et se termine à la caudale. Le dessous du ventre est jaune. La dorsale et l'anale sont vertes, et portent sur le milieu de la hauteur une bande rouge, semblable à celle du corps. Une tache noire existe, selon M. Quoy, sur le premier rayon de la dorsale. Cette nageoire est olivâtre, bordée d'orange; les pectorales sont rosées, sans taches noires à la pointe supérieure, et les ventrales sont vertes.

Cette description des couleurs est faite d'après le dessin colorié que MM. Quoy et Gaimard ont bien voulu nous communiquer.

L'individu est long de trois pouces et demi.

Il a été décrit par M. Quoy sous le nom que nous lui conservons, tome III, page 706, de la Relation de l'Astrolabe, et représenté planche XX de l'atlas des poissons, figure 5.

La GIRELLE A TROIS TACHES.

(*Julis trimaculatus*, nob.; *Labrus macrolepidotus*, Bl., 284, 2.)

Le poisson que Bloch a représenté (pl. 284) sous le nom de *macrolepidotus,* est une girelle très-voisine de celle que nous venons de décrire.

Sa caudale est courte et arrondie; les épines de la dorsale paraissent plus fortes, les pointes des ventrales plus courtes, et celles de la pectorale plus longues. D'ailleurs les écailles ont les mêmes stries, et ne sont pas plus grandes que dans aucune autre girelle; c'est ce qui nous a décidés à changer l'épithète fort impropre que Bloch a donnée à cette espèce. Il a enluminé le corps en roussâtre, les nageoires en bleu pâle et bordées de jaunâtre, trois taches noires foncées se voient sur la membrane qui réunit les quatre premiers rayons de la nageoire du dos; un trait jaune remonte de l'œil au surscapulaire, et un autre traverse l'opercule.

Ce poisson, d'origine inconnue, a été acheté à Amsterdam. Il n'avait pas six pouces en longueur.

La GIRELLE PERRUCHE.

(*Julis psittaculus*, nob.; *Labrus psittaculus*, Lacép.)

En avançant dans l'Atlantique jusque sur les côtes d'Amérique, nous trouvons des girelles dans toutes les parties méridionales de ce continent; mais nous ne voyons pas des poissons de ce genre vivre sur les côtes septentrionales.

Nous commençons à parler de l'espèce que le père Plumier a observée aux Antilles, et dont il a rapporté une peinture coloriée.

Cette girelle a la forme générale de celle de nos côtes ; mais son museau est plus obtus. Les dents antérieures, et surtout celles de la mâchoire inférieure, sont grandes; il y a aussi un fort crochet à l'angle de la bouche, sur le maxillaire supérieur. L'œil est petit, et on voit sous le bord inférieur une suite de petits pores. Il y en a d'autres au-dessus de l'œil, et d'autres encore sur le limbe du préopercule. La caudale est petite et coupée carrément.

D. 9/11 ; A. 3/12.

Les écailles sont grandes, bien marquées : j'en compte vingt-quatre entre l'ouïe et la nageoire de la queue. En examinant une d'elles isolée, on voit que l'éventail est composé d'un nombre considérable de stries réunies en un point central, situé sur le milieu de la base du triangle formé par la portion de l'écaille. De ce même point part, en rayonnant, un nombre presque aussi considérable de stries, qui couvrent la partie nue. La ligne latérale est composée d'une série d'arbuscules plus ou moins rameux, jusqu'à l'endroit où elle s'infléchit, et, à partir de là, elle n'offre plus qu'une suite de tubes.

La couleur est un brun plus ou moins rougeâtre sur le dos, et pâle sur le ventre; deux bandelettes parallèles, de couleur violette

ou lilas, longent les flancs ; le pied de la dorsale et de l'anale est
teint de cette nuance. La bandelette supérieure naît de l'angle de
l'opercule, l'inférieure de l'angle du sous-opercule, et passe sous
la pectorale.

La tête est plus variée : une bande violette monte de l'œil sur
l'occiput, et, en se réunissant à celle du côté opposé, forme un
chevron notable sur le dessus de la tête. Du sommet de ce chevron
descend verticalement un trait large, mais court, qui s'anastomose
avec un autre trait horizontal, tiré de l'œil à l'angle de l'opercule.
Le sous-orbitaire porte aussi un trait tracé de l'œil vers le bout
du museau. Une bride transversale passe sous la mâchoire inférieure,
et se prolonge en une bande plus pâle, qui divise le préopercule
et s'étend même jusque sur l'opercule. L'interopercule a aussi du
violet.

L'œil est d'un beau jaune au milieu de ces nuances lilas. La dorsale
a la base violette : la moitié supérieure, pâle ou jaunâtre, a deux ou
trois traits ondulés, plus ou moins effacés et probablement lilas.
La base de l'anale est de cette même couleur et bordée d'olivâtre ;
les ventrales et les pectorales sont jaunes ; la caudale offre trois
ou quatre arcs concentriques violets, et les deux angles de son
bord noirs. Un ocelle bleu foncé ou noirâtre relève la couleur de
l'angle membraneux de l'opercule.

Cette description est faite sur un individu long d'environ six pouces, envoyé de la Martinique sous le nom
de *patate.*

Nous avons dit que le père Plumier en avait laissé un
dessin où le corps est peint en vert, les raies en rouge ;
le chevron de la tête est bordé de bleu ; les nageoires ont
un fond jaunâtre ou olivâtre ; la bande mitoyenne de la
dorsale est rouge ; le bord de l'anale est de la même couleur ;
la caudale a des zones violettes et bleues, et les angles
brun noirâtre. Plumier avait inscrit sous son dessin *turdus
marinus varius ; vulgò, petit perroquet.*

M. de Lacépède s'est servi de cette figure et de ce nom pour inscrire parmi ses labres un *labre perruche;* mais il n'a pas reconnu l'identité qui existe entre le dessin de Plumier et la figure de Bloch de sa grande Ichthyologie (pl. 284, fig. 1). Ce naturaliste avait acheté son poisson, comme il dit, dans un encan hollandais; et quand on a acquis l'habitude de reconnaître comment Bloch peignait les poissons décolorés qui devaient servir à son ouvrage, on ne peut douter que le *labrus bivittatus* ne soit le même que celui décrit dans cet article : on le reconnaît à l'aspect général, aux pores tracés sous l'œil et sur la joue, aux arbuscules de la ligne latérale et aux deux lignes du corps; mais la couleur de ces lignes, comme celle du tronc et des nageoires, est de pure invention.

J'ai sous les yeux une variété de cette espèce, remarquable par la couleur jaune uniforme des nageoires verticales. Elle n'offre aucunes traces de bandes, et il n'y a point de taches noires aux angles de la caudale. Je l'ai achetée à Amsterdam parmi d'autres poissons venus de Surinam.

Les deux individus déposés dans le Cabinet du Roi sont longs de cinq pouces.

Des observations ultérieures décideront si cette variété doit être regardée comme une espèce.

La Girelle de Garnot.

(*Julis Garnoti,* nob.)

Une autre espèce, envoyée de la Martinique par M. Garnot,

a la tête un peu plus petite et le museau un peu plus pointu.

Cette girelle paraît avoir eu la tête bleue. Trois ou quatre traits

noirâtres et fins montent obliquement de l'œil sur la nuque. Le
corps est bleu ou verdâtre, avec du rouge vif le long du dos;
la portion épineuse de la dorsale est colorée en bleu noirâtre; la
portion molle en gris, avec des taches rouges à la base des rayons;
l'anale, d'une teinte tirant sur la lie de vin, a des taches bleu foncé
entre chaque rayon, près du corps; la caudale, arrondie, est grisâtre
et rayée transversalement de dix raies alternativement étroites et
larges; les pectorales sont bleuâtres, et les ventrales verdâtres.

D. 9/11 ; A. 3/11, etc.

J'en observe d'autres individus de même taille, qui me paraissent
n'être que des variétés de cette espèce. Toutefois ils sont plus
verdâtres, et ont moins de rouge et de bleu sur les flancs. L'anale
est lisérée de bleu. Peut-être qu'en les observant sur le frais, on
les trouvera d'espèces différentes.

Nos individus ont six pouces de longueur.

La GIRELLE AUX TACHES BLEUES.

(*Julis cyanostigma*, nob.)

Le même voyageur nous a encore procuré une autre
girelle, qui nous paraît d'une espèce distincte, à cause de
la régularité de la distribution de ses couleurs.

Elle ressemble à la précédente par la forme du corps. La tête
a été nuancée de bleu ou de violet et de rouge; elle n'a pas sur la
tempe ce trait en croissant que j'observe sur l'espèce nommée
patate verte par M. Plée. Il y a le long des écailles des flancs sept
à huit rangées de taches azurées, sur le pied de la dorsale trois
grandes taches noires : une sur les premiers rayons simples, une
à la fin de la nageoire; celle du milieu comprend les quatre premiers
rayons mous. Une raie violette existe à la base, le long du milieu
de l'anale. La caudale et la dorsale ont quelques traces de taches
violettes.

Le poisson est long de six pouces.

La GIRELLE OPALINE.

(*Julis opalina,* nob.)

Je trouve encore dans les collections faites à la Martique par M. Garnot, une girelle voisine de toutes ces espèces ou variétés.

Sa hauteur fait le tiers de sa longueur, et l'épaisseur est dans les mêmes proportions par rapport à la hauteur. La ligne du profil s'élève par une ligne presque droite et inclinée à peu près des deux tiers d'un angle droit vers la nuque, où elle devient bombée et saillante, et se continue ensuite dans l'arc du dos, qui est convexe, tandis que le bord horizontal est presque droit.

L'œil est petit et situé sur le haut de la joue; son diamètre est du huitième de la longueur de la tête, qui égale sa hauteur et fait le quart de la longueur totale du corps. En avant et un peu en dessous de l'œil sont les deux ouvertures de la narine : l'antérieure est petite et tubuleuse, la seconde est une simple fente transversale. On n'aperçoit rien des sous-orbitaires sous la peau qui couvre toute la tête, tant elle est épaisse. On distingue peu le limbe du préopercule du reste de l'os. Son bord vertical est festonné; l'horizontal est droit, l'angle tout-à-fait arrondi; l'interopercule est trèslarge, et cependant ne touche pas sous l'isthme à celui du côté opposé. Le sous-opercule est distinct de l'opercule, même à travers de l'épaisseur de la peau : il est plus étroit que l'interopercule. L'opercule est arrondi; son bord membraneux et son angle sont très-larges. On voit au-dessous de l'œil neuf à dix rangées de pores très-fins, qui rayonnent du bord de l'orbite vers la joue, les antérieures étant plus longues que celles tracées derrière l'œil. Il y a aussi cinq à six rangées de ces pores sur les écailles surscapulaires et nuchales, qui sont recouvertes, comme la tête, par une peau non écailleuse. La portion postérieure de l'intermaxillaire est entièrement cachée par le sous-orbitaire.

On ne voit guère sur le devant de la bouche que la lèvre épaisse, portant en dessous cinq à six plis, qui cachent les dents latérales, mais que dépassent les canines mitoyennes, très-grosses dans ce poisson. A la suite des huit dents latérales et coniques, il y a dans l'angle une canine dirigée en avant, mais cachée par la lèvre. Il y a en dedans deux ou trois rangées de dents grenues. La mâchoire inférieure a quatre grosses dents en crochets, une rangée de onze dents coniques, et une de dents rondes interne. La lèvre inférieure est épaisse près de l'os, amincie vers son bord libre, et couchée sur la branche. Les branches de la mandibule sont larges et arrondies. Je vois en dedans de la bouche des voiles membraneux étendus et plissés, et dans le fond une langue large, tronquée en avant, peu libre. Les pharyngiens, comme ceux de nos labres, portent des dents en tubercules arrondis en arrière et pointus sur le devant de l'os.

La dorsale est basse, la caudale coupée carrément, la ventrale prolongée en filet. Les nombres sont :

D. 9/11 ; A. 3/12 ; C. 15 ; P. 12 ; V. 1/5.

Les écailles sont grandes, en losanges; la portion radicale quadrilatère, à bord droit, peu festonné, ayant près de trente rayons à l'éventail ; la portion nue est presque tout autant ciselée; son bord est très-mince : j'en compte vingt-cinq entre l'ouïe et la caudale, deux au-dessus de la ligne latérale, et neuf au-dessous.

Cette ligne est marquée par une suite d'arbuscules, dont les branches sont moins nombreuses et plus resserrées à mesure qu'on approche de la queue. La ligne n'est pas interrompue : arquée sous le dos, elle est droite sur le tronçon de la queue.

La couleur est un mélange de bleu, de vert, de jaune, d'orangé et de rouge, qui donne au poisson une teinte opaline ou irisée. Le bleu est disposé par lignes sous le ventre; on y distingue quatre raies bien tranchées. La tête est bleue ou couleur de chair, avec des rayures bleues plus foncées. La dorsale est bleue; l'anale a deux rayures violettes sur un fond plus foncé; la caudale, bleue, a des bandelettes violettes, tantôt verticales, tantôt longitudinales.

Ce poisson me paraît d'une espèce distincte, à moins qu'il n'en soit de cette girelle d'Amérique comme de la nôtre, qui présente tant de nuances différentes; mais ici les formes de la tête sont assez distinctes pour qu'on puisse trouver des caractères qui paraissent plus certains.

L'individu que je décris est long de quinze pouces, et haut de cinq.

La Girelle aux tempes noires.

(*Julis crotaphus*, nob.)

Une autre espèce, des côtes du Brésil, rapportée d'abord par feu Delalande, et plus récemment par M. Gay, et que nous avons ensuite reçue des côtes de Bahia, d'où elle a été envoyée au Musée de Genève par M. Blanchet,

a le museau plus arrondi que la précédente; l'œil un peu plus petit, et placé plus haut sur la joue. Le sous-orbitaire est criblé de petits pores épars. La mâchoire inférieure offre des petites inégalités plus ou moins marquées.

D. 9/11; A. 3/12; C. 13; P. 12; V. 1/5.

Les individus longs de sept pouces ont le premier rayon mou de la ventrale prolongé en un filet qui atteint à l'anus; tandis que d'autres, longs de quatre pouces, n'ont pas encore de prolongement. La ligne latérale a quelques ramuscules jusqu'à l'endroit où elle se fléchit, et alors elle n'est plus composée que de tubes relevés.

La couleur paraît avoir été verdâtre, mêlée de bleu sur le dos, et pâlissant sous le ventre. Il y a derrière l'œil une tache qui dans l'alcool paraît bleu foncé, et un trait de cette couleur occupe la base de la pectorale. La dorsale est d'un rouge de minium; des taches de cette même couleur, mais beaucoup plus foncée, sont à l'angle de la base de chaque rayon, et laissent leur trace sur les individus décolorés, par des lignes obliques et pâles. La caudale a la base de la même couleur, l'extrémité verdâtre, et sur les deux angles, supérieur et inférieur, on voit deux lignes obliques violettes.

13.   37

L'anale a la base bleuâtre ou violette; l'autre moitié devient plus rougeâtre, et ces deux nuances sont séparées par un trait violet et onduleux, dont on voit encore la trace sur les individus décolorés. Il y a deux fins lisérés plus effacés près du bord de la nageoire. La ventrale a une teinte verdâtre, et les pectorales tirent plus au violet.

Les jeunes individus ont le corps couvert de taches bleues ou noirâtres; une bandelette claire et sans tache sur le milieu des côtés; la caudale rouge, sans trace de tache violette vers les angles. La joue est traversée obliquement par trois bandes onduleuses, qui paraissent d'un blanc bleuâtre très-pâle sur nos individus décolorés par l'alcool.

Nous avons aussi retrouvé un individu de cette espèce parmi les poissons de la Havane, donné par M. Poey, et dans le dessin fait sur le vivant, qu'il a bien voulu nous communiquer, nous avons pris une idée des teintes du poisson frais.

Le corps est vert, un peu rembruni sur le dos; la tache du haut de l'opercule est verte et très-foncée; la tête est rayée de rouge, ainsi que la bande oblique, qui traverse le haut de l'opercule, descend sur le devant de la pectorale et se termine sous le ventre, un peu en arrière de l'insertion des ventrales; la dorsale est toute rouge; la caudale est verte, et porte trois bandelettes rouges : la mitoyenne est dans le sens de la longueur du corps du poisson; les deux autres, obliques, tendent à converger au-delà du bord de la nageoire; l'anale est bleue, et porte sur le milieu une large bande verte.

Cette même espèce a été observée et peinte au Brésil par Parkinson. Le dessin conservé dans la Bibliothèque de Banks, ne porte pas de nom, et nous n'avons pas trouvé de description qui y fût relative parmi celles de Solander.

La couleur du corps y est indiquée verte, variée de bleu et de

lilas; la dorsale est peinte en vert, et tachetée et bordée de rouge;
le trait vert de l'anale est entre deux bandes violettes : d'ailleurs la
tête et la caudale sont de même rayées de rouge.

La Girelle patate.

(*Julis patatus*, nob.)

Nous avons encore trouvé parmi les poissons de la
collection de M. Plée, plusieurs individus d'une assez
grande espèce de girelle, sans aucune autre indication
que le nom sous lequel les nègres la désignent à la Martinique : c'est la *patate verte* des pêcheurs.

Elle a l'œil petit : son diamètre ne fait guère que le septième de
la tête, qui est contenue quatre fois et un tiers dans la longueur
du corps.

Il n'y a que deux canines à la mâchoire supérieure, suivies
d'une série de petites dents coniques; et à l'angle de la bouche il
y a deux crochets saillans. La mâchoire inférieure a quatre canines.
A chaque mâchoire, derrière ces dents coniques, il y a deux ou
trois rangs de tubercules arrondis et grenus.

D. 9/11; A. 3/12; C. 13; P. 14; V. 1/5.

La caudale est coupée carrément. Le premier rayon mou de la
ventrale se prolonge en filet. Les écailles sont grandes, minces,
entièrement couvertes de stries longitudinales : on en compte vingt-
huit rangées entre l'ouïe et la caudale. La ligne latérale se compose
d'une suite d'arbuscules à longues branches, et qui se continue
jusqu'à la nageoire de la queue.

D'après son nom vulgaire, nous devons présumer que la couleur
de ce poisson est verte. L'individu desséché qui a servi à cette description, est brun jaunâtre, et est couvert d'un réseau plus ou
moins visible, formé par l'anastomose de traits jaunâtres, tracés sur
la base de chaque écaille, et dont la convexité est dirigée du côté
de la tête et opposée, par conséquent, à celle formée par la cour-

bure du bord libre de chaque écaille. Un petit trait arqué, violet, tracé sur l'écaille surtemporale, au-dessus de la naissance de la ligne latérale, paraît être un caractère constant de cette espèce; au-dessus de cet arc, et près de la nuque, on voit au-dessus de la ligne latérale trois séries de gros points violets prolongés sur le dos, et, au-dessous de la ligne latérale, des vestiges de raies longitudinales brunâtres, plus visibles sur la queue que sur les flancs ou sur le ventre. Il y a aussi des vestiges de taches brunes ou violettes au-dessus de l'œil et sur l'opercule. La pectorale a la pointe et la base du premier rayon noirâtres.

Cet individu a plus de quinze pouces.

Deux autres, longs de treize pouces, ont le petit trait de la tempe et les points violets sur le dos; mais ils en ont encore de très-visibles sur la queue, disposés par raies longitudinales au-dessus et au-dessous de la ligne latérale, qui est rameuse dans toute sa longueur. La caudale a des points violets, et son bord paraît avoir été d'une autre couleur que le reste de la nageoire. Cette bordure était probablement jaune. Les joues et l'opercule paraissent rivulés de petites lignes sinueuses, ou chargés de points. La dorsale était rayée longitudinalement, et une large tache noire, ou violet très-foncé, couvre l'espace compris entre le dernier rayon épineux et le quatrième rayon mou. Ces deux individus ont les mêmes dents que le précédent, sauf qu'il n'y a qu'un seul crochet à l'extrémité de l'intermaxillaire.

Un quatrième individu, seulement long de sept pouces, offre toujours le croissant surtemporal; mais sa ligne latérale n'est plus rameuse que dans sa partie droite : à partir de l'inflexion, elle est composée de tubes en relief simple. Il offre aussi des différences dans la disposition des couleurs; mais je le regarde encore comme de la même espèce. Le dos avait cinq ou six bandes claires, formées par de grandes taches ainsi distribuées. La nuque est brun jaunâtre. Une première tache de même teinte occupe l'espace compris entre les trois premières épines, et descend jusqu'à la ligne latérale; sous la quatrième est la seconde bande claire; sous les cinquième, sixième et septième épines, est une autre grande tache un peu plus foncée que la précédente; depuis la septième à la neuvième est la troisième bande claire, plus nettement dessinée, parce que la tache qui la suit est presque noire : elle monte sur la nageoire, et s'étend jusqu'au huitième rayon mou; une quatrième tache noire occupe les quatre derniers rayons de la dorsale; une cinquième, sur la croupe de la queue, est située à la base des rayons supérieurs de la caudale, et enfin une sixième et dernière est sur la nageoire même de la queue, au-dessus et à l'extrémité de la ligne latérale.

Au-dessous de la ligne latérale les flancs portent quatre ou cinq lignes brunes. Le préopercule a des rivulations violettes, et l'opercule des taches de même couleur. La pectorale a dans l'angle supérieur de l'aisselle une petite tache noire : d'ailleurs je ne vois pas que les autres nageoires aient été rayées ou ponctuées.

Nous avons sous les yeux un dessin fait à la Havane par M. Poey, qui représente évidemment cette dernière variété; elle porte dans ce pays le nom de *doncella*, qui lui est commun avec les autres girelles. C'est, suivant ce naturaliste, un des plus beaux poissons de l'île de Cuba.

Il a le dos verdâtre, tirant au jaune à cause des reflets de cette couleur qui brille sur chaque écaille. Le long de la base de la dorsale il y a de grandes taches brunes, mêlées de jaune, celle du milieu est plus foncée et bleue. Le corps offre, sur un fond jaune, de larges bandes longitudinales bleues, agréablement variées et mélangées par des reflets ou taches jaunes. La raie mitoyenne est pâle : celle qui est sous le ventre est bleu d'azur.

Le dessus de la tête est vert et les côtés sont jaunes, parsemés de taches ou de petits traits d'une belle couleur bleu d'outremer. Il y a aussi des raies de même couleur sur la queue et sur les nageoires dorsale et anale. Les pectorales et les ventrales sont bleuâtres.

Telles sont les variétés observées sur la nature et déposées maintenant dans le Cabinet du Roi. Elles ne nous paraissent constituer qu'une seule espèce, qu'il est assez difficile de déterminer d'après les différens auteurs qui nous

ont précédés, quoiqu'il ne serait pas impossible qu'elle n'ait
été indiquée par plusieurs d'entre eux, qui en auraient
vu des variétés difficiles à retrouver dans leurs descriptions
et qui les auraient peut-être confondues avec l'espèce suivante. M. Poey lui-même fait observer dans la note jointe
à sa figure, que ce poisson varie beaucoup.

La Girelle du Prince.

(*Julis Principis,* nob.)

Nous avons aussi observé, dans les collections faites à
Bahia par M. Blanchet, une assez grande girelle, qui me
paraît devoir être rapportée au *labrus brasiliensis* de Bloch,
parce que les dissemblances qui existent lors d'une première
comparaison, dépendent des falsifications que Bloch a fait
subir à la figure du prince Maurice de Nassau, qui lui a
servi pour faire de ce poisson un être entièrement composé de fantaisie.

Cette girelle a le corps semblable à ceux des espèces précédentes.
La hauteur est comprise trois fois et deux tiers dans la longueur
totale, laquelle contient quatre fois celle de la tête. La dorsale épineuse est plus basse que la portion molle. La caudale est coupée
carrément.

D. 9/11; A. 3/12, etc.

La ligne latérale est rameuse; il y a vingt-cinq rangées de
grandes écailles entre l'ouïe et la caudale : elles sont toutes assez
fortement striées. Le poisson semble couvert d'un réseau violet,
formé par les anastomoses des lignes qui sont à la base de chaque
écaille. Il y a trois raies violettes sur la nuque : une ou deux vont
de l'œil vers le bout du museau par le travers du sous-orbitaire.
L'opercule est traversé par de grandes rayures violettes. La dorsale
a un bord de cette couleur, et des lignes semblables, irrégulières
et interrompues sur la portion molle : ces rivulations sont aussi,

máis en plus grand nombre, sur la caudale. L'anale a deux raies violettes et un liséré de cette même couleur. La pectorale a le bord et l'aisselle colorés de même.

Ce poisson est long de onze pouces.

Je crois que c'est à lui qu'il faut rapporter ce que dit Margrave de son *pudiano verde*. Il donne (p. 146) sous ce nom la figure d'une girelle dont les couleurs se rapportent tout-à-fait à la description précédente.

Nous avons retrouvé dans le livre du prince Maurice l'original de cette figure. Ce dessin porte le nom de *tetimixira* que très-probablement l'éditeur de Margrave a, par erreur, écrit dans l'article qui précède et qui a rapport à notre *cossyphus bodianus,* dont nous avons déjà parlé plus haut. Ce cossyphe est d'une belle couleur jaune; aussi Margrave, indiquant son nom brésilien, *aipimixira,* le donne comme le *bodiano* ou le *pudiano vermelho,* ou le *bodian jaune* des Portugais, qui, par opposition, appellent le *tetimixira, pudiano verde* ou le *bodian vert.*

Le dessin du prince Maurice n'a que trois pouces et demi. Il en existe un autre sous un nom qui est certainement le même, quoique écrit un peu différemment, dans le livre de Mentzel. Cette figure, longue de neuf pouces et demi, porte pour inscription *jetigmicira.*

Les couleurs sont disposées de la même manière et à peu de chose près de la même teinte. Cette peinture n'a pas été consultée. Celle du prince Maurice a été, de l'aveu de Bloch lui-même, copiée dans son Ichthyologie (pl. 280); mais ce qu'il ne dit pas, c'est qu'il l'a altérée tellement qu'elle ne ressemble plus du tout à l'original. En premier lieu, la caudale, qui est carrée, est devenue échancrée en croissant, avec les deux lobes prolongés en pointe; le dos, verdâtre tacheté de bleu, a été coloré en orangé vif, et chaque écaille bordée d'un croissant bleu d'azur; les flancs, peints en jaune verdâtre et recouverts d'un réseau bleu, ont été changés par le peintre de Bloch en jaune vif, et les écailles ont été lisérées de rouge; les nombres des raies de la dorsale et de l'anale ont été altérés; la caudale a été faite d'une seule teinte bleue, tandis qu'elle est tachetée : les rayures de la tête ne sont pas plus exactes; enfin, il a triplé la grandeur du dessin.

M. Lichtenstein, dans son savant Mémoire sur les poissons de Margrave, que nous avons déjà cité plusieurs fois, a fait ces mêmes remarques; mais nous ne croyons pas qu'il ait eu raison de considérer le *budiano verde* comme identique du *labrus viridis,* figuré planche 282. Ce dernier est une girelle abondante dans les mers de l'Inde. Nous en avons reçu un grand nombre d'individus, et Bloch tenait lui-même ses deux exemplaires probablement de Java, quoiqu'il les fasse venir du Japon. Son dessin, fait d'après nature, est exact, ainsi que nous le dirons dans un des articles suivans, en traitant de cette espèce.

Nous pensons que Bloch, qui a suivi, d'ailleurs, avec tant d'inexactitude pour son enluminure la figure du prince Maurice, a pris pour le dessin celle de Willughby, tab. X, 9. Bloch regarde cette figure comme préférable à celle du prince, et en cela il s'est trompé; car il est facile de reconnaître que cette figure de Willughby, quoique mauvaise et à peu près indéterminable, ne convient en aucune façon au poisson de Margrave.

Pison rétablit le nom de *tetimixira* à la figure du *pudiano verde* de Margrave.

Plumier a laissé parmi ses dessins de poissons de la

Martinique, sous le nom de *petit perroquet,* et avec cette note *turdus alius marinus varius,* la représentation d'un poisson qui ressemble tellement à notre espèce que nous croyons devoir l'y rapporter, bien qu'il y ait quelques légères différences dans la distribution et dans les nuances des couleurs.

Ce dessin de Plumier nous met sur la voie de reconnaître la figure peu exacte de Catesby (pl. 12). Le poisson aura été coloré d'après un individu dont les couleurs étaient altérées par la mort; mais il est certain qu'il est de la même espèce. Nous ne voyons pas que Bloch, Gmelin et M. de Lacépède aient fait usage de ces figures.

Nous trouvons encore la représentation d'une variété de ces girelles dans un ouvrage plus récent, celui de Parra. Cet auteur donne (p. 95, pl. 37, fig. 1), sous le nom de *doncella,* la figure d'une girelle dont la tête et le dos sont rayés ou tachetés de bleu. Les flancs ont du rosé, et le dessous du corps est vert; la dorsale, l'anale et la caudale, sont vertes, bordées de bleu; les pectorales ont du rosé à la base : le reste est du même vert que les autres nageoires.

Cet auteur s'accorde avec Margrave et Pison sur la bonté de la chair de ces poissons, que l'on recherche dans les différens points de la côte d'Amérique.

La GIRELLE PARTAGÉE.

(*Julis dimidiatus,* Agass.)

Nous avons aussi trouvé dans les collections faites à Bahia par M. Blanchet, la girelle que M. Spix avait prise sur les côtes de l'Atlantique, et dont il a laissé une figure dans son histoire des poissons du Brésil, planche 53.

13. 38

M. Agassis en a publié la description d'après le seul exemplaire, long de six pouces et quelques lignes, conservé dans le Musée de Munich.

Il est d'une couleur rosé foncé sur le dos et le long des flancs; il y a une large bande violette, étendue depuis le bout du museau jusqu'à la caudale. La dorsale est rosée tout le long de son bord et jusqu'à la cinquième épine : le reste est violet. L'anale est violette, bordée de rosé; la caudale a le lobe supérieur bleu, et l'inférieur rose; la pectorale, bleue, a du jaune à sa base; les ventrales sont roses.

Les nombres, d'après M. Agassis, sont :

D. 9/13 ; A. 3/13 ; C. 12 ; P. 12 ; V. 1/5.

Nous en avons des individus bien plus grands : ils atteignent à un pied.

Leurs canines mitoyennes sont fortes et crochues; les dents grenues sont sur trois rangs, derrière les coniques du bord externe. Je vois le bleu du dos se prolonger sur la tête en une ligne passant entre les yeux, et se terminer à la lèvre supérieure. Une large bande bleue, bordée de chaque côté d'un trait plus foncé, monte de l'œil sur la nuque, et une tache large et de même couleur, couvre l'insertion de l'opercule. La dorsale est bleue, lisérée de rose; mais ce liséré est partagé en deux traits par une ligne bleue, plus foncée que la couleur de la dorsale. Le liséré rose de l'anale est bordé de violet.

La même espèce nous a été aussi envoyée de la Martinique par M. Garnot.

La Girelle dégraisseur.

(*Julis detersor*, nob.)

Les mers des Antilles produisent encore une girelle, facile à reconnaître par la distribution nette et tranchée de ses couleurs et par la forme de sa caudale, qui est très-fourchue.

Les autres parties de ce poisson sont faites sur le plan général des girelles. Les nombres sont :

D. 8/13 ; A. 3/11, etc.

La portion épineuse de la dorsale est basse et couverte d'écailles. La tête et la poitrine sont d'une belle teinte violette, presque noire : le reste du corps est vert brillant. La portion antérieure de la dorsale, la pointe des pectorales et les fourches de la caudale, sont de la même couleur que la tête ; le reste de la dorsale et de l'anale a une teinte vert clair ; l'intérieur du croissant de la caudale est gris.

Nous avons un individu de cette espèce, long de sept pouces, provenant de la baie du Port-au-Prince de Saint-Domingue, où M. Ricord le dit rare. D'autres, plus petits, ont été envoyés de la Martinique par M. Plée. Ce poisson y porte le nom de *dégraisseur,* à cause de l'adresse avec laquelle il sait manger l'appât que les nègres mettent à leurs lignes, sans mordre à l'hameçon et se laisser prendre.

La Girelle lunaire.

(*Julis lunaris,* nob.; *Labrus lunaris,* Linn.)

Après ces espèces américaines, nous allons nous occuper de celles plus nombreuses qui peuplent les mers de l'Inde.

Nous commencerons par une espèce de la mer Rouge qui y a été observée par Forskal, mais que Linné avait déjà inscrite dans le *Systema naturæ.* Elle abonde, d'ailleurs, sur toutes les côtes des mers orientales de l'Inde. La beauté de ses couleurs l'a fait observer et peindre par plusieurs voyageurs, et cependant son histoire naturelle n'a pas encore été bien présentée par les naturalistes qui nous ont précédés.

Elle a le museau plus aigu que celui de la girelle commune et de celles qui lui ont été déjà comparées. Le corps est beaucoup moins rétréci en arrière. La hauteur de la portion comprise entre la dorsale et la caudale, surpasse la moitié de la plus grande hauteur du corps, laquelle est du quart de la distance prise entre le bout du museau et le milieu du croissant de la caudale. Les fourches de cette nageoire sont longues et pointues; les ventrales sont petites, les pectorales médiocres et triangulaires, les nageoires dorsale et anale peu élevées.

D. 8/13; A. 3/10; C. 13; P. 15; V. 1/5.

Les écailles, très-minces, ont quelques stries à peine visibles. La ligne latérale est rameuse.

Ce poisson nous paraît convenir en tous points au *scarus gallus* de Forskal.

Il lui donne un fond vert obscur pour la couleur générale de la tête et du corps. Chaque écaille est éclairée par un petit trait vertical pourpre. La tête a de même des raies violettes, ainsi distribuées : il y en a une impaire sur le vertex; puis, de chaque côté de l'extrémité du museau, un trait va à l'œil; du bord postérieur de l'orbite on en voit naître quatre ou cinq autres, dont les deux supérieurs remontent sur le haut du crâne, et les inférieurs sont étendus sur les opercules sans les dépasser. De l'angle de la mâchoire inférieure partent deux nouvelles bandelettes, qui traversent l'une le bas du préopercule, l'autre l'interopercule, se prolongent sur la poitrine et s'évanouissent vers l'anale. La dorsale et l'anale ont le bord libre verdâtre, la base violette et le milieu bleu. Les deux pointes de la caudale sont bordées de bleu, et violettes dans le milieu : l'intérieur de la fourche de cette nageoire est jaune. La pectorale a une tache pourpre oblongue sur ses plus longs rayons : le reste de la nageoire est bleu. Les ventrales ont les mêmes couleurs, avec le second rayon seul pourpre.

Nous voyons par un dessin fait à Massuah, que nous devons à M. Ehrenberg, que la description de ces couleurs est d'une grande exactitude. Ce voyageur a vu des individus dont la base de l'anale est verte. Un autre dessin, conservé dans la belle bibliothèque de la maison de la Compagnie des Indes, et qui m'a été communiqué par M. le docteur Horsfield, représente aussi cette espèce de girelle peinte des mêmes couleurs. Il a été fait à Siam, et envoyé de ce lieu par le docteur Finlayson; mais des auteurs plus anciens avaient aussi observé ce beau poisson. La figure que Reinhold Forster a publiée dans la Zoologie indienne, quoique d'un dessin fort peu correct, est peinte exactement des mêmes couleurs: c'est son *labrus zeylonicus.*[1]

Un autre dessin, exécuté par Parkinson, et non publié, mais que l'on peut encore consulter dans la bibliothèque de Banks, prouve que l'espèce se trouve à Otaïti : elle y est nommée *labrus lorius.* Solander, dans ses manuscrits, changea ce nom en celui de *labrus ornatus.*

MM. Kuhl et Van Hasselt ont peint à Java une variété de cette espèce. Le fond du corps est bleu et non pas vert; la tête a les lèvres et le front bleus, ainsi que la bande supérieure, qui va de l'angle de la bouche se perdre sur la poitrine; l'intervalle entre les autres raies pourpres de la tête est la seule partie verte qu'offre ce dessin.

Déjà Seba avait donné une représentation de cette girelle (t. III, pl. 31, fig. 7). Cette figure, citée par Pennant, à l'article de son *labrus zeylonicus,* a été oubliée par Gmelin. Celui-ci a introduit parmi ses labres l'espèce de Forster ou de Pennant, et sans reconnaître son identité avec le *gallus* de Forskal, il reproduisit une seconde fois cette espèce, sous le nom de *labrus gallus,* en la

---

1. Pennant, *Ind. zool.*, tabl. XVI, p. 56.

conservant sous la troisième dénomination de *labrus lu-naris,* d'après Gronovius. La figure[1] de cet auteur est moins correcte que celle de Seba, et serait plus difficile à reconnaître, s'il ne disait qu'il a comparé son individu avec celui du cabinet de Seba. C'est sans doute par erreur qu'il a dit que l'anale a quatorze rayons mous : il aura compté tous les rayons de cette nageoire, qui en a trois épineux et onze mous. Cette figure de Gronovius a été copiée dans l'Encyclopédie, mais d'une manière si inexacte qu'elle n'est plus reconnaissable.

M. de Lacépède a suivi Bonnaterre et Gmelin, pour établir ses deux espèces de labre croissant et de labre Ceilan; mais nous ne pouvons comprendre comment il a été amené à penser que le *scarus gallus* devait être mis à côté de l'osphromène. Il en a fait la seconde espèce de ce genre sous le nom d'*osphronème gal.* Nous avons déjà fait cette remarque en traitant de ce genre (voyez t. VII, p. 288). Shaw, copiant M. de Lacépède, en a tiré son trichopode arabique.

Plus récemment M. Gray vient de publier une nouvelle figure coloriée de cette espèce, dans les Illustrations de la Zoologie indienne du major-général Hardwick, planche 9 de la série des poissons. Il l'a crue nouvelle, et il lui a donné le nom de *julis Hardwichii;* mais il suffit de comparer cette figure avec nos différens individus, pour s'assurer de la vérité de notre synonymie. M. Ruppel a vu aussi le *labrus lunaris,* mais il n'y a rapporté qu'avec doute la citation de M. Gray. Enfin, nous avons encore notre espèce dans le *julis porphyrocephalus* de Bennett, men-

----

1. Mus. ichth., tabl. VI, fig. 2.

tionné dans les *Proceedings* de la Société zoologique de Londres.

Bloch a donné, sous le nom de *labrus lunaris* (pl. 281), une girelle d'une espèce particulière, mais qui est bien loin d'être, comme il le croit, identique avec le poisson de Gronovius. Nous verrons tout à l'heure de quelle espèce on doit le rapprocher.

Les individus de la collection du Muséum n'ont que sept pouces de longueur.

Forster dit qu'il en a vu d'un pied et un quart. Suivant lui, ce poisson est nommé à Ceilan par les Cingalais *dschirau-mâlu,* et par les Hollandais *papegaay-visch* (poisson perroquet), nom commun à la plupart des labres. Le bas peuple de cette île seul le mange. Cette assertion est bien opposée à ce qui a été rapporté à Forskal, qui le donne pour un poisson très-venimeux, et dangereux même par le tact (*venenatissimus ferunt vel leviter tactum*). Son nom arabe à Lohaje est *dik el bâhr* ou *mogharred.* M. Ehrenberg dit qu'on le connaît sous le nom de *hassad* à Massuah, et Solander, sous celui *e pahu e paathi,* d'Otaïti.

La Girelle croissant.

(*Julis meniscus,* nob.)

La mer des Indes nourrit encore une espèce très-semblable à la précédente ; mais

elle a la tête plus grosse, le front plus bombé, le museau plus arrondi, ce qui le rend plus obtus ; les dents un peu plus fortes. Les fourches de la caudale paraissent un peu plus longues, et je lui compte deux rayons de plus à l'anale.

D. 8/13 ; A. 3/12, etc.

Les couleurs de cette espèce ont été décrites sur le poisson sortant de l'eau par M. Dussumier; leur distribution est tout-à-fait semblable à celle de la girelle lunaire; mais leurs nuances diffèrent un peu. Le dos et le ventre étaient bleus, et le milieu des côtés vert; les traits verticaux étaient de couleur amaranthe; la dorsale et l'anale étaient rayés longitudinalement d'orangé, de bleu de ciel, de jaune; du bleu, de l'orangé et du vert, colorent la pectorale. Les raies de la tête tranchent par leur couleur brune sur le fond vert.

Ce poisson, assez rare aux Séchelles, a, selon le même observateur, la chair agréable et saine.

La collection du Muséum possède d'autres individus de la même espèce, dont plusieurs sont depuis très-long-temps conservés dans l'alcool; ils faisaient partie du Cabinet du Stadhouder. Un autre, le plus grand de tous, vient du voyage de Péron; il a neuf pouces de longueur.

M. de Gernaart, consul de France à Canton, vient de nous en envoyer des individus des mers de Chine, et tout récemment nous avons observé cette espèce dans les belles collections rapportées par MM. Eydoux et Souleyet. Ils l'ont prise à Macao.

La Girelle a joues rayées.

(*Julis genivittatus*, nob.)

Les mers de l'Isle-de-France nourrissent en abondance une autre girelle, qui paraît offrir presque autant de variétés que l'espèce de la Méditerranée.

Elle a le museau aigu et les formes générales de la girelle verte; mais les pointes de la caudale sont moins prolongées. Les couleurs, disposées à peu près comme celles de cette espèce, offrent cependant des différences : la plus notable consiste dans la tache de la pectorale, laquelle n'est pas en ovale limité sur cette nageoire;

mais qui s'étend jusqu'à la pointe, et se fond par degrés insensibles sur le bord des rayons inférieurs dans l'absence de lignes prolongées sur la poitrine.

Commerson, qui en a rapporté un très-grand nombre d'individus, en a laissé un dessin colorié; elle y est représentée

toute verte, foncée sur la tête, et plus claire (vert-pré) sur le corps. Il y a deux raies arquées sur le bas de la joue, au-dessous de l'œil, et une plus courte part de l'angle postérieur de l'orbite et s'évanouit sur l'opercule. Un trait vertical rouillé existe sur chaque écaille. La dorsale et l'anale ont la base brune et le bord vert. Le croissant de la caudale est plus pâle que la base de la nageoire, qui est, ainsi que les ventrales, du même vert que le corps.

M. Dussumier, M. Desjardins et M. Lamarre-Picquot, nous en ont depuis envoyé et en nombre tout aussi considérable. Le premier de ces observateurs nous les a donnés sous les couleurs suivantes.

Une première variété a

le corps vert-pré, et les lignes verticales des écailles violettes; la tête, noirâtre, a les joues rayées de vert; la base de la dorsale est verte, le bord jaune et le milieu violet; l'anale n'a que deux bandes : une violette et une verte; la caudale, verte, avait les rayons externes violets; les ventrales étaient blanches, la base de la pectorale jaune.

Une seconde variété a toujours

le corps vert; mais les traits verticaux sont orangés; le fond de la couleur de la tête est un lilas brunâtre; la dorsale n'a que deux raies vertes et lilas, comme l'anale; les ventrales sont vert pâle, ainsi que la base des pectorales.

D. 8/13; A. 3/11, etc.

M. de Lacépède a fait graver le dessin de Commerson; mais il ne s'en est pas servi pour faire la description de l'espèce, qu'il avait jugée nouvelle, et il l'a donnée dans sa planche comme une variété du labre argenté. Nous avons vu que cette espèce nominale est faite sur le *sciœna argentimaculata* de Forskal, dont les caractères doivent être ceux d'une diacope, ainsi que nous l'avons établi à son article.

La Girelle de Commerson.

(*Julis Commersoni*, nob.)

D'autres individus, observés parmi les collections de Commerson et de M. J. Desjardins, ne sont peut-être encore qu'une variété de l'espèce précédente. Les naturalistes qui peuvent observer ces poissons vivans, éclairciront ce point encore douteux.

Cette girelle a les mêmes formes et les mêmes nombres que la précédente. La joue a sur le haut des traces de raies ; mais les couleurs sont cependant autrement distribuées. Le dessus de la tête et les tempes ont une teinte violet foncé, presque noirâtre, qui s'étend sur le haut des côtés jusqu'à la fin de la dorsale. Le bas de la joue, les côtés du corps et toute la queue sont pâles et décolorés chez tous les individus soumis à notre observation. Le haut du dos, le long de la base de la dorsale, est brunâtre ; et quelques-uns des exemplaires desséchés, provenant des collections de Commerson, ont une teinte verdâtre pâle le long du ventre. La dorsale a une raie brune ou jaunâtre entre deux bords verts. L'anale n'a que deux raies, l'une brune, l'autre verte. La caudale est pâle sur son croissant, et la pectorale noirâtre.

La taille varie, comme dans les individus de l'autre espèce, de sept pouces à sept pouces et demi.

La Girelle de Matthieu.

(*Julis Matthæi*, nob.)

Les espèces ou variétés dont nous venons de traiter, ont toutes des pectorales dont la longueur égale ou même dépasse celle de la tête.

M. Matthieu a envoyé de l'Isle-de-France au Cabinet une girelle dont

la. pectorale n'a que la moitié de la longueur de la tête, qui est d'ailleurs comprise quatre fois et demie dans la longueur du corps, comme dans les espèces précédentes. Les rayons inférieurs de la nageoire sont aussi plus alongés, ce qui donne à cette pectorale une forme différente; mais la forme du corps et les fourches de la caudale sont les mêmes.

La distribution des couleurs est encore par rayures sur la joue et sur les nageoires dorsale et anale. La tache de la pectorale est plus petite; le sommet de la tête est violet; le corps paraît très-pâle, avec des points violets, plutôt que des traits verticaux.

Nous n'avons qu'un seul individu, long de six pouces; c'est une variété fort notable de l'espèce à joue rayée, si elle ne doit pas être regardée comme faisant une espèce séparée.

La Girelle verte.

(*Julis viridis*, nob.; *Labrus viridis*, Bl. 282.)

Le poisson que Bloch a décrit comme originaire du Japon, et gravé sous le nom de *labrus viridis* (pl. 282), est une girelle voisine des espèces précédentes.

Sa tête paraît un peu plus courte, parce que le museau est moins aigu. La caudale est de même fourchue, les ventrales prolongées en filet, les écailles assez grandes et très-finement striées.

D. 8/13; A. 3/9, etc.

Les couleurs sont un peu autrement distribuées que sur les précédentes : le fond du corps est toujours un beau vert, et les écailles ont un petit trait vertical; mais les raies de la tête sont au nombre de quatre, et les deux inférieures se prolongent sur la gorge et le ventre, jusqu'auprès de l'anus.

Nous en avons un individu long de huit pouces et demi, qui vient de l'île Bourbon, d'où il a été rapporté par M. Leschenault.

La Girelle de Mertens.

(*Julis Mertensii*, nob.)

Une espèce voisine de celle-ci ne nous est connue que par le dessin communiqué par M. Mertens.

La couleur de la tête est verdâtre, celle du corps jaunâtre. Quatre raies orangées longitudinales traversent la joue; les traits verticaux des écailles sont de la couleur des raies de la tête; la base de la dorsale, de l'anale, de la pectorale, et les deux bords de la caudale sont aussi de cette même teinte; les nageoires sont jaune pâle : la caudale seule est aussi foncée que le corps. Le dessin ne montre pas de tache noire sur la pectorale. Les nombres comptés par M. Mertens sont :

D. 7/13; A. 2/11, etc.

L'individu, long de cinq pouces, a été dessiné à Uléa.

La Girelle de Duperrey.

(*Julis Duperrei*, Q. G.; Voy. Freyc., pl. 56, fig. 2.)

Les naturalistes qui ont accompagné M. Freycinet, ont pêché sur les côtes des îles Sandwich une girelle, qui tient des précédentes par la tache de sa pectorale.

Sa tête est plus courte et plus grosse; la pectorale est large, surtout vers le bas; à peu près de la même forme que celle de la girelle de Matthieu; la caudale a ses pointes prolongées.

D. 8/13; A. 3/11, etc.

Les écailles sont assez grandes et finement striées. La ligne latérale est entièrement composée d'une série d'arbuscules. La couleur de la tête est bleu d'outremer : cette teinte, rembrunie sous l'œil, y forme une tache notable. Il n'y a aucune trace de lignes ou de taches sur la joue.

La dorsale est de la couleur du sommet de la tête, l'anale violette; la pectorale a du jaunâtre orangé à la base, et une large tache lilas, semée de points bleus, couvre la pointe. La caudale, bordée d'orangé, a la base bleu pâle, et le croissant cendré verdâtre; tous les rayons sont jaunâtres.

Une large bande orangée, étendue depuis la nuque jusque sous le troisième rayon épineux de la dorsale, forme une écharpe, qui tranche entre le bleu de la tête et le roussâtre plus ou moins pâle du reste du corps. Le bord des écailles est plus pâle que le fond.

Nos individus sont longs de six à sept pouces.

La GIRELLE DE BLOCH.

(*Julis Blochii,* nob.; *Labrus lunaris,* Bl., 281.)

C'est près de ces espèces que l'on doit placer la girelle, assez peu caractérisée, dont Bloch a laissé une figure.[1] Ce *labrus lunaris*

a la tête bleu foncé, sans aucune raie sur la tête. Le corps est peint en violet plus ou moins foncé, et traversé par cinq à six bandes jaune pâle. Toutes les écailles sont bordées de noirâtre. La dorsale a une large bande bleue entre deux bords blancs. L'anale a la moitié supérieure bleue et l'inférieure violette. Les ventrales et la caudale, fourchue, sont de cette couleur. La pectorale est bordée de bleu noirâtre.

La figure représente un poisson long de dix pouces. Bloch le fait venir des Indes orientales.

---

1. Grande Ichthyologie, pl. 281.

Ces couleurs, probablement d'une teinte fort arbitraire, sont distribuées tout autrement que sur le *labrus lunaris* de Gronovius, auquel Bloch veut rapporter son poisson. La synonymie que cet auteur a placée sous cette espèce est complétement fausse, et nous ne voyons aucune de nos girelles à laquelle on puisse la rapporter.

La GIRELLE HÉBRAÏQUE.

(*Julis hebraicus*, nob.; *Labre hébraïque*, Lacép.)

Commerson avait laissé le dessin d'une espèce de girelle dont nous avons retrouvé quelques individus desséchés dans ses collections. M. de Lacépède fit graver ce dessin et publia l'espèce de poisson qu'il représente, sous le nom de *labre hébraïque*, tirant son épithète de la disposition des raies de la joue, imitant, dit-il, des caractères hébraïques ou orientaux. Depuis, MM. Quoy et Gaimard, J. Desjardins et Dussumier, nous en ont procuré d'autres individus, mieux conservés et dans l'eau-de-vie : tous sont originaires de l'Isle-de-France, où l'espèce n'est pas rare.

Elle a la tête courte, le front et le dessus de la mâchoire inférieure arqués, les dents antérieures, et surtout les inférieures, fortes et pointues. Les fourches de la caudale sont prolongées.

D. 8/13 ; A. 3/11, etc.

Voici la description des couleurs, faite sur le poisson frais par M. Dussumier.

Tout le corps est vert et varié de jaune pâle. Une bande oblique, d'un beau jaune vif, descend de la base antérieure de la dorsale jusque sous le ventre, et s'efface près de l'endroit où la pointe des ventrales peut atteindre. La tête a sur un fond lilas pâle des raies bleues brillantes, traversant l'opercule et se portant sur la poitrine entre la base des nageoires paires. La dorsale, les ventrales et la caudale, sont verdâtres ; l'anale, plus pâle, est blanche lavée de jaunâtre; les pectorales ont du noir à leurs pointes.

Sur le poisson conservé dans l'eau-de-vie on voit la distribution de ces couleurs, qui paraissent bleues, plus ou moins noirâtres. La bande jaune du corps est devenue blanche, bordée de deux larges raies bleuâtres, et sur la queue il y a une grande tache de la même couleur, en avant de la caudale.

Cette espèce se mange à l'Isle-de-France.

Nos individus sont longs de sept pouces.

Ce poisson se trouve aussi sur les côtes de Madagascar : M. Gaimard l'en a rapporté. Lui et son ami, M. Quoy, le peignent de cinq bandes noirâtres sur le fond verdâtre du dos. D'ailleurs le reste de leur peinture s'accorde parfaitement avec la description de M. Dussumier. Ils ont cru l'espèce nouvelle, et ils en ont publié une très-belle figure dans l'atlas du Voyage de l'Astrolabe (pl. 15, fig. 3), sous le nom de *girelle à baudrier* (*julis zosterophorus*), nom qui ne pourra pas être maintenu.

L'on possède au Cabinet du Roi une petite girelle, longue de quatre pouces, qui provient de la collection du Stadhouder; elle est plus décolorée que les exemplaires dont nous venons de parler, et ses teintes sont devenues rousses. On n'y voit plus de traces de raies sur la joue. Ce poisson convient en tout point à la figure que nous trouvons dans Bloch, sous le nom de *labrus bifasciatus* (pl. 283). Ces petites différences dans la distribution des couleurs, et la forme un peu plus alongée de la tête du poisson, nous laissent encore en doute, si nous devons considérer le poisson de Bloch comme de la même espèce que celui de Commerson.

La Girelle a queue tachetée.

(*Julis caudimacula*, Q. G.)

C'est une espèce de l'Isle-de-France, dont les formes rappellent celles de la girelle commune.

Son museau est pointu; la longueur de la tête surpasse un peu la hauteur du tronc, et est comprise quatre fois dans la longueur totale. Les dents mitoyennes sont alongées; il n'y a point de canines à l'angle de la bouche. Le premier et le second rayon de la dorsale sont flexibles, et dépassent les suivans; la caudale est arrondie; les deux rayons de la dorsale et de l'anale atteignent à la base ceux de cette nageoire; le premier rayon de la ventrale est alongé en filet. La pectorale est tronquée.

D. 9/12; A. 3/12; C. 13; P. 12; V. 1/5.

Je compte près de cinquante rangées d'écailles dans la longueur, quatre au-dessus de la ligne latérale, et dix-huit au-dessous. Cette ligne n'est pas rameuse.

Dans la liqueur, le poisson paraît violet avec quatre raies jaunâtres le long des flancs; la seconde s'avance sur la tête et se termine au museau, en étant interrompue par l'œil; une autre va de l'angle de la bouche à l'opercule, en touchant l'orbite; l'angle de l'opercule, terminé par une tache bleue, en a une en demi-cercle. J'en vois deux autres sur le bas de la joue, et une autre borde le sourcil. La caudale, qui offre des traces de violet, a une large tache noire fondue sur le tronçon de la queue, près la base des rayons. La dorsale a sur les deux premiers une large tache violette ou noire, très-foncée, puis deux raies ou deux séries de points décolorés qui paraissent violets. L'anale a de même la base violette et deux traits parallèles au bord.

M. Quoy[1] dit que le haut du corps est vert, parcouru par trois lignes longitudinales, formées de taches couleur de laque; le ventre,

---

1. Quoy, Zool. de l'Astrolabe, t. III, p. 710, atl. poissons, pl. 15, fig. 2.

d'un jaune teinté de verdâtre, est parsemé de lignes de laque. L'origine de la dorsale est noire, le reste aurore avec des points jaunes et des linéoles bleu de ciel. L'anale a des réticules de laque et de lignes bleuâtres. La caudale est ornée de larges bandes transverses, orangées, séparées par du bleu de ciel.

J'ai fait ma description sur l'individu rapporté par M. Quoy. C'est par une erreur de plume qu'il a dit que le rayon de la pectorale est filamenteux; car sur la figure il représente bien celui de la ventrale. Je dois d'ailleurs faire remarquer que l'enluminure ne correspond pas exactement à la description de M. Quoy, et que le dessin n'en est pas très-exact. Un autre individu, long de huit pouces et semblable au précédent, a été envoyé du même endroit au Cabinet du Roi par M. Desjardins.

La Girelle ceinture.

(*Julis cingulum*, nob.)

Une girelle de l'Isle-de-France, facile à reconnaître, est celle que Lacépède a publiée d'après les dessins de Commerson, sous le nom de *labre ceinture*.

Cette espèce a le museau alongé, pointu, à dents mitoyennes saillantes, sans canines vers l'angle de la mâchoire. La ligne latérale est simple; les écailles sont lisses et petites : il y en a cinquante-sept dans la longueur, cinq au-dessus de la ligne latérale, et vingt-quatre au-dessous. Une écaille est oblongue et a vingt-quatre rayons environ à l'éventail. Les ventrales sont très-alongées. La caudale est arrondie.

D. 9/12; A. 3/12, etc.

Le fond de la couleur est brun, plus clair sur la tête et sur la poitrine que sur la partie postérieure du corps. La teinte claire de l'avant finit à la pointe de la pectorale, et elle est séparée de la portion rembrunie par une ceinture pâle qui occupe l'intervalle de quatre rangées d'écailles. La tête est couverte de points bleuâtres, épars; une tache noire est à l'angle de l'opercule : il y a du noirâtre dans l'aisselle de la pectorale. La dorsale et l'anale sont plus foncées que le corps, et bordées de blanchâtre : elles sont ponctuées de noir sur la partie brune. La caudale a une large ceinture noire, bordée de blanc, et toute la base plus pâle, ponctuée de noir. Les ventrales ont leurs premiers rayons bruns.

Tel est le poisson que MM. Quoy et Gaimard ont pris à l'Isle-de-France, et que M. Lamarre-Piquot s'y est aussi procuré. Ils sont tout-à-fait semblables au dessin laissé par Commerson, sauf que la base des trois nageoires impaires y est représentée blanchâtre. M. de Lacépède l'a fait graver volume III, planche 28, figure 1.

C'est aussi à cette espèce qu'il faut rapporter le *julis semipunctatus* de M. Ruppel, qui n'a pas osé prendre pour certaine la synonymie de Lacépède. Sa figure, coloriée d'après le vivant, représente la tête et le dos verdâtres ponctués, la partie postérieure du dos brune, avec deux grandes taches plus foncées. La base de la dorsale et de la caudale jaunâtre plus clair que le fond, ainsi que l'indique le dessin de Commerson. Cette partie est tachetée; une large ceinture brune borde la dorsale et l'anale, qui sont en dehors rayées de bleu et bordées de jaune verdâtre. La caudale est aussi bordée de verdâtre; mais elle n'a pas de raie bleue.

Je pense qu'il faut aussi y rapporter le *labrus aureomaculatus,* publié planche 20 des Poissons de Ceilan, par M. Whitchurch Bennett. Il représente la tête et la poitrine brun jaunâtre ponctué de noir; une bandelette verticale blanche sépare cette teinte de la partie postérieure, qui est plus verdâtre. Il y a sur le dos deux larges taches rouges à la place où M. Ruppel a indiqué les siennes d'une couleur brune. La dorsale est ponctuée de brun et bordée de jaune, ainsi que l'anale et la caudale. C'est une variété assez notable ; le nom que lui donnent les pêcheurs cingalais est *tik-girawah.*

M. Ruppel a pris sa variété pendant l'hiver à Mohila, et pendant l'été à Massuah. Ainsi elle existe dans toute la mer Rouge.

La Girelle parterre.

(*Julis hortulanus,* nob.; *Labrus centiquadrus, Comm.*)

On trouve, en grande abondance à l'Isle-de-France, une girelle non moins remarquable que les précédentes par la beauté des couleurs que par quelques autres caractères qui sembleraient l'éloigner de ce genre.

Elle a le museau assez pointu, la nuque relevée ; la hauteur est comprise trois fois et deux tiers dans la longueur totale : la tête égale cette hauteur. A l'extrémité de la mâchoire supérieure il y a quatre dents pointues, une très-forte dans l'angle ; deux rangées de dents granuleuses derrière. Quelques écailles sur la tempe ; mais tous les autres caractères et le facies sont tellement d'une girelle, qu'on ne saurait, sans rompre tous les rapports naturels, placer cette espèce dans un autre genre.

La ligne latérale n'est pas rameuse. Les écailles sont grandes, surtout leur portion radicale, dont le pourtour seul est strié : d'ailleurs le bord est convexe. Il y en a vingt-quatre rangées sur les côtés.

La caudale est coupée carrément, la ventrale est prolongée en filet, les pectorales sont pointues.

D. 9/12 ; A. 3/11, etc.

Le poisson, conservé dans de l'eau-de-vie, a, sur un fond jaunâtre rembruni vers le dos, des taches noires verticales, qui s'effacent et deviennent des petits points sur le ventre. La tête offre sur des tons violacés quatre bandes longitudinales bleuâtres ou lilas pâle, souvent confluentes, et des points de même couleur sur la nuque et sur la partie antérieure du dos. La gorge et la poitrine ont quelques traits ou points blanc de lait. Une ou deux taches nacrées se conservent sur la base de la dorsale, qui est elle-même pâle et tachetée de brun ou d'ocelles plus ou moins effacés. La caudale a conservé quelques petits traits, et l'anale, des traces de rayures. Une tache noire existe dans l'angle de la pectorale, et une autre sur le haut de la queue en avant de la caudale.

M. Dussumier nous décrit les couleurs du poisson frais de la manière suivante :

> Le corps est vert-pré, tacheté de vert noirâtre, en forme de quinconce. La tête et la nuque, d'une teinte plus claire, ont des bandes et des points orangés, et il y a sur la base de la dorsale des taches d'un beau jaune. La dorsale est variée de vert pâle et d'orange; la caudale est violette, mouchetée de vert et terminée par du rouge; les pectorales et les ventrales sont vert pâle.

Telle est cette girelle, dont nous avons encore reçu des individus longs de six pouces par les soins de M. Julien Desjardins, et que MM. Quoy et Gaimard, Lesson et Garnot, ont pris aussi à l'Isle-de-France.

Ces deux derniers naturalistes en ont donné une figure coloriée d'après un individu qui avait déjà perdu les belles teintes vertes du corps. Ils l'ont regardée à tort comme une nouvelle espèce, qu'ils ont nommée GIRELLE DEMI-PARÉE (*Julis semidecorata,* Lesson; Atlas de la Coquille, poissons, n.° 35).

M. Ruppel l'a retrouvée aussi dans la mer Rouge, et en a donné une figure bien plus exacte et qui ne laisse rien à désirer. Cet habile naturaliste l'a nommée *halichores eximius*[1], tout en hésitant à la regarder comme la même

---

1. *Neue Wirbelthiere zu der Faun. abyss.*, p. 16, tab. 5, n.° 1.

que le labre parterre ou que le labre échiquier de Lacépède. Cette synonymie ne peut être cependant douteuse. En effet, Commerson avait depuis bien long-temps observé cette espèce, et en avait rapporté un dessin à la pierre noire, d'une bonne exactitude. M. de Lacépède, comme à son ordinaire, a fait graver le dessin sous le nom de *labre parterre* (*labrus hortulanus*[1]), en même temps que la description de Commerson, qui avait nommé l'espèce *labrus centiquadrus*[2], lui fournissait cette seconde espèce nominale. Je ne crois pas d'ailleurs que l'on doive en rapprocher le poisson figuré par Renard (tab. 7, fig. 5o) sous le nom de *corbeille.* C'est une girelle probablement d'une espèce particulière, mais qu'on ne saurait déterminer sur une enluminure aussi mauvaise.

La GIRELLE BRIGADIER.

(*Julis decussatus,* nob.; *Sparus decussatus,* W. Benn.)

Il y a dans Renard (folio 11, n.º 71), sous le nom de *brigadier,* une espèce voisine de ce labre parterre, mais que je crois encore distincte, et que l'on peut déterminer en s'aidant du dessin original de l'amiral Corneille de Vlaming, lequel est tout-à-fait identique à la planche que M. Whitchurch Bennett a donnée de cette espèce dans les poissons de Ceilan (n.º 14), sous le nom impropre de *sparus decussatus.*

Le dos est vert, passant par degrés au jaune brillant sous le ventre. Tous les flancs sont marqués de taches carrées, noirâtres sur le dos et orangées sous le ventre; la tête, verte, est rayée de rouge; la nuque est couverte de points rouges; sur le devant du

---

1. Lacép., III, tab. 29, fig. 2. — 2. *Ejusd., ibid.,* III, p. 493.

dos est une tache jaune. La dorsale, jaune, est rayée d'orange : des points de cette couleur dessinent cinq bandes verticales sur la caudale, qui est très-brillante. L'anale est plus orangée : elle a deux raies rembrunies près de son bord.

La figure de Vlaming a les nageoires jaunes et rayées, sauf la caudale, qui est uniforme; le ventre est moins brillant. Il est difficile de concevoir comment l'enluminure de Renard a changé totalement la vérité de ces couleurs, pour en faire une figure toute de fantaisie.

M. Bennett dit que le nom cingalais est *hembili-girawah,* c'est-à-dire *basket parrot,* ou perroquet de mer treillissé, le nom de *hembili* s'appliquant en général à ce qui rappelle un panier.

Nous avons reçu de Pondichéry par M. Leschenault un petit poisson sous le nom tamule *Nelly-vetty,* qui nous paraît de cette espèce.

La GIRELLE CORBEILLE.

(*Julis corbis,* nob.)

Je trouve encore dans le Recueil de Vlaming une girelle plus élégante, sous le nom de corbeille, et que Renard a fort mal copiée fol. 20, n.° 97, et seconde partie, planche 25, n.° 120, où il est dit que ce poisson est le *dambordt* ou l'échiquier, qu'il y en a trois à LOUVEN, où on les nomme quelquefois *corbeille.*

La tête, sur un fond bleu, est grivelée de gros et de petits points jaunes, de petits points noirs ou bleus foncés. Le corps a, en quinconce, de nombreux traits verticaux fort serrés, et de couleur rouge, orange, devenant plus noire sur le dos. Une tache noire très-foncée, longitudinale, occupe toute la base de la dorsale, qui est orangée, l'anale et la caudale étant jaunes.

C'est une jolie espèce, que les voyageurs naturalistes nous feront sans doute mieux connaître un jour.

Il ne faut pas d'ailleurs la confondre avec la *corbeille* citée plus haut et représentée, Renard, tab. 7, fig. 50. Celle que nous décrivons est distincte et facile à caractériser.

La Girelle linéolée.

(*Julis lineolatus*, nob.)

MM. Quoy et Gaimard ont envoyé du port Western, de la Nouvelle-Hollande, une belle girelle

à tête grosse, à museau obtus, à mâchoire inférieure large et saillante, à nuque très-peu bombée, à écailles médiocres; car il y en a cinquante-trois rangées entre l'ouïe et la nageoire caudale, cinq au-dessus de la ligne latérale, et dix-sept ou dix-huit au-dessous. Elle a d'ailleurs, comme la girelle parterre, quelques petites écailles sur la tempe et derrière l'œil. Une écaille seule se montre arrondie, à surface radicale fortement striée: la partie nue l'est très-finement. La ligne latérale est un peu ramifiée. Sur un beau fond rouge, le poisson a une bande longitudinale noire de chaque côté, plus ou moins effacée, et sur la tête des traits fins et verticaux, au nombre de quinze ou seize, qui descendent pour se perdre sur la gorge. Je n'en vois que deux seulement sur la mâchoire inférieure. La dorsale a trois ou quatre raies violettes. L'anale offre des vestiges de taches.

D. 9/13; A. 3/13, etc.

Un de nos individus a près de onze pouces.

Péron avait déjà apporté cette espèce au Cabinet du Roi.

La Girelle trilobée.

(*Julis trilobatus*, nob.; *Labrus trilobatus*, Lacép., et *Labrus fuscus, ejusd.*)

Commerson a rapporté en grand nombre une girelle abondante à Bourbon et à Madagascar, et dont je puis donner une description exacte des couleurs, en la prenant d'un très-bon dessin que M. Th. Delisse nous a envoyé de l'Isle-de-France, où Commerson ne paraît pas avoir observé l'espèce.

Cette girelle a le museau arrondi et obtus, la nuque relevée, l'œil petit, l'interopercule élevé. Les dents petites, même les mitoyennes; point de canines saillantes dans l'angle de la bouche. Le sous-orbitaire chargé de lignes de pores, trois conduits muqueux sur l'opercule, la caudale festonnée; la ligne latérale très-rameuse. Les écailles sont grandes; leur portion nue est toute striée; leur partie radicale est aussi couverte de stries, sauf le centre. Il y en a vingt-huit rangées entre l'ouïe et la caudale.

D. 8/13; A. 3/11; C. 15; P. 15; V. 1/5.

On ne voit sur la tête aucune trace de raies ou de taches, et les individus décolorés et secs montrent encore les taches vertes disposées en deux bandes longitudinales sur chaque flanc, et les bordures de même couleur sur la dorsale et sur l'anale. Le poisson frais a le dessus de la tête vert olivâtre, au-dessous de l'œil une tache un peu moins foncée, une autre, bleue, à l'angle de l'opercule; le reste est orangé. Cette teinte devient plus brillante sur le corps, rouge sur le dos, et elle reprend le long du ventre une couleur olivâtre. Les deux raies vertes des flancs sont très-colorées; elles se réunissent pour couvrir la base de la caudale, dont le bord des rayons est bleu et la membrane orangée. La dorsale a les deux bords verts et le milieu orangé. L'anale a la base de cette teinte et la moitié externe bleue. La pectorale a la pointe bleu foncé, et la base de couleur orangée. Les ventrales sont bleues.

Outre les individus rapportés par Commerson, nous en avons de conservés dans l'esprit-de-vin, et qui ont été déposés dans le Cabinet par Péron, ou par M. Mathieu, colonel d'artillerie commandant à l'Isle-de-France. Ils sont longs de sept à huit pouces. M. Delisse nous l'a donnée sous le nom de *cateau,* dénomination que Commerson appliquait aux scares verts de cette île. Le dessin que ce voyageur a laissé avait été fait sur un poisson desséché : aussi a-t-il le museau trop pointu. C'est d'après lui que M. de Lacépède a établi son labre trilobé, en même temps qu'il employait la description du compagnon de Bougain-ville pour en faire un *labrus fuscus,* parce que la phrase caractéristique commence par ces mots : *labrus fuscus, tæniis utrinque duabus,* etc.

Il cite cette espèce comme abondante parmi les récifs et les roches madréporiques des îles de Bourbon et de Madagascar.

J'en ai aussi un individu de la première de ces îles, qui a été donné au Cabinet du Roi par madame Ducrest de Villeneuve, avec une note indiquant que le poisson y est nommé *lézard de mer.*

Il faut d'ailleurs faire bien attention que Shaw a inscrit, sous le nom de *labrus trilobatus,* la chéiline trilobée de Lacépède, et non la girelle de cet article.

La Girelle parée.

(*Julis formosus,* nob.)

M. Desjardins nous a envoyé de l'Isle-de-France une espèce voisine de la précédente, et dont nous pouvons parler avec certitude, parce qu'il a eu l'obligeance d'ac-compagner son envoi d'un dessin pris sur le poisson frais.

Cette espèce a le museau un peu moins arrondi que la précé-dente. Il n'y a point de dents saillantes à l'angle de la bouche. Les écailles paraissent plus larges et plus courtes. Il n'y a plus de sur-face non striée sur la partie radicale; toute la portion libre est ciselée de stries qui s'étendent sur le bord membraneux de l'écaille. La ligne latérale est rameuse.

13.

D. 8/13 ; A. 3/11 , etc.

La tête est d'une couleur uniforme orangée, sans aucune raie ni tache; l'iris de l'œil est vert. Le dos, les flancs et la portion inférieure de la queue sont rouges sang de bœuf. Le long de la ligne latérale et sur le milieu du côté, il y a deux larges bandes bleues, teintées de verdâtre. Le long du dos on voit quatre ou cinq taches vertes. La dorsale et l'anale sont orangées et bordées de bleu céleste. Le ventre est verdâtre. La caudale a sa membrane olivâtre et ses rayons terminés par du bleu céleste; une bordure de cette couleur colore le haut et le bas de la nageoire. **La pectorale est bleue et a sa base jaune. La ventrale est verte.**

On voit que ces couleurs ne sont pas semblables à celles de la girelle trilobée : nous croyons à leur constance, parce que nous avons observé des poissons de la même variété parmi ceux récoltés par M. Dussumier ou par M. Quoy, et que les notes de ces voyageurs se rapportent tout-à-fait à ce que nous observons sur le dessin de M. Desjardins. Ce naturaliste nous apprend que ces poissons se portent rarement au marché, que les esclaves les achètent des pêcheurs, et qu'ils les font cuire après les avoir préalablement écorchés. L'individu dessiné par M. Desjardins fut pris au mois de Décembre.

La Girelle malachite.

(Julis æruginosus, nob.)

Les mêmes voyageurs ont rapporté de ces mers une troisième girelle, qui est encore très-voisine des deux précédentes, mais qui a des couleurs un peu différentes et autrement distribuées.

Celle-ci a, sur un fond vert de malachite, qui se conserve quelquefois très-brillant, une bande longitudinale brune au-dessus de la ligne latérale, et deux autres couleur de rose au-dessous, et sur la poitrine un trait rose est tracé obliquement de l'ouïe à la ventrale. Une tache rembrunie couvre le bord de l'opercule; sur les tempes, sur le front, sur le sous-orbitaire, le long de la lèvre supérieure et au-dessous de l'œil, sont de·larges taches onduleuses et anastomosées, d'une belle teinte rose. Celle qui couvre le préopercule se divise en deux traits. La dorsale est violette, bordée de vert; l'anale, de cette couleur, a sur la base une bandelette rose. La caudale est toute verte. La pectorale est plus foncée et a le bord inférieur rose. Les ventrales sont plus pâles.

D. 8/13; A. 3/11, etc.

Cette espèce n'a pas de dents saillantes dans l'angle de la bouche; les pointes de la caudale sont quelquefois très-longues. La ligne latérale est très-ramifiée. Le museau est obtus et arrondi.

M. Desjardins nous en a envoyé de l'Isle-de-France. M. Dussumier en a aussi rapporté de très-beaux individus longs de quinze pouces.

La GIRELLE DEMI-BLEUE.

(*Julis semicœruleus*, Ruppel.)

La mer Rouge nourrit des girelles qui ressemblent beaucoup à celles de l'Isle-de-France, quand elles ont séjourné pendant quelque temps dans l'alcool. Mais les observations de M. Ruppel[1] semblent établir qu'elles ont encore les couleurs différentes.

Cet habile naturaliste les représente

vertes sur la moitié supérieure du corps, et bleues sur l'inférieure. Les trois bandes longitudinales du corps sont couleur de brique, ainsi que les traits de la tête, des joues et de la poitrine. La dorsale et l'anale sont bleues et traversées dans leur milieu par un trait lon-

---

1. *Neue Wirbelthiere zu der Faun. abyss.*, p. 10, pl. 3, fig. 1.

gitudinal coloré comme les bandes du corps. La caudale est bleue, bordée de vert dans son croissant, et de jaunâtre briqueté sur ses deux bords. Les pectorales et les ventrales sont pâles.

D. 8/13; A. 3/11, etc.

M. Ruppel en a observé des individus de onze pouces sur le marché de Djedda, au mois d'Août.

M. Botta en a envoyé de ce port un individu long de quatorze pouces, et M. Lefebvre en a rapporté de Suez.

La Girelle pao.

(*Julis quadricolor*, Lesson.)

C'est encore une espèce très-voisine des précédentes, si même elle en est distincte, que la girelle figurée par M. Lesson sur la planche 35 des poissons, dans l'atlas du Voyage de la Coquille.

Celle-ci a le dos d'un beau rouge de carmin qui colore aussi l'échiquier par les bandes longitudinales et verticales des flancs. La tache au-devant de l'œil, celle bifide sur l'opercule, la bandelette de la poitrine, une autre sur le front entre les deux yeux, sont de la même teinte rouge. Le dessus de la tête, l'opercule et l'intervalle entre les lignes, sont verts; le dessous de la gorge et le ventre bleus. La dorsale est verte, rayée de rouge dans le milieu. L'anale est bleue avec une bande près de sa base de la même couleur que celle de la dorsale. La caudale a les rayons verts terminés par du jaune; la membrane qui les réunit est rouge. Les pectorales et les ventrales sont bleues.

D. 8/13; A. 3/11.

M. Lesson a pris cette espèce à Otaïti, où les naturels la lui ont désignée sous le nom de *pao*. Sa chair est délicate : on la mange crue, ainsi que le font les habitans de la rade de Matawai pour les autres poissons. Les mêmes voyageurs ont retrouvé cette girelle à l'île de Bolabola, où elle est commune parmi les récifs madréporiques.

Je crois encore qu'il faut rapporter à cette espèce le *scarus Georgii,* figuré au n.° 42 des Poissons de Ceilan. M. W. Bennett dit que son nom cingalais est *lena-girawah,* ou *squirell parrot,* perroquet de mer écureuil, parce qu'il est rayé comme l'écureuil de Ceilan.

La GIRELLE CYANOGASTRE.

(*Julis cyanogaster,* nob.; *Labrus cyanogaster,* Sol.)

Il me semble qu'il faut aussi distinguer le *labrus cya-nogaster* de Solander, quoique bien voisin de ce *J. qua-dricolor.*

D'après la copie du dessin que nous avons sous les yeux, grâce à la complaisance que madame Lée a eue de nous l'envoyer, nous lui trouvons

la forme semblable à la précédente, mais les couleurs encore autre-ment distribuées. Le dos est brun; la tête et les flancs sont peints longitudinalement et en travers de lignes rouges; le ventre est vert. La dorsale, rouge, a la base verte, et sa portion molle, ainsi que l'anale, est rayée de vert, puis de rouge, et bordée de bleu. Les nageoires paires sont jaunes. La caudale est brune, bordée de verdâtre.

Ce poisson venait d'Otaïti comme le précédent, et il porte dans le manuscrit les noms indiens de *paa-hu* ou de *paa-maa-utha.* Sur le dessin de Forster, que l'on peut consulter dans la bibliothèque de Banks, aujourd'hui au *British museum,* le poisson est nommé *labrus vittatus.*

La Girelle pourprée.

(*Julis purpureus*, Ruppel.)

Nous avons trouvé dans les collections faites à Bombay par M. Polydore Roux, l'espèce que Forskal a fait connaître sous le nom de *scarus purpureus.*

Voisine des précédentes, elle a la tête peu bombée, le museau moins arrondi, le bord de la caudale coupé plus carrément entre les deux pointes prolongées des rayons supérieurs et inférieurs. La ligne latérale est rameuse, les écailles sont assez grandes; une, détachée, se montre oblongue, à surface radicale striée sur le pourtour et laissant dans le centre un grand espace vermiculé; la portion nue est striée en éventail jusque sur le bord membraneux.

D. 8/11; A. 3/11 , etc.

La tête, sur un fond bleuâtre, offre des raies arquées qui paraissent plus bleues et lisérées de noirâtre; deux au-dessous de l'œil, deux par le travers de l'œil, et une ou deux sur le front. Le corps, sur un fond verdâtre, a deux bandelettes décolorées blanchâtres, une par le milieu de la hauteur du tronc, l'autre naît de l'aisselle de la pectorale. Sous la gorge sont deux autres bandelettes également blanchâtres, et qui se réunissent en une seule près de la ventrale, pour suivre le bas des côtés le long de l'anale. Des lignes violettes verticales descendent du dos se perdre sur le flanc. La dorsale, décolorée, a une bande longitudinale lisérée de deux traits noirs et déliés. La caudale est bordée sur ses rayons prolongés. La pectorale, jaune à sa base, a du noir à sa pointe. Il y a dans l'aisselle une tache bleue. Les ventrales sont verdâtres.

Le poisson frais est, d'après la figure de M. Ruppel[1], vert rayé de rouge. La dorsale a deux raies couleur de laque.

On peut voir que cette description convient parfaitement à ce que Forskal[2] nous a laissé de son *scarus pur-*

1. Ruppel, *Atl. zu der Reise im nördl. Afr.*, p. 25, tab. 6, fig. 2. — 2. Forskal, *Faun. arab.*, p. 27, n.° 12.

pureus, devenu le *labrus purpureus* de Gmelin, et que Bloch a placé dans le genre si singulièrement composé des grammistes.

Forskal a pris ce poisson comme M. Ruppel, à Djedda, où on le lui a nommé *dúrrat el báhr,* c'est-à-dire perroquet de mer. Selon M. Ruppel, on le trouve dans toutes les autres parties de la mer Rouge.

La Girelle a ventre rouge.

(*Julis erythrogaster,* Solander.)

Je regarde comme voisin de ce *labrus purpureus* l'espèce dont je dois la connaissance à M. de Mertens. Son dessin nous représente un poisson

d'un beau vert, rayé de deux lignes courbes et un peu concaves, d'un beau carmin, sur les côtés au-dessus de la pectorale, et d'une troisième, plus pourpre, le long du ventre : celle-ci et la supérieure s'étendent sur les bords de la caudale, dont le centre est jaune, avec du bleu à la base. La tête a trois bandes rouges audevant de l'œil, une autre arquée dessous, et une grande tache pourprée sous la gorge. La dorsale, verte, est rayée de rouge; la pectorale est violette; l'anale et les ventrales sont jaunâtres rembrunies.

L'espèce vient d'Uléa. Je crois que l'on doit regarder comme identique le *labrus erythrogaster,* dont j'ai retrouvé la description dans les manuscrits de Solander; car le dessin de Forster, conservé dans la bibliothèque de Banks sous le nom de *labrus formosus,* se rapporte très-bien à celui de M. Mertens. Ces compagnons de Cock ont eu leur poisson à Otaïti sous le nom d'*épao.*

La Girelle semi-fasciée.

(*Julis semifasciatus*, nob.)

Commerson a rapporté de l'Isle-de-France une girelle qu'il n'a pas mentionnée dans ses manuscrits, et qui y a été retrouvée après lui par MM. Péron, Lamarre-Piquot et Dussumier.

Elle a la nuque assez convexe, la bouche très-peu fendue; les dents mitoyennes ne dépassent pas les latérales, qui sont fort petites; point de canines à l'angle de la bouche, le dessous de l'œil et le limbe du préopercule criblés de pores. La hauteur du tronc fait un peu plus et la longueur de la tête un peu moins du quart de la longueur totale. La portion épineuse de la dorsale est plus basse que la partie molle. La caudale est peu échancrée, quand elle est fermée. Elle devient concave près des angles, et convexe dans le milieu, quand ses rayons sont écartés. Les ventrales sont très-petites.

D. 8/13; A. 3/11; C. 13; P. 15; V. 1/5.

La ligne latérale est rameuse. Les écailles ont leur surface nue striée; la surface recouverte, plus que double de l'autre, a sa portion centrale finement striée et les trois côtés du bord radical ciselés : ces écailles sont très-minces. J'en compte vingt-six entre l'ouïe et la caudale, et trois au-dessus et dix au-dessous de la ligne latérale.

Dans l'alcool, on voit six bandes noires descendre du dos et venir s'évanouir sur les flancs à moitié de la hauteur du tronc. Ce noir remonte sur la dorsale et y dessine des traits obliques en avant et vers le haut, de manière que la cinquième bande, qui est sous la fin de la dorsale, et la quatrième, qui est sous le milieu de la portion molle, laissent deux traces sur cette partie de la nageoire. La troisième et la seconde en dessinent de semblables sur la portion épineuse; mais ces traits bordent la nageoire qui est beaucoup plus basse. Une tache noir foncé est sur les deux premiers rayons épineux; une autre tache se voit à l'angle de l'opercule, une autre à l'aisselle de la pectorale, dont la pointe a du noirâtre : il y a aussi une tache pâle sur le commencement de l'anale. La joue est traversée par des raies bleues : le reste du corps est jaunâtre décoloré.

Mais M. Dussumier, qui l'a vue fraîche, nous la décrit comme ayant, sur un fond vert-pré très-clair, le corps traversé par des bandes violettes, le dessous de la mâchoire argenté à reflets verts, la dorsale vert clair varié de lilas; la caudale a sur cette teinte deux bandes roses; les rayures de la tête sont violettes.

Nos plus grands individus ont six pouces de long.

La Girelle a dorsale rayée.

(*Julis dorsalis*, Q. G., Astrol., pl. 15, fig. 5.)

Les mêmes mers nourrissent une espèce voisine de celle-ci, et qui n'en est peut-être qu'une variété, parée des couleurs que prennent souvent les poissons pendant le temps du frai.

Elle a, suivant M. Quoy, le dos vert, traversé par sept demi-bandes noires; la troisième, la quatrième et la cinquième se prolongent en une bande jaune ponctuée d'orangé, du plus agréable effet. Le ventre est blanc argenté, un peu lavé de verdâtre, avec quelques reflets rougeâtres, dus à des points qui prennent plus de netteté sur la queue et y forment une bandelette rosée. La tête est verte, avec deux taches alongées couleur de laque au-devant de l'œil, et deux ou trois derrière cet organe. Elles deviennent obliques sur l'opercule et sur le préopercule. La dorsale, verdâtre, a une raie noire dans son milieu. L'anale, verdâtre, a une tache sur les rayons épineux, verte selon la figure, et noire selon le texte. La caudale, verdâtre, a les deux bords supérieur et inférieur rougeâtres et prolongés en pointe. La ligne latérale est ramifiée, mais non interrompue, bien que M. Quoy dise le contraire. La pectorale a la base rougeâtre.

13.

42

D. 8/12; A. 3/11, etc.

Cette espèce atteint à cinq pouces. Je crois qu'elle est distincte de la précédente malgré ses affinités, surtout à cause de la raie noire de la dorsale.

Je regarde comme identique la girelle si élégamment figurée par M. Bennett dans les poissons de Ceilan (n.° 12), mais je ne puis dire sous quel nom, parce que la feuille de texte manque à mon exemplaire. Il a peint plus vivement la bande latérale rouge; la raie de la dorsale est vert foncé, et son fond est jaune.

C'est encore à elle que je rapporte la figure que MM. Kuhl et Van Hasselt ont envoyée de Java sous le nom de *julis prostigma,* et qui ont peint les raies verticales violettes, la bande longitudinale pourpre, et la dorsale verte, à raie lilas et à bordure jaune.

C'est aussi près de cette espèce que je place le *labrus pulcherrimus* de Forster, qu'il a dessiné à Otaïti, et dont j'ai vu la figure dans la bibliothèque de Banks. Sur un fond vert, il avait des bandes noires terminées de jaune; une bande longitudinale rose; la tête verte, rayée de lilas; la caudale verte, bordée de rose.

Je la retrouve aussi dans Renard (fol. 28, n.° 155), sous le nom de *pheasant.* Si le poisson n'était pas de la même espèce, il en était du moins très-voisin; en effet l'original de Vlaming nous le présente vert, varié de bleu, de jaune et de noir; deux raies rouges sur la joue, une bande rouge le long des côtés de la queue; six demi-bandes noires sur le dos; la dorsale rayée, les autres nageoires jaunes, la caudale bordée de rouge.

La Girelle trimaculée.

(*Julis trimaculatus*, Q.)

Les naturalistes de l'expédition de ce célèbre navigateur qui affronte aujourd'hui les glaces du pôle austral, ont rapporté de Vanikoro une girelle

à nuque bombée, à caudale tronquée. La plus grande hauteur dépasse un peu le quart de la longueur totale. Les dents mitoyennes sont saillantes : celles de l'angle sont doubles, la postérieure étant la plus petite. Les écailles sont assez grandes, finement striées : la portion radicale l'est entièrement. J'en compte vingt-quatre sur la longueur, et huit au-dessous et deux au-dessus de la ligne latérale, qui n'est pas rameuse.

D. 9/11 ; A. 3/11, etc.

Le dos a conservé des teintes violettes sur un fond rougeâtre; le ventre, argenté, est glacé de verdâtre; la nuque est couverte de points bleus, et chaque écaille du dos et des flancs a un trait bleu vertical. Au milieu de la longueur du tronçon de la queue et au-dessus de la ligne latérale est une grande tache noire. La tête, violette, a des taches bleu céleste sur la tempe et l'opercule; une grande tache de cette teinte couvre le sous-orbitaire et une autre l'inter-opercule. La dorsale, décolorée, a encore des traces de points ronds disposés en séries entre chaque rayon, une raie longitudinale au-dessus et un fin liséré le long des rayons mous.

La caudale a une teinte uniforme jaunâtre; l'anale a sur la base une bandelette blanche, et au-dessus une autre bleuâtre, lisérée de plus foncé; une petite tache est à l'angle de l'aisselle. La ventrale est prolongée en filet.

Le poisson frais a, suivant M. Quoy, le dos vert, le ventre argenté, les taches des joues et du dos d'un beau rouge vermillon; la portion épineuse de la dorsale verte, l'autre partie bleuâtre; les rayures de la dorsale sont rouges; la caudale, jaunâtre, est bordée d'une teinte légère de carmin; l'anale, bleuâtre, a une bordure rose, une raie jaune dans le milieu, et près de la base un petit trait rouge; les taches des flancs sont noires.

Nos individus ont cinq pouces de long. La figure donnée dans l'Astrolabe (pl. 20, fig. 2) est loin d'être exacte; la nuque n'est pas assez bombée, les dents ne sont pas assez proclives, le rose de la caudale a été oublié, etc.

La Girelle de Leschenault.

(*Julis Leschenaulti*, nob.)

M. Leschenault a rapporté de Bourbon une girelle voisine des précédentes.

Elle a le front bombé, assez saillant au-devant des yeux, qui sont plutôt petits. Les dents mitoyennes droites et avancées : celles de l'angle de la bouche petites, les intermédiaires très-fines. Les écailles sont grandes, à bord mince, non strié; mais elles le sont dans le centre. La portion radicale est large et toute couverte de stries rayonnantes, celles des côtés étant plus distantes que celles du triangle central. Le dessus de la tête est violet, le bas des joues rose; de grandes taches, devenues bleues dans l'eau-de-vie, couvrent le dessus de la tête, le sous-orbitaire, la joue, la tempe, les côtés de la nuque derrière l'œil, et s'étendent sur l'opercule et un peu sur le sous-opercule, dont le haut est bordé par l'une d'elles; mais il n'y en a pas sur l'interopercule. Le dos est devenu obscur à reflets rougeâtres, et l'on voit sur chaque écaille une tache étroite verticale en croissant, dont plusieurs réunies font une bande argentée, oblique de l'aisselle sur le ventre. La dorsale a des teintes violacées et une bande pâle à la base. L'anale a une bande blanche très-nettement dessinée. La caudale, tronquée et légèrement arrondie, a sur un fond pâle quatre ou cinq bandes verticales, confluentes et violettes.

D. 9/11; A. 3/11, etc.

Les taches sont orangées sur le poisson frais, dont la couleur générale est vert-pré. Les opercules sont jaunes; le reste de la tête est vert plus foncé que le corps. La caudale est jaune et ses raies orangées; l'anale est blanche et sa bande est orangée.

Cette description des couleurs est tirée des notes de M. Dussumier, qui a retrouvé cette espèce à l'Isle-de-France. Nos individus dépassent six pouces.

La Girelle de Eydoux.

(*Julis Eydouxii*, nob.)

M. Eydoux vient de rapporter des îles Sandwich une fort belle espèce de girelle qui n'a pas encore été décrite, et que je me fais un vrai plaisir de lui dédier.

Sa forme rappelle assez bien celle de la girelle de notre Méditerranée; elle a cependant la nuque plus bombée. Sa hauteur égale la longueur de la tête, et est contenue quatre fois et un tiers dans celle du corps, y compris la caudale. Le museau est peu aigu; les dents mitoyennes sont dirigées en avant et pointues : il n'y a pas de crochet à l'angle de la bouche. La dorsale est longue, mais moins haute que l'anale, qui mesure près de la moitié de la hauteur du tronc. La caudale est légèrement arrondie.

D. 9/12; A. 3/12; C. 13; P. 15; V. 1/5.

Les écailles sont très-petites; il y en a plus de quatre-vingts entre l'ouïe et la caudale, j'en compte cinq à six au-dessus de la ligne latérale, qui est tracée par le premier sixième de la hauteur, et trente-trois ou trente-quatre rangées au-dessous. Une écaille est oblongue, du double plus longue que haute, mince et comme membraneuse; sa surface radicale est sillonnée par dix-huit rayons qui entament le bord. La ligne latérale est formée d'une suite de tubulures serrées, obliques, remontant vers le dos sous la dorsale, et devenant horizontales sur le tronçon de la queue.

La couleur du poisson, conservé dans l'esprit de vin, est distribuée par trois larges raies noires longitudinales; une, qui naît sur le front, passe le long du pied de la dorsale, suit le dos de la

' queue, et trace un large cercle sur la caudale : elle vient mourir sous le dessous de la queue. La seconde commence sur le bout du museau au-dessus des narines et de l'œil, et suit la ligne latérale; la troisième traverse l'œil, la tempe, passe au-dessus de l'angle de l'opercule, se continue droite le long des flancs, et va se confondre avec la précédente à l'endroit où la ligne latérale s'infléchit; toutes deux réunies s'effacent dès qu'elles atteignent les rayons de la caudale. Une tache lilas est à l'angle de l'opercule, une autre le long du limbe du préopercule, et une troisième au-dessous de l'œil, près de l'angle de la bouche. Une tache bleue très-foncée, comme noire, est sur le commencement de la dorsale, qui a une large bande noire le long de son bord, liséré de blanchâtre; une série de taches triangulaires forme à la base des rayons une seconde raie sur la nageoire, dont le milieu est jaunâtre, ainsi que la partie non colorée de la caudale. L'anale a la moitié inférieure noire, lisérée de blanchâtre; l'autre partie est grisâtre, avec le pied des rayons jaunâtre. Les pectorales et les ventrales ne sont pas colorées. Toute la partie inférieure des flancs, sous la troisième bande noire, est jaunâtre, ou mieux, couverte d'un réseau jaune à mailles aussi petites que les écailles, dont le centre est bleuâtre ou nacré.

M. Eydoux, qui a observé le poisson frais, nous apprend que les bandes sont effectivement brunes, que leur intervalle est jaune, qu'au-dessous de la bande inférieure est une bordure de la même couleur, et que le reste du flanc est rougeâtre ou rosé, passant à l'argenté sous le ventre.

L'espèce atteint à sept pouces et demi de longueur.

Elle avait été déjà vue et dessinée par M. Mertens pendant l'expédition russe du capitaine Lütke; la disposition des raies longitudinales est tout-à-fait semblable.

La Girelle de Souleyet.
(*Julis Souleyetii*, nob.)

Le Cabinet du Roi possède depuis longtemps une girelle dont les dents sont pointues, de grandeur médiocre, sans canines

vers l'angle. L'œil est de grandeur moyenne, sur le haut de la
joue, entouré de canaux muqueux, dont trois, plus longs, sillonnent le côté de la face jusque sur l'opercule: on en voit d'autres
sur l'interopercule. La caudale est coupée carrément; la dorsale est
basse; l'anale est un peu plus haute : son premier rayon épineux est
très-petit.

D. 8/13; A. 3/11; C. 13; P. 15; V. 1/5.

Les écailles sont larges, granuleuses ou striées dans les deux
sens; le pourtour seul de la partie radicale est strié comme dans
le *julis semifasciatus;* le centre est irrégulièrement et finement
ciselé; il y en a vingt-huit rangées entre l'ouïe et la caudale, et dix
ou douze dans la hauteur, dont trois au-dessus de la ligne latérale :
celle-ci est composée d'une suite d'arbuscules assez étendus.

Le fond de la couleur du dessus du corps est brun, plus ou
moins jaunâtre, passant à l'argenté sous le ventre. Il y a des lignes
ou des points noirs sur la tête, sous l'œil et sur l'opercule; les
flancs sont marqués de traits verticaux interrompus et tracés en
échiquier; une tache noire est sur le devant de la dorsale.

L'individu que je décris est long de cinq pouces et
une ou deux lignes. Il nous a été envoyé de l'Isle-de-
France par M. le colonel Mathieu.

MM. Quoy et Gaimard en ont rapporté des îles Sandwich, lors de leur première relâche avec M. Freycinet,
un petit individu long de deux pouces et demi,

qui a plus de points sur la tête, et une petite tache grise sur les
premiers rayons mous de la dorsale.

Je retrouve cette même espèce dans les collections
faites dans le même archipel par MM. Eydoux et Souleyet,
qui en ont pris un individu à la cascade d'Ouaou.

Ici les traits du corps sont plus confluents, et forment trois
séries de grosses taches. La couleur a conservé des teintes violettes.

J'ai dédié cette jolie espèce au compagnon de travail
et de navigation de M. Eydoux, M. le docteur Souleyet.

La Girelle de Desjardins.

(*Julis Abhortani*, nob.)

M. J. Desjardins a adressé de l'Isle-de-France pour le
Cabinet du Roi, une girelle que je ne trouve pas décrite
parmi les espèces dont M. Th. Bennett a donné les caractères, sur les individus envoyés de cette île à la Société
zoologique de Londres par M. Telfair.

Celle-ci a le corps trapu, la hauteur étant du tiers de la longueur du corps, la caudale non comprise. Les dents sont petites;
il n'y en a point dans l'angle de la bouche. L'œil est petit, entouré
de pores en séries; trois conduits muqueux sont sur l'opercule,
comme dans la précédente; mais je n'en vois pas, comme dans
celle-ci, sur l'interopercule, qui est très-large. L'espèce présente
s'en distingue encore par les écailles, qui sont larges, à bord mince
et membraneux, strié comme la partie nue sur toute la portion radicale, qui est aussi très-large. La ligne latérale est très-ramifiée.

Le poisson décoloré paraît comme doré; on ne voit aucune
trace de bandes ou de taches sur la tête: des traits violets, qui peut-
être étaient orangés pendant la vie, dessinent sur le bord des
écailles un réseau qui couvre les côtés. La dorsale a une tache
noire sur les premiers rayons, le reste est d'une couleur jaune
uniforme; l'anale a la moitié inférieure violette et le bord pâle;
les pectorales sont violacées, le bord supérieur étant nettement
coloré; les ventrales et la caudale n'offrent qu'une teinte uniforme.

D. 8/13; A. 3/11, etc.

Je n'ai qu'un seul individu de cette espèce. Il est long
de six pouces et demi.

La Girelle rouge.

(*Julis miniatus*, K. V. H.)

Je trouve dans les collections faites à Java par MM. Kuhl et Van Hasselt, une petite girelle voisine des précédentes,

qui a sur le second rayon mou de la dorsale une petite tache noire et ronde, un trait vertical noirâtre derrière l'œil, et un autre longitudinal et brillant d'un beau nacré sur le sous-orbitaire, partant de l'angle de la bouche et se terminant en se coudant sur le sous-opercule, après avoir traversé l'opercule. Le dos et les flancs ont, sur un fond qui a été probablement rouge de minium, des traits noirâtres anastomosés, et la poitrine et le ventre sont très-élégamment couverts de petits traits en croissant, à convexité tournée en avant, en sens opposé à celle du bord des écailles, et d'une belle couleur blanche et brillante; cinq ou six petits traits argentés descendent aussi du dos vers la ligne latérale. La dorsale avait quelques rayures plus ou moins effacées; l'anale a des petits points noirs; les autres nageoires sont unicolores.

D. 9/11; A. 3/11, etc.

La ligne latérale a des arbuscules peu nombreux, formant le plus souvent des petits chevrons à deux branches.

L'individu que M. Temminck a bien voulu céder du musée royal de Leyde à celui de Paris, est long de deux pouces et demi environ.

La Girelle nuageuse.

(*Julis nebulosus*, nob.)

J'ai encore sous les yeux une girelle

qui a sur le dos quatre taches argentées, les deux antérieures étant plus étroites. Sur la dorsale existent deux taches noirâtres, une petite derrière le premier rayon, et une seconde sur le haut des trois premiers rayons mous. Cette espèce a d'ailleurs, pour se distinguer des deux autres, une bande bleuâtre en chevron sur la joue, au-dessous de l'œil, une autre en avant sur le sous-orbitaire antérieur, une autre en travers sur l'opercule et prolongée en s'effaçant sous la base de la pectorale. Une bandelette bleue ou lilas s'étend le long du corps au-dessous de la ligne latérale, de l'angle de l'opercule vers la queue, mais elle s'évanouit de bonne heure. Il y a au-dessous la trace d'une seconde, encore plus effacée; sur le milieu des côtés il y a plusieurs taches noires nuageuses, mêlées à d'autres nacrées. On voit sur la dorsale des traces de taches blanches ou nacrées, grandes à la base, plus petites près du bord, qui devait être bleuâtre. L'anale, plus bleue, a deux rangées de taches blanc de lait; la caudale, blanchâtre, est traversée par cinq à six séries verticales de points noirâtres; les nageoires paires ont conservé une teinte jaunâtre.

D. 9/11; A. 3/11, etc.

La caudale est coupée carrément, et a le bord légèrement arrondi, quand elle est déployée; la ligne latérale rameuse; les écailles assez grandes, striées : il y en a vingt-six rangées sur la longueur. Toute la portion radicale est entièrement striée; il y a trente-deux rayons à l'éventail.

L'individu a trois pouces et demi. Il faisait partie des collections de feu M. Polydore Roux. Il vient de Bombay.

La Girelle variée.

(Julis variegatus, Ruppel.)

Une charmante espèce de girelle a été observée dans la mer Rouge par M. Ruppel. Il en a cédé un individu au Cabinet du Roi, sur lequel j'ai fait les observations suivantes :

Le corps, un peu trapu, a le museau pointu; la queue mesure plus de la moitié du tronc. La hauteur aux pectorales est comprise

trois fois dans la distance du bout du museau à la naissance de la
caudale. La tête égale la hauteur du tronc, les dents mitoyennes sont
saillantes, ainsi que les canines de l'angle de la bouche. La caudale
a le bord légèrement arrondi.

D. 9/11 ; A. 3/12 ; C. 13 ; P. 13 ; V. 1/5.

Les écailles sont petites, très-minces, lisses ou à peine striées
d'un ou deux traits excessivement fins ; une d'elles, vue détachée,
est oblongue, et a sa portion radicale striée de quatorze à seize
rayons. Je compte cinquante-deux rangées entre l'ouïe et la nageoire
de la queue, quatre ou cinq au-dessus de la ligne latérale, et vingt
à vingt-deux au-dessous ; la ligne latérale n'est pas rameuse.

La couleur dans l'eau-de-vie est un jaune rougeâtre, devenant
argenté sous la poitrine, et semé de points noirs irréguliers ; une
tache noirâtre est derrière, une autre à la base de la pectorale, et
trois sur la dorsale, une à chaque extrémité et une plus grande
sur le milieu ; un trait bleu se voit sous l'œil. Les nageoires sont
jaunâtres. La figure de M. Ruppel[1] représente le fond de la couleur
verdâtre lavé de gris, avec six petits traits verticaux descendant du
pied de la dorsale, et s'effaçant en atteignant la ligne latérale ; le
corps, couvert de petits points noirs, est linéolé de traits jaunes et
longitudinaux ; la tache de l'œil est bleue, ainsi que trois traits
longitudinaux tracés sur la joue ; la caudale jaunâtre ; les autres
nageoires bleuâtres ; la dorsale ayant un ocelle blanc, à centre noir
et large, sur le troisième rayon mou, et un très-petit de même
couleur près le premier rayon épineux, et de plus trois ou quatre
séries de bandes ou de points lilas. L'anale a au milieu de sa hauteur
une bandelette d'un bleu clair, lisérée de deux traits lilas. L'iris est
d'un beau rouge carmin.

M. Ruppel a pris cette espèce à Massuah ; il en a vu
des individus de six pouces. Ce naturaliste a réuni cette
espèce avec ses autres halichores, sous le nom d'*halicores
variegatus*, à cause de sa dent saillante à l'angle de la

---

1. *Neue Wirbelthiere zu der Faun. abyss.*, pl. 4, fig. 2.

bouche. Je lui ai conservé le nom spécifique qu'elle avait reçu par le célèbre voyageur de Francfort.

La GIRELLE AUX NAGEOIRES ROUGES.

(*Julis erythropterus*, nob.)

Je pense que M. Ruppel regarde à tort le Woorn de Renard (fol. 9, n.° 62) comme pouvant être rapproché de l'espèce que je viens de décrire d'après l'auteur de la Faune d'Abyssinie.

J'en juge mieux que M. Ruppel n'a pu le faire, parce que j'ai sous les yeux l'original de l'amiral Corneille de Vlaming. Il représente

le poisson vert, marqué de points rouges disposés en bandelettes transversales sur le tronc, au nombre de huit. Les pectorales et les ventrales sont rouges, ainsi que l'anale; une série de points noirs existe le long de la dorsale.

Renard a rendu le poisson de l'amiral tout-à-fait méconnaissable. Je ne doute pas qu'on ne retrouve cette espèce.

La GIRELLE MULTICOLORE.

(*Julis multicolor*, Ruppel.)

M. Ruppel[1] a encore décrit, sous le nom de *halichores multicolor*, une girelle dont

le dos est brun rougeâtre, traversé par six larges bandes verdâtres, qui ne descendent pas au-delà de la moitié des flancs. Le ventre est jaunâtre ou verdâtre; la tête, de la couleur du dos, a une raie bleue sur la portion médiane, allant du bout du museau à la dorsale; une seconde raie bleue part du milieu du maxillaire

---

1. *Neue Wirbelthiere zu der Faun. abyss.*, p. 15, pl. 4, fig. 3.

supérieur, remonte vers l'œil, qui l'interrompt, et s'étend ensuite par le milieu des bandes du dos jusqu'au bord postérieur de la cinquième, sous le dernier rayon de la dorsale. Une troisième raie bleue va du milieu de la branche de la mâchoire inférieure courir par plusieurs flexuosités vers l'angle de l'opercule. Au-dessous il y a deux traits bleus interrompus, puis un autre le long de l'inter-opercule, et un chevron de même teinte sous la gorge. Une bande interrompue, jaune orangé, traverse longitudinalement la poitrine, en partant de l'aisselle de la pectorale et en finissant sous l'aplomb du sixième rayon mou de la dorsale. La queue est couverte, près de la naissance de la caudale, de taches ou vermicellures bleues : cette nageoire a quatre raies rougeâtres verticales sur un fond gris rougeâtre. La dorsale et l'anale ont la base verdâtre, l'autre moitié rose avec trois lignes longitudinales violettes. Les nageoires paires sont rosées.

D. 9/12; A. 3/12; C. 12; P. 13; V. 1/5.

Le premier rayon de la dorsale est alongé et a un peu de noirâtre sur sa membrane.

Les individus atteignent à six pouces. M. Ruppel les a pris à Djedda au mois de Juillet.

La Girelle rayée de bleu.

(*Julis cœruleo-vittatus*, Ruppel.)

Je trouve dans les nouvelles livraisons de M. Ruppel une girelle dont

le dos est vert de mer, le ventre blanc lavé de rose très-clair, une raie bleue en zigzag est dessinée le long des flancs, sur le haut des côtés. Sur la joue sont trois taches carmin, lisérées de bleu; celle du milieu est la plus grande et se prolonge sur l'opercule, et même sur l'épaule, jusqu'à la ligne bleue. Un autre trait rouge descend obliquement de l'aisselle de la pectorale derrière l'insertion de la ventrale. Celles-ci sont prolongées en filet; les deux nageoires paires sont rosées; la dorsale et l'anale sont lilas et rayées longitudinalement de trois bandelettes roses; la caudale est verte comme le dos, avec deux bandes verticales irrégulières rouges; l'iris de l'œil est carmin; la caudale est légèrement arrondie; le museau est assez pointu.

D. 9/11; A. 3/11; C. 14; P. 14; V. 1/5.

M. Ruppel a trouvé ce poisson assez fréquemment sur le marché de Djedda. Les individus étaient longs de sept pouces. M. Ruppel[1] en avait fait une espèce de ses halichores, à cause des défenses de l'angle de la mâchoire.

La Girelle élégante.

(*Julis elegans*, K. V. H.)

MM. Kuhl et Van Hasselt ont envoyé une girelle voisine de la précédente, qui a

le dos vert, un point violet sur chaque écaille, et une bande violette le long des côtés; le dessous argenté glacé de verdâtre. La tête, verte en dessus, est jaune en dessous; un trait courbe rouge de laque va de la lèvre à l'œil; deux points rouges sont au-dessus de cet organe; un trait oblique, rouge aussi, traverse la poitrine.

La dorsale et l'anale sont vertes, rayées de deux bandes rouge carmin, bordées de bleu. La caudale a sur un fond vert des bandes verticales rouges, bordées de bleu : elle-même a le limbe jaune.

Cette espèce vient de Java.

La Girelle a ventre rayé.

(*Julis strigiventer*, Benn., *Proceed. of the Zool. soc.*, 1832, p. 184.)

Une autre girelle, de l'Isle-de-France, a

la caudale arrondie, le corps ovale et lancéolé, la tête pointue; elle est brune sur le dos avec des gouttelettes plus foncées, plus pâles

---

1. *Neue Wirbelthiere zu der Faun. alyss.*, p. 14, tab. 4, fig. 1.

en dessous; avec six lignes longitudinales argentées sur chaque côté. La moitié supérieure de la tête est mêlée de jaunâtre; l'inférieure est argentée; les nageoires sont transparentes, avec un point noir près la base de l'avant-dernier rayon mou de la dorsale et de l'anale.

D. 9/12; A. 3/12, etc.

La Girelle de Ceilan.

(Julis ceilanicus, Benn., Proceed. of the Zool. soc., 1832, p. 183.)

Le docteur Sibbald a réuni à Ceilan une nombreuse collection de poissons. M. Bennett a donné sur ces espèces une notice dont nous extrayons l'article suivant:

Une d'elles, décrite sous le nom de *julis ceilanicus,*

a la caudale arrondie; la couleur est jaunâtre, la tête plombée avec des rivulations orangées. Cette teinte se retrouve sur les nageoires verticales, sur une bande bordée de bleu, tracée le long de la base de la dorsale, sur une autre interrompue, qui suit la ligne latérale, sur une troisième le long des flancs, qui est en haut et en bas lisérée de bleu, et sur des branches de cette ligne plus courtes et descendant sur le ventre; enfin, sur une ligne oblique allant de la base des pectorales au ventre. La dorsale a entre la base de chaque rayon une large ligne oblique de couleur bleue, une seconde de même teinte au milieu des rayons mous; elle a vers la pointe des taches bleues. L'anale porte au milieu et sur son bord libre une bande qui est aussi de couleur bleue, et cette teinte colore les rivulations dont la caudale est ornée.

Les dents de l'extrémité du museau sont grandes et pointues: celles de la mâchoire supérieure reçoivent entre elles les dents de l'inférieure. Il y a dans l'angle de la bouche deux crochets saillants.

D. 9/11; A. 3/11, etc.

Il faut faire attention que M. Bennett ne regarde pas cette espèce comme identique du *labrus ceilanicus* de Forster. Il aurait été toutefois mieux de lui donner un autre nom spécifique.

La GIRELLE SCAPULAIRE.

(*Julis scapularis*, Benn., *Proceed. of the Zool. soc.*, 1831, t. I.ᵉʳ,
p. 167.)

Cette girelle, dont nous devons la diagnose à M. Bennett,
a la caudale arrondie, la tête chargée de rivulations, le corps de
petits croissans, et derrière les pectorales une bande tracée obliquement vers le ventre, une bandelette sur l'anale : le tout de couleur rose. La dorsale et la caudale sont de même roses; cette dernière nageoire est bariolée de bleu; la tache du dos, les taches en
croissant sur la base, la bandelette sur le milieu, et le bord, étant
bleus. La pectorale, transparente, est jaune à la base, et il y a sur
l'épaule une large bande noire, tronquée au sommet de la pectorale.

D. 9/11; A. 3/12, etc.

Cette espèce vient de l'Isle-de-France, d'où elle a été
envoyée à la Société zoologique par M. Telfair.

La GIRELLE DOUBLE CHAÎNE.

(*Julis bicatenatus*, Benn., *Proceed. of the Zool. soc.*, 1838,
t. I.ᵉʳ, p. 167.)

Le même naturaliste a encore envoyé de cette île à la
même Société une autre girelle, que M. Bennett a décrite
comme ayant la caudale carrée, la tête et le dos verts, les côtés
rouges, ornés de chaque côté de deux bandes formées de deux
séries de taches grises, oblongues et transversales; le bord de la
dorsale et de l'anale d'un beau jaune; la pointe de la caudale de
même couleur; la pectorale noire, ayant à sa base une grande tache
orangée, atteignant jusqu'au bord inférieur; les ventrales verdâtres.

D. 9/12; A. 3/11, etc.

La Girelle de Finlayson.

(*Julis Finlaysoni*, nob.)

J'ai observé parmi les dessins envoyés de Ceilan par
le major Finlayson, et déposés dans le Cabinet de la
Compagnie des Indes, une girelle

verte, à raie latérale brune, couverte de points plus foncés. La
dorsale, bordée de rouge, est pointillée de cette couleur; l'anale est
semblable; la caudale a sur chaque lobe trois raies obliques orangées, bordées de bleu. Le dessous de la tête, argenté, a un trait
orangé sur toute sa longueur, il est au-dessous de la bande brune
qui vient du corps par l'œil jusqu'au bout du museau.

La Girelle a raies pourpres.

(*Julis purpureo-lineatus*, nob.)

Une autre peinture, envoyée par le même naturaliste,
m'a fait voir une petite espèce

à corps vert, rayé de violet sur le dos, sur le milieu du corps, sur
le bord de la dorsale et de l'anale; les pectorales sont jaunes; la
tête est jaunâtre, tachetée de violet; la caudale a de jolies petites
raies rouges; la base de la dorsale est pointillée de rouge très-vif.

Ce poisson vient aussi de Ceilan.

La Girelle axillaire.

(*Julis axillaris*, nob.)

Une petite girelle des îles Sandwich, rapportée par
MM. Quoy et Gaimard de leur premier voyage avec
M. le capitaine Freycinet, et qui n'a pas été retrouvée
depuis soit par eux, soit par les naturalistes de la Bonite, a

la courbe du dos assez convexe; celle du ventre presque rectiligne. La longueur de la tête est égale à la hauteur du tronc et au
tiers de la longueur du corps, la caudale non comprise, celle-ci
y étant contenue sept fois. Les dents sont petites, tronquées, à
peu près égales; l'intermaxillaire a une sorte de petit talon reve-
nant en avant, et donnant de son bord antérieur une dent canine
conique, droite, très-pointue et dirigée en avant. Les deux ouvertures de la narine sont très-petites et rapprochées, et la tête est
percée d'un assez grand nombre de pores. La caudale est carrée.

D. 9/11; A. 3/11; C. 13; P. 16; V. 1/5.

Je compte vingt-huit rangées d'écailles entre l'ouïe et la caudale,
trois au-dessus de la ligne latérale et neuf au-dessous. Une écaille,
vue détachée, est pentagonale; son triangle, libre et nu, a des stries
rayonnantes du centre vers les deux côtés, au nombre de quatorze
environ : elles sont croisées par de fines ciselures. La portion
recouverte et quadrilatère a le bord radical droit festonné, et dix-
huit rayons à l'éventail. La ligne latérale est composée d'une suite
de tubulures non rameuses.

La couleur est un brun assez uniforme sur le dos, un peu tacheté
sous le ventre. La base de la pectorale est noire, et au-dessus de
l'aisselle il y a une tache blanche et nacrée, qui se conserve même
sur les individus les plus décolorés. On voit trois petits points
noirs de chaque côté de la queue, le long de la ligne latérale. Les
articulations des rayons de la pectorale sont marquées par de très-
fins traits noirs.

Sur le frais, les couleurs sont plus vives. D'après les observations
de M. Quoy, ce poisson aurait une teinte rosée, des points bleuâtres
sur le corps et sur la tête, qui est, ainsi que le dos, un peu enfumée.
Le ventre, la gorge et les nageoires, tirent sur le jaune; la tache
de l'aisselle est d'un beau jaune éclatant; les points noirs de la
queue sont le centre d'un cercle jaune.

La longueur des différens individus varie de quatre
pouces à quatre pouces et demi.

Cette espèce doit être cependant répandue dans les

mers de l'Inde; car le Cabinet du Roi en possédait depuis long-temps un individu de même taille que les précédens, et qui provenait du voyage de Péron, qui n'a pas vu les îles Sandwich. M. Quoy, en adoptant le nom que nous avions donné à l'espèce, en a publié une description dans la Relation zoologique du voyage de l'Uranie, page 272.

La Girelle de Seba.

(*Julis Sebanus,* nob.)

Nous avons pu déterminer avec certitude la girelle dont Seba a donné la figure tome III, planche 31, figure 5, parce que nous possédons dans le Cabinet du Roi l'individu qui lui a servi d'original. C'est une girelle

à corps ovalaire, à flancs arrondis, dont la hauteur, égale à la longueur de la tête, surpasse un peu le quart de celle du corps. La dorsale est basse; les ventrales sont assez reculées, et la caudale est coupée carrément. La ligne latérale n'est pas rameuse; les écailles sont finement striées : elles ont leur surface radicale ciselée par quatorze rayons qui entament le bord, lequel est un peu sinueux.

D. 9/11 ; A. 3/11 , etc.

Le corps est décoloré; mais il reste encore la trace de trois raies longitudinales tracées sur le côté du poisson. Une, roussâtre, vient de l'œil sur le surscapulaire, où elle est suivie d'une bandelette blanche, qui va tout le long de la ligne latérale se terminer à la fin de la queue.

Une seconde raie part du bout et reste au-dessous de l'œil; elle est blanche, puis elle devient rousse, traverse l'opercule en prenant une teinte plus foncée; elle continue en passant au-dessus de l'aisselle, prenant de nouveau une couleur blanche, et ne va pas au-delà du bord de la pectorale. Une troisième raie, blanche dans toute sa longueur, commence à l'angle de la bouche, se continue sous la nageoire, et se termine à la naissance de la caudale. Les nageoires n'offrent aucune trace de taches.

La figure de Seba est très-exacte : l'individu qui lui a servi de modèle est long de quatre pouces et demi. Il ne parle pas du lieu d'où il avait reçu ce poisson.

On ne peut rapporter à cette espèce le *labrus trilineatus* du Système posthume de Schneider, parce que Bloch y a joint comme synonyme le poisson de Kœlreuter, qui, étant d'une autre espèce, a rendu ce *labrus trilineatus* un être complexe à rayer de la liste du catalogue des êtres.

La Girelle raie aurore.

(*Julis balteatus,* Q. G., Atl. de l'Uranie, pl. 56, fig. 1.)

MM. Quoy et Gaimard ont rapporté des îles Sandwich une girelle très-voisine de la précédente, mais qui n'a pas les lignes des flancs disposées tout-à-fait de même.

Elle a d'ailleurs le corps plus haut et le museau moins pointu. La hauteur est du tiers de la longueur du corps, sans y comprendre la caudale, qui a la moitié de cette hauteur du tronc. La tête, plus courte que le corps n'est haut, est contenue quatre fois dans la longueur totale. La dent de l'angle de la bouche est assez saillante et pointue. La ligne latérale n'est pas rameuse : je trouve vingt-quatre rangées d'écailles sur le flanc, et onze dans la hauteur, dont deux seulement au-dessus de la ligne latérale. Une écaille est à peu près carrée; sa surface radicale, très-large, n'a que le pourtour strié et le centre chargé de petites raies anastomosées. Toute la portion nue a de fines stries. La dorsale est basse, la caudale a les rayons mitoyens un peu plus longs que les autres, ce qui la rend comme festonnée à double échancrure.

D. 9/11; A. 3/11, etc.

Cette girelle est rayée de trois raies blanches sur la tête et de

deux sur le corps, ainsi disposées : la supérieure commence sur le
bout du museau, est interrompue par l'œil, et va se perdre sur
l'épaule, à la quatrième rangée d'écailles. Une seconde prend naissance au bout du museau, traverse la joue en touchant le bord
inférieur de l'orbite, passe sur l'aisselle, et, en se courbant un peu,
se rend le long du côté à la queue, sur laquelle elle meurt. La
troisième, aussi tracée sur la tête, y forme une bride convexe en
dessus, en naissant de dessous la mâchoire inférieure, remontant
au-dessus du limbe du préopercule pour se terminer, en passant
par l'angle, sur le bas du sous-opercule.

La seconde ligne des flancs prend de l'angle inférieur de l'aisselle
de la pectorale, et se rend, parallèlement à la première, sur le bas
du tronçon de la queue. L'huméral est bordé de blanchâtre. Mais
sur le frais le poisson est coloré en vert sur la tête et le dos, et
est argenté, glacé de verdâtre pâle, sur le ventre. Les raies de la
joue, de l'épaule, sont aurores, ainsi que l'espace compris entre les
deux raies des côtés, lesquelles sont d'une teinte plus foncée. La
dorsale et la caudale sont aussi orangées, l'anale en a une faible
teinte, les nageoires paires sont verdâtres.

Les naturalistes de l'expédition de la Bonite ont retrouvé ce poisson aux îles Sandwich. Nos individus vont
jusqu'à cinq pouces. MM. Quoy et Gaimard ont décrit
les leurs dans la Relation de l'Uranie, page 267, et en ont
donné une figure planche 56, figure 1.re Toutefois ces
naturalistes, qui ont regardé ce poisson comme nouveau,
auraient pu le trouver dans Lacépède. En effet celui-ci[1]
a pris dans Bonnaterre[2] un labre blanche-raie (*labrus
albo-vittatus*) qui est de l'espèce dont nous traitons ici.
Il suffit de consulter, pour s'en convaincre, la description
et la planche de Kœlreuter[3], qui conviennent en tous

---

1. Hist. nat. des poissons, t. III, p. 509. — 2. Encycl. p. 118. — 3. *Nov.
comm. patr.*, t. IX, p. 458, pl. 10, fig. 2.

points aux individus décolorés que nous avons sous les yeux.

Nous venons de dire que Bloch a confondu cette espèce avec celle figurée par Seba, et comment il avait fait un être complexe de son *labrus trilineatus.*

Nous avons toutefois conservé le nom de M. Quoy, et l'avons préféré à celui de Bonnaterre, parce que le nom de l'Encyclopédie donne une idée fausse des couleurs du poisson.

Je crois qu'il faut encore en rapprocher le *gallenay castouri* de Renard (fol. 24, n.° 133). Je trouve l'original dans le Recueil de Vlaming sous le nom de *gallenay parquit of castouri.* La disposition des raies est tout-à-fait conforme à notre poisson; mais les couleurs sont, même dans Vlaming, fort différentes, le dos étant brun, le ventre vert, avec les bandelettes de même teinte, mais plus pâle; cependant la raie aurore est marquée jusqu'aux pectorales.

La Girelle de Dussumier.

(*Julis Dussumieri,* nob.)

Nous avons reçu de la côte de Malabar, par les soins de M. Dussumier, une girelle

qui a, sur un fond vert-pré, le dos varié de teintes violettes, et les flancs rayés longitudinalement de rose. La tête a des lignes flexueuses vertes sur un fond rose, qui paraît quelquefois prendre des teintes orangées assez marquées. La dorsale a sur les sixième, septième et huitième rayons épineux une tache bleue ou violette : le reste de la nageoire est rose varié de violet. L'anale a une large bordure violette et la base rosée; la caudale a son centre violet, la base et les deux angles blancs ou roses, selon la saison; la pectorale a aussi du rose à l'insertion de ses rayons.

D. 9/13; A. 3/12, etc.

La dorsale est terminée en pointe , atteignant, comme celle de l'anale, la base de la caudale, qui est arrondie. La ventrale est prolongée en filet jusqu'à l'anale, la canine de l'angle de la bouche est très-saillante : les autres dents sont petites et à peu près égales. La ligne latérale est rameuse; il y a vingt-six rangées d'écailles le long de ses côtés; elles sont minces, assez grandes, striées, et leur portion radicale, qui n'est pas très-grande, l'est presque en entier.

Nos individus ont quatre pouces de long, mais M. Dussumier dit qu'on en voit de huit pouces, et que l'espèce est rare à la côte malabare.

La Girelle de Geoffroy.

(*Julis Geoffroyii*, Q. G., Atl. de l'Uranie, pl. 56, n.° 3.)

Les compagnons de M. le capitaine Freycinet ont rapporté des îles Sandwich une girelle qui est remarquable par la hauteur de son corps : elle est à la nuque d'un peu plus que le tiers de la longueur totale. Cette hauteur paraît encore augmentée par celle des nageoires verticales, surtout de l'anale. La nuque est très-bombée; la tête est plus courte, n'étant que du quart de la même longueur totale. Les points de la dorsale et de l'anale atteignent à la caudale, qui est coupée carrément. Les ventrales sont prolongées en filet et atteignent à l'anale.

D. 9/11; A. 3/12, etc.

La ligne latérale est rameuse; les écailles sont au nombre de vingt-six rangées sur dix dans la hauteur, dont sept au-dessous de la ligne latérale; une d'elles, isolée, se montre plus haute que large et a toute sa partie radicale finement striée.

Les dents sont petites; celles de l'angle de la mâchoire sont fortes et saillantes.

Selon M. Quoy, la couleur est bleu foncé, chaque écaille étant légèrement ponctuée de la même couleur. Tout le corps est parsemé de lunules bleues, bordées de brun, irrégulières sur la queue et sur les ventrales, mais décrivant trois ou quatre lignes à la dorsale et à l'anale. On voit du jaune sur la membrane qui unit les trois premiers rayons de la dorsale. Le front, la gorge et les joues ont des lignes et des points bleus; quatre de ces raies, parallèles entre elles, descendent obliquement de l'œil vers la bouche.

Ce naturaliste a donné la description de cette espèce dans la Relation zoologique du Voyage de l'Uranie, page 270, et une figure coloriée planche 56, n.º 3, de l'atlas de cet ouvrage.

Nos individus ont quatre pouces et demi de long.

La GIRELLE MÉLÉAGRIDÉE.

(*Julis meleagris,* nob.)

M. Mertens nous a aussi communiqué un dessin d'une petite girelle très-voisine de celle de Geoffroy.

Sur un fond brun orangé, le corps a neuf séries de points verts; il y en a deux sur la dorsale, dont la partie molle est un peu orangée. L'anale a des points à la base, un trait vert dans le milieu, et des points le long du bord; la caudale, jaune, bordée de brun, est couverte de taches vertes; les pectorales sont rougeâtres et l'anale brun verdâtre, sans taches. Sur la tête, ce sont des raies vertes mêlées de points en dessous.

D. 9/11; A. 3/11, etc.

Ce poisson, long de cinq pouces, vient d'Uléa.

La GIRELLE DE LAMARRE.

(*Julis Lamarii,* nob.)

M. Lamarre-Piquot nous a donné une girelle de l'Isle-de-France, très-voisine de celle-ci.

La dorsale et l'anale sont encore plus hautes ; la .caudale est arrondie. Les dents sont très-petites, il n'y en a pas de saillantes dans l'angle. Sur un fond vert-noir, très-foncé, le corps et les nageoires sont grivelés et rayés de petits traits ou points verts plus clairs, qui ne se voient bien que par transparence sur les nageoires.

La caudale a la base noire; une seconde raie large et en croissant traverse la seconde moitié; le bord est vert clair, ainsi que l'intervalle qui sépare les deux bandes noires. La pectorale, verte, a le bord blanchâtre ou décoloré.

D. 8/11; A. 3/11, etc.

L'individu a six pouces de long.

La GIRELLE ANNULAIRE.

(*Julis annularis*, K. V. H.)

Sous le nom de *girelle annulaire,* j'ai trouvé dans le Musée royal de Leyde une espèce envoyée de Java par MM. Kuhl et Van Hasselt, et dont la forme ressemble à celle de Lamarre

par la hauteur de la dorsale et de l'anale prolongées en pointe atteignant la caudale. Celle-ci est ronde.

D. 9/11; A. 3/11, etc.

Sur un fond vert olivâtre tiqueté de jaune, le poisson a treize lignes longitudinales pourpres. Chaque écaille a un croissant jaune; l'anale et la dorsale sont lisérées de bleu, bordées de jaune; la pectorale a un croissant bleu et un autre jaune; la caudale a la base annelée de vert bordé de bleu, et est terminée par deux anneaux concentriques à son bord, l'un bleu d'indigo, l'externe jaune brillant. La tête est couverte de rivulations lilas bordées de bleu.

Le poisson a cinq pouces et demi.

13.   45

La Girelle pointillée.

(*Julis punctulatus*, nob.)

On rapprochera de ces espèces le poisson figuré dans Renard (fol. 21, n.° 115), dont l'original est aussi conservé dans Vlaming. Celui-ci le peint

rose sur la tête et sur le ventre, avec des lignes vertes rayonnant de l'œil en tous sens. Les lèvres et le front sont rouges; le corps, la dorsale, l'anale et la caudale sont bleu foncé, pointillé de jaune doré. Une raie verte traverse l'anale, et un limbe jaune orangé termine la caudale.

La Girelle pavonine.

(*Julis pavoninus*, nob.)

Une autre, qui est dans le même auteur (fol. 33, n.° 79) sous le nom de *gallonay-pavon*, se retrouve aussi dans Vlaming et devient caractérisable. Voisine des précédentes, cette espèce a

le corps rose couvert de points ocellés jaunes, bordés de plus foncé; la tête, de même teinte que le corps, est chargée de points ou de traits verdâtres qui s'étendent sous le ventre. La dorsale, rougeâtre, a deux séries de points ocellés jaunes; l'anale, verte, a deux raies rouges; la pectorale est jaune; la caudale, de même couleur, offre six traits bruns réunis par paires : elle est bordée en haut et en bas de rose.

La Girelle nacrée.

(*Julis margaritaceus*, nob.)

Une petite girelle, voisine des précédentes, se distingue

par ses teintes nacrées, disposées en bandes plus ou moins interrompues sur le ventre. Un trait nacré existe sous l'œil, derrière lequel il y a deux taches noires.

Le long de la ligne latérale les côtés sont mélangés de noirâtre, qui est quelquefois disposé sur quatre ou cinq bandes transversales. Puis sur le dos on voit encore du nacré, soit en bandes longitudinales, soit en taches, dont deux ou trois sont plus marquées. La dorsale et la caudale sont pointillées de noirâtre; les nageoires paires sont jaunes.

D. 9/11; A. 3/11, etc.

Nous n'en avons que de petits individus longs de deux pouces, qui ont été rapportés de Vanikoro par MM. Quoy et Gaimard.

La Girelle papillonacée.

(*Julis papilionaceus*, nob.)

Les mêmes naturalistes ont pris dans cet archipel une petite espèce

à corps rayé et tacheté de bleu plus ou moins obscur. La tête a un trait bleu sur le sous-orbitaire entre la bouche et l'œil, un autre sur le bas du préopercule; une bande verticale descend le long du bord postérieur de cet os et traverse l'opercule : il y a de petites taches bleues au-dessus et au-dessous. Un gros point bleu foncé existe entre la troisième et la quatrième épine de la dorsale, qui est tachetée d'ocelles lilas plus ou moins effacés. La caudale, coupée carrément, a du noirâtre au milieu de son bord. L'anale est grivelée comme la dorsale, mais sans points noirs.

D. 9/11; A. 3/11, etc.

Nos individus n'ont pas tout-à-fait trois pouces.

La Girelle notopside.

(*Julis notopsis*, K. V. H.)

Les collections ichthyologiques du Muséum doivent encore au zèle de ces naturalistes une petite girelle qu'ils ont trouvée à l'île Guam pendant la relâche qu'ils y ont faite sous les ordres de M. le capitaine Freycinet.

La dorsale et l'anale sont noires; une tache plus foncée, ronde, se dessine sur les premiers rayons mous de la nageoire du dos; la caudale a du noirâtre. Le corps est brun, plus ou moins rayé longitudinalement de traits plus pâles.

D. 9/11 ; A. 3/11, etc.

L'individu est long de deux pouces.

Il paraît que l'espèce ne devient pas plus grande; car MM. Kuhl et Van Hasselt l'ont envoyée de même taille à Leyde. Ils représentent sur le dessin le corps et les nageoires rayés de jaune.

La GIRELLE AURITE.

(*Julis auritus*, nob.)

M. Mertens nous a communiqué un dessin pris à Uléa sur une girelle qui a

le fond vert très-pâle, une tache rose derrière l'œil et une autre sur le milieu de l'opercule; un trait jaune arqué traverse la joue; un autre, rouge, passe sous la poitrine. La caudale est jaune; les autres nageoires sont pâles.

Le poisson est long de cinq pouces.

La GIRELLE DE HORSFIELD.

(*Julis Horsfieldii*, nob.)

J'ai encore trouvé cette girelle parmi celles dont les dessins, envoyés de Siam par le major Finlayson, sont conservés dans la bibliothèque de la Compagnie des Indes.

Elle a le dessus de la tête d'un brun violet très-foncé; le corps est violet rose, rayé longitudinalement de bleu sur les flancs et

verticalement sur le dos par bandes larges et onduleuses violacées;
les trois nageoires verticales sont roses, la caudale, arrondie, et
l'anale sont lisérées de bleu d'azur; la dorsale, plus colorée, ou
carmin, est bordée de bleu plus foncé. Au-dessous sont trois ou
quatre lignes bleues, et sur la base est une série de points bleus.
La pectorale est d'un beau jaune doré, à rayons orangés; la ventrale est bleue, bordée de rose.

J'ai dédié cette jolie girelle si bien caractérisée à M. le
docteur Horsfield, si connu par ses travaux zoologiques
sur l'île de Java, pour lui donner un témoignage de mon
amitié et de la gratitude que je conserve des facilités qu'il
m'a procurées pendant mon séjour à Londres, dans la
bibliothèque de East India House.

La Girelle ornée.

(*Julis ornatus*, nob.)

Le capitaine Carmichael a donné, dans le 12.ᵉ volume
des Transactions de la Société linnéenne de Londres,
planche 27, la figure d'une girelle prise à Tristan d'Acunha.

Ce labroïde a le museau obtus, le corps oblong, de couleur
olivâtre, rayé, ainsi que les nageoires, de lignes bleues longitudinales, quatre étant sur le tronc et trois sur les nageoires verticales;
la caudale est arrondie.

D. 8/14 ;? A. 3/13; C. 14; P. 12; V. 1/5.

La dorsale, les pectorales et la caudale ont du pourpre.

Je n'ai pas vu ce poisson long de huit pouces; il a été
pris parmi les roches, et décrit sous le nom de *labrus
ornatus.*

La Girelle aux points sombres.

(*Julis umbrostygma*, Ruppel.)

M. Ruppel décrit aussi, parmi les poissons auxquels il laissait le nom de girelle, une espèce qui a le corps assez semblable à celui de notre girelle ceinture, mais qui en diffère par

la caudale un peu concave, la dorsale épineuse plus basse que la portion molle, le front plus bombé. Elle est verte, avec deux bandes rousses longitudinales au-dessous d'une ligne latérale ramifiée et toute tachetée de points couleur de terre d'ombre; sur les joues, au-devant ou derrière l'œil, il y a deux petits traits. La dorsale est verte, rayée en haut et en bas d'orangé; une tache plus foncée que celle du corps existe sur les premiers rayons. L'anale a, sur un fond de même couleur que la dorsale, la base orangée et lisérée en dehors de blanc; près du bord est un trait plus rembruni. La caudale est bordée d'orangé pâle; la pectorale et la ventrale sont vertes: celle-ci a la base rayée d'orangé. L'iris est brun avec un anneau doré.

D. 8/13; A. 2/11, etc.

L'auteur n'a observé cette girelle qu'isolée, près de Mohila et près de Djedda pendant l'été. La longueur est de sept pouces.

La Girelle auriculaire.

(*Julis auricularis*, nob.)

MM. Quoy et Gaimard ont envoyé du Port du Roi George, de la Nouvelle-Hollande, pendant l'expédition de M. Dumont d'Urville, une assez grande girelle qui a

le corps alongé, la tête plus courte que le quart de la longueur totale, et égale à la hauteur du tronc; la bouche est petite; les dents mitoyennes sont de médiocre force; point de canines saillantes à

l'angle de la bouche; l'œil est un peu bas; les deux ouvertures de
la narine rapprochées l'une de l'autre; la ligne latérale simple, non
rameuse, formée d'une série de pores enfoncés. Les écailles sont
petites, minces, oblongues, striées sur toute la surface radicale. Il
y en a plus de soixante-dix rangées entre l'ouïe et la caudale; cinq
à six sont au-dessus de la ligne latérale, sous la dorsale, et au-dessous
j'en compte vingt-cinq. La dorsale et l'anale sont hautes, et ont
leurs rayons flexibles et grêles; ils égalent près de la moitié de la
hauteur du tronc. La caudale est arrondie; les ventrales, quoique
prolongées, n'atteignent pas à l'anale.

D. 9/12; A. 3/12, etc.

La couleur est effacée, et les voyageurs qui ont envoyé cette
girelle au Cabinet du Roi, ne nous ont communiqué aucunes notes
sur la teinte du poisson frais. L'opercule a l'angle coloré en bleu
foncé, bordé en avant d'un arc blanc nacré, et en arrière d'un
liséré noir foncé. Une tache bleue est sur le devant de la dorsale,
qui a six à sept lignes longitudinales grises; l'anale n'en a que trois
ou quatre, et point de taches noires; les côtés étaient rayés longitudinalement; les traits sont plus visibles sous le ventre, que près
du dos.

Le poisson est long d'un pied.

La GIRELLE BORDÉE.

(*Julis marginatus*, Ruppel.)

Une autre girelle, que je n'ai pas vue, est celle que
M. Ruppel a appelée *halichores marginatus.* Selon lui

le corps est comprimé, elliptique; la caudale est arrondie; le corps
est d'un vert noirâtre; la tête et la poitrine sont couvertes de rivulations vert de cuivre, bordées de bleu. La dorsale, l'anale et la
caudale, sont chargées d'ocelles bleus à centre roux; le bord des
nageoires, bleu d'azur, est liséré de jaune; un croissant vert, bordé
de bleu, couvre la base de la caudale.

M. Ruppel n'a pas fait graver cette espèce, parce qu'il croit l'avoir reconnue dans la figure 5 de la planche 12 du quatrième Fascicule ichtyologique de Klein. Il est à regretter qu'un auteur aussi exact que M. Ruppel, se soit contenté de cette gravure pour la représentation d'une espèce qu'il dit être fréquente dans toute l'étendue de la mer Rouge.

La GIRELLE A DEUX TACHES.

(*Julis bimaculatus*, Ruppel.)

C'est encore une belle espèce de girelle que le *halichores bimaculatus* de Ruppel.

La figure 2 de la planche 5 des nouveaux vertébrés appartenant à la Faune d'Abyssinie la représente

d'un beau vert de mer sur le dos, et jaunâtre sur le ventre. Des lignes roses ou violettes rayonnent autour de l'œil et couvrent les mâchoires. Un bel ocelle bleu à centre noir brille sur chaque côté; la ligne latérale le traverse. Au-dessous est une large raie bleue, et sur le jaune des flancs on voit une série de points bleus.

D. 9/11 ; A. 3/11, etc.

La dorsale et l'anale sont couleur de chair et ponctuées de bleu, rayées ensuite d'orangé, de bleu et de roussâtre. La pectorale et la ventrale ont le même fond que les deux autres nageoires, et elles n'ont ni taches ni raies. La caudale est jaune, tachetée de bleu.

C'est une espèce rare, que M. Ruppel a vue pendant l'hiver à Massuah.

La GIRELLE CORIS.

(*Julis coris*, nob.; *Coris aygula*, Lacép.)

Nous avons reçu en très-bon état la girelle que Commerson avait observée en 1769, et dont M. Lacépède a fait sur les matériaux de ce naturaliste, un genre sous le nom de *coris,* genre qui ne comprend, dans cet ouvrage, que deux espèces, lesquelles se réduisent cependant à une seule. C'est à M. Dussumier, à M. Lamarre-Piquot et à MM. Quoy et Gaimard que nous devons les individus qui ont servi à notre description.

Cette girelle est très-remarquable par la protubérance qui saille sur la tête un peu en arrière des yeux, et qui donne une physionomie toute particulière à ce poisson. La hauteur du corps est comprise trois fois et deux tiers dans la longueur totale; celle de la tête égale la hauteur du tronc. La longueur de la partie du museau, saillante au-devant de la bosse frontale, est du tiers de celle de la tête. A partir de l'angle du museau, la ligne du profil monte obliquement jusqu'à l'angle de la base, qui répond à l'aplomb de l'œil. Le profil inférieur descend vers le bas de l'ouverture de l'ouïe, de sorte que ces deux lignes font presque un angle droit, ce qui donne à la tête une figure quadrilatère, dont le museau fait l'angle antérieur, le bord de l'opercule le postérieur, et à la bosse correspond le supérieur. La ligne du profil, après s'être portée jusqu'à l'aplomb du bord antérieur de l'orbite, se redresse et monte verticalement dans une hauteur égale au quart de celle de la tête, et se contourne en une courbe arrondie, pour suivre la ligne du dos, après avoir formé la protubérance si singulière sur la tête de cette girelle. L'œil est petit, son diamètre est du neuvième de la longueur de la tête; la distance du bord supérieur de la bosse frontale au contour supérieur de l'orbite est du tiers de la hauteur de la tête. Le préopercule a un grand limbe, et l'interopercule, qui est sous cet os, est large et arqué. Le sous-opercule est bien distinct de l'opercule, dont le bord membraneux est épais, arrondi et dilaté. Les deux ouvertures de la narine sont petites et rapprochées de l'œil. Les dents antérieures sont longues, saillantes, un peu courbées : il n'y a pas de canines à l'angle de la bouche; les dents du rang externe sont de grandeur médiocre et mousses; en dedans il y a une seconde rangée de dents plus petites, et devenant de simples granulations vers le fond de la bouche. La langue

est large, arrondie, peu libre. Le pharyngien inférieur a une
ceinture transversale, osseuse, arrondie, très-épaisse, et qui est
attachée au crâne par un ligament de chaque côté, d'une épaisseur
et d'une force remarquables, et qui empêche l'os de s'abaisser
quand l'animal presse dessus pour casser avec ses grosses dents
pharyngiennes supérieures les corps souvent très-durs qu'il avale.
Les deux pharyngiens sont faits comme ceux des autres girelles;
mais ils sont assez forts. Ces os sont garnis de dents en pavés carrés
et oblongs, qui doivent exercer une puissante mastication. Il y a
sur le bord interne de chacun trois larges dents revêtues d'un émail
d'une parfaite blancheur. L'antérieure est la plus grande; elle a
sept millimètres de long sur quatre de large. Autour d'elles, il
y a de grosses dents en tubercules arrondis. Ces molaires répondent aux pharyngiennes inférieures ainsi disposées: une très-
grande, oblongue, est au milieu, elle a onze millimètres de long
sur huit de large à la base; elle est flanquée de deux autres molaires
oblongues, plus petites, et la tige antérieure du pharyngien est
couverte de dents en tubercules petits et ronds. Cet appareil masti-
cateur est un des plus remarquables de ceux que nous avons encore
observés dans les labroïdes décrits jusqu'ici.

La dorsale et l'anale sont très-longues, mais basses. Le premier
rayon de la nageoire du dos est plus long que les autres de
deux cinquièmes, et lui-même ne fait que le tiers de la hauteur
du tronc sous lui. La dorsale molle se relève, et le dernier rayon
devient aussi long que le premier et atteint à la caudale quand il
est abaissé. L'anale a en arrière la même disposition; mais son rayon
antérieur n'est pas prolongé en filet.

La caudale est coupée carrément; ses rayons dépassent sa membrane et forment sur le bord dix dentelures. Les pectorales sont
larges, et les ventrales ont leurs rayons très-alongés; car elles ne
sont comprises que quatre fois et un tiers dans la longueur totale.

D. 9/12; A. 3/12; C. 16; P. 13; V. 1/5.

Les écailles sont de grandeur moyenne; j'en compte cinquante-trois
rangées entre l'ouïe et la caudale, il y en a vingt-cinq au-dessous,
et cinq au-dessus de la ligne latérale qui est formée d'une suite de

traits. Elle se courbe à son origine et est convexe du côté du dos; elle s'infléchit ensuite, comme dans les autres girelles, sous la fin de la dorsale. Une écaille est une fois et demie plus longue que large; son bord radical est à peine denticulé par les rayons de l'éventail, qui ne couvrent que le triangle mitoyen. Les deux parties latérales de la portion recouverte ont des stries longitudinales, et la portion nue n'a que de très-fines stries verticales et des granulations.

Le poisson frais est d'un très-beau vert-pré, qui prend très-promptement après sa mort une teinte violette devenant ensuite si foncée qu'elle paraît presque noire et cache toutes les autres couleurs fugitives de ce poisson. Il y a trois chevrons rouge carmin sur la bosse de la tête; un trait de même couleur borde l'opercule et le préopercule; l'angle est coloré d'un beau bleu de ciel; le dos a des points violets; la dorsale, bordée de vert et en dessous d'une raie rougeâtre, a le bord bleu ponctué de rouge. L'anale est semblable; la caudale a le bord vert et la base jaunâtre, avec cinq rangées de points; la ventrale a les rayons violets; la pectorale est bordée de cette couleur.

Telles sont les couleurs d'après les observations de M. Quoy, et leur exactitude m'a été en général confirmée par M. Théodore Delisse, qui connaît si bien les poissons de son pays. Cela me porte à croire que M. Dussumier a décrit le poisson au sortir de l'eau; car il lui donne

des teintes vertes sur le corps et les nageoires, la tête rayée de deux ou trois lignes jaunes rougeâtres, la joue et la nuque sont vert-pré.

La splanchnologie n'offre rien de remarquable dans ce poisson. Je dois faire observer que sa vessie aérienne est très-grande. Mais son squelette nous offre quelques particularités notables

dans la grande crête mitoyenne du crâne qui soutient la bosse du front : cette crête est relevée en avant sur deux petites lames en chevron, qui se portent sur les frontaux antérieurs et latéraux, et ouvrent ainsi la coulisse qui reçoit les branches montantes des

intermaxillaires. Les crêtes latérales sont élevées et doubles : ce
qui contribue à élargir et à arrondir par les muscles qui remplissent
les gouttières de l'arrière du crâne, la tubérosité frontale. L'occiput
n'a que deux larges creux, les crêtes latérales ne se portant pas si
loin en arrière. Au-dessus du condyle occipital s'élèvent deux
petites crêtes réunies en chevron sous la grande impaire dont nous
avons parlé en premier lieu. Le basilaire a deux larges tubérosités
arrondies en condyle, pour s'articuler avec les pharyngiens supérieurs, et donner attache, par leurs faces latérales, au grand ligament suspenseur du pharyngien inférieur. Cet os prend d'ailleurs
appui sur les deux arcs de la ceinture pectorale; elle est formée par
un huméral très-grand et très-large, et par un radial et un cubital
eux-mêmes assez forts. Le trou radial est grand; l'échancrure cu-
bitale est profonde et bien ouverte; le styléal est aussi fort et élargi.
La colonne épinière a neuf vertèbres abdominales et seize caudales;
la dernière est élargie en éventail. Les deux premiers interépineux
de l'anale sont courts et réunis à deux larges apophyses transverses,
arquées et rapprochées en anneau, qui reçoit la fin de la vessie aérienne. Je compte vingt interépineux à la dorsale et douze à l'anale.

Telle est la description de la girelle que Commerson
avait vue à l'Isle-de-France, et dont il a laissé deux
dessins, l'un qu'il dit très-bon, et qu'il a fait exécuter,
parce que le premier ne l'avait pas satisfait. M. de Lacépède les a fait graver tous deux, l'un tome III, planche 4,
figure 1.re, et l'autre, figure 2 de la même planche. Le
dessin n.° 1 représente bien le filet alongé de la dorsale,
la longueur des ventrales, la relation de la dorsale et de
l'anale avec la caudale à bord découpé, la saillie de la
tête; mais les dents ne sont pas bien rendues. L'autre a
le premier rayon courbé; voilà pourquoi il ne me paraît
pas alongé en filet. D'ailleurs la bosse de la tête et les
dents, ici mieux exprimées, la grandeur des écailles, tout
confirme l'identité de ces deux dessins. Le coris aigrette

et le coris anguleux ne sont donc établis que sur une même espèce. Lacépède a sans doute voulu rendre l'idée de cette sorte de casque surmontant la tête du poisson, en le nommant du nom de *coris,* qu'il a ensuite attribué, par faute de mémoire, à Commerson; car je ne trouve pas ce nom dans son manuscrit.

M. Quoy a donné, dans l'expédition de l'Astrolabe, à la planche 19 des poissons, une très-bonne figure de cette espèce; mais il l'a regardée comme nouvelle, et il l'a publiée sous le nom de *girelle à front bombé* (*julis gibbifrons*). M. Bennett, en décrivant des poissons de l'Isle-de-France, lui avait déjà donné un autre nom : c'est son *julis Cuvieri.*[1]

M. Ehrenberg l'a observée dans la mer Rouge. M. Ruppel a publié une figure[2] fort exacte, mais coloriée d'après un poisson déjà mort. Il paraît que la bande verte qu'il a tracée par le milieu du corps subsiste assez long-temps; car j'en vois des traces sur nos poissons secs et décolorés. Il l'a appelée *julis aygula.* Mais comme je suis obligé de réunir les deux espèces de Lacépède en une, je crois mieux de prendre pour épithète le nom de genre imaginé par Lacépède, et qui rend bien le caractère de cette espèce.

La GIRELLE ÉTOILÉE.

(*Julis stellatus,* nob.)

Il y a encore à l'Isle-de-France une autre girelle à rayon de la dorsale prolongé en filet,

mais qui n'a pas de bosse sur la tête, et qui se distingue aussi par ses écailles plus petites; car j'en compte soixante-dix rangées de

---

1. Benn. *Proceed. of Zool. soc.*, t. I.*er*, p. 128, 1831. — 2. *Atlas zu der Reise im nördl. Afr.*, tab. 6, 5.

la tête à la queue. M. Dussumier, qui l'a vue fraîche, dit que le
corps est violet foncé, avec de très-petits points verts très-brillans.
Le dessus de la tête est plus clair que le tronc; les joues sont traversées par de larges bandes d'un vert très-éclatant et d'un violet
plus clair que celui du corps. La dorsale et l'anale, violacées, ont
dans le milieu une bandelette d'un vert brillant et des petits points
de même couleur sur toute son étendue. La caudale offre la même
disposition de couleurs, et de plus elle est bordée de blanc; l'anale
est lisérée de bleu; les pectorales, à base orangée, ont l'extrémité
jaune; l'aisselle est verte; les ventrales, vertes en dedans, ont les
rayons colorés en violet à l'extérieur.

Ce poisson est rare à l'Isle-de-France. Outre ceux que
nous devons à M. Dussumier, M. Lamarre-Piquot en a
envoyé de fort beaux exemplaires au Muséum. Ils sont
longs de treize pouces.

La Girelle de Gaimard.

(*Julis Gaimardi*, Q., Atl. Freyc., tab. 54, fig. 1.)

MM. Quoy et Gaimard ont rapporté de leur premier
voyage avec le capitaine Freycinet une girelle

dont le premier rayon de la dorsale est alongé en filet, dont les
ventrales touchent à l'anale, mais qui a les écailles plus petites et
les couleurs différentes.

La tête et le devant du corps sont brun jaunâtre; la partie postérieure du dos est rose; la dorsale, pointillée à sa base, offre deux
lisérés bleuâtres; l'anale est bordée de vert; la caudale est jaune.
Le dessous de la gorge est bleu; un trait de même couleur remonte
du museau sur l'occiput; deux bandes violettes lisérées de rose traversent la joue.

L'individu, long de neuf pouces, a été pris dans l'archipel des Sandwich, à l'île Mowi, où les indigènes le

nomment *inaréa louaïné*. M. Quoy l'a dédié à son compagnon de voyage et de fatigues, M. Gaimard.

Si j'ai conservé le nom donné par M. Quoy, je n'établis pas, comme lui, que l'espèce ait été inconnue des naturalistes quand il l'a publiée. En effet, ce beau poisson est figuré d'une manière très-reconnaissable dans le recueil de dessins de l'amiral Corneille de Vlaming, qui le nomme *ikan roupa*.

A la vérité, Renard n'a pas reproduit la figure de l'amiral, et celle qu'il donne, II.ᵉ partie, pl. 3, fig. 9, est loin d'être aussi bonne.

Il le nomme *parequiet* de Baguewal, c'est-à-dire, perruche. Je retrouve ce poisson dans Valentyn, p. 453, n.° 337, sous le nom malais *ikan soelang jang ongoe*, ce que l'auteur traduit par *poisson pourpre brodé*.

Il dit que la bonté de la chair égale la beauté des couleurs.

L'espèce est donc répandue dans toute la mer des Indes.

La Girelle annelée.

(*Julis annulatus*, nob.)

Les mers de l'Inde ont encore une girelle remarquable par l'éclat de ses couleurs et qui se distingue des précédentes par la petitesse de ses écailles.

J'en compte plus de cent entre l'ouïe et la caudale, dont les pointes sont légèrement saillantes. Ces poissons ne conservent dans l'esprit de vin que les traces des bandes dont le corps est cerclé; mais pendant la vie, la tête est d'un beau vert rayé d'orangé. Le corps vert, à teintes violacées sur le dos, est traversé par quatorze à quinze bandes verticales jaunes. Les pectorales et les ventrales sont olivâtres très-clair; la dorsale a la base jaune éclatant, le milieu

bleu très-vif, un trait orangé, surmonté d'une bandelette bleue
lisérée de blanc.

L'anale est bleue, tachetée d'orange à la base, et bordée de trois
traits comme la dorsale. La caudale, bleue, a ses deux bords hori-
zontaux d'une teinte orangée très-vive.

Nous avons eu connaissance de ces brillantes couleurs
par une belle peinture que M. Théodore Delisse nous a
envoyée de l'Isle-de-France, et nous les avons trouvées
conformes aux descriptions que M. Dussumier a faites de
ces poissons frais. Outre les individus de l'Isle-de-France,
cet habile naturaliste a pris l'espèce aux Séchelles, où on
la nomme *cambarin*. L'espèce y est rare; on l'y mange.
Nos exemplaires ont treize à quatorze pouces.

Commerson avait observé cette espèce, qui paraît plus
commune à l'Isle-de-France qu'aux Séchelles, et il en a
laissé trois dessins, dont deux étaient coloriés, et qui tous
trois ont été employés par M. de Lacépède, mais en les
considérant comme autant d'espèces différentes. Deux
de ces dessins, faits au crayon, n'ont pas d'écailles; M. de
Lacépède a considéré sur l'un des deux ce caractère
comme suffisant pour en faire un genre distinct. C'est
celui qui représente le plus fidèlement la distribution des
couleurs. Il l'a fait graver sous le nom d'*hologymnose
fascé*, t. III, pl. 1.re, fig. 3. Le second dessin au crayon
est moins exact que le précédent, même pour la forme
de la tête; c'est le *labre annelé* de ce naturaliste, t. III,
pl. 28, fig. 3. Le troisième dessin est colorié en brun traversé par de nombreux traits plus foncés, au nombre de
dix-neuf. La tête est verte, la dorsale est brune, lisérée de
blanc; l'anale est verdâtre, bordée d'une large bande bleue
lisérée de blanc; la caudale a le demi-cercle de sa nageoire

blanc. Je regarde encore ce dessin comme fait sur des individus décolorés de la même espèce; le liséré blanc des nageoires et la forme générale me semblent justifier ce rapprochement. Les individus desséchés, trouvés dans les collections de Commerson, me paraissent aussi conduire à ce résultat. C'est avec ce document que M. de Lacépède a établi son *labre demi-disque,* et le dessin a été gravé t. III, pl. 6, fig. 2.

MM. Desjardins, Lesson et Garnot, nous ont aussi procuré de beaux exemplaires de cette espèce.

La GIRELLE CERCLÉE.

(*Julis doliatus,* nob.)

Mais Commerson avait aussi observé une autre espèce voisine de celle-ci, qui me paraît s'en distinguer

par des écailles plus petites encore et des teintes moins variées. Le corps est très-alongé.

M. Dussumier dit le poisson rosé avec des bandes verticales rouge orangé. Le ventre et le dessous de la gorge blancs; les opercules dorés, avec une petite tache noire à l'extrémité. La dorsale et l'anale blanc rosé avec des lignes longitudinales orangées; la caudale jaune clair; les pectorales ont une teinte plus faible.

Selon M. Dussumier, ce poisson, rare à l'Isle-de-France, s'y nomme *colombine.* Il est très-bon. J'y rapporte le dessin colorié que Commerson a laissé dans ses manuscrits, et qui représente le corps rosé avec vingt-trois bandes verticales rouge plus foncé, et toutes les nageoires jaunes, sauf les ventrales. Ce dessin est devenu dans Lacépède le *labre cerclé;* il l'a fait graver t. III, pl. 6, fig. 3. Je regarde aussi comme de la même espèce le poisson

13. 47

que MM. Quoy et Gaimard ont représenté dans l'atlas de l'Astrolabe, pl. 15, fig. 1.re, sous le nom de *girelle à dos rose*. La peinture, aux bandes près, est très-conforme à ce que M. Dussumier nous rapporte sur les couleurs de cette girelle, au moment où on la tire de l'eau.

La Girelle aux bords jaunes.

(*Julis prætextatus*, Q.)

Ces girelles aux petites écailles me conduisent à une espèce couverte d'écailles encore plus petites, mais dont le front est plus relevé et le museau plus obtus que dans toutes les précédentes.

Elle a été figurée par M. Quoy dans l'atlas de l'Astro-abe, pl. 15, n.° 4,

avec le dos verdâtre, le reste du corps jaunâtre, les pectorales pâles, les autres nageoires vertes, la dorsale et l'anale bordées de jaune.

Ce poisson vient de l'Isle-de-France; il est long de trois pouces et demi. Un autre individu, plus grand et qui a été envoyé de Java, me paraît appartenir à la même espèce.

FIN DU TOME TREIZIÈME.

AVIS AU RELIEUR

POUR PLACER LES PLANCHES.